Lecture Notes in Mathematics

Edited by A. Dold and B. Eckmann

587

Non-Commutative Harmonic Analysis

Actes du Colloque d'Analyse Harmonique Non-Commutative, Marseille-Luminy, 5 au 9 Juillet, 1976

Edited by
J. Carmona and M. Vergne

Springer-Verlag
Berlin · Heidelberg · New York 1977

Editors
Jacques Carmona
Université d'Aix-Marseille II
Department de Mathématiques de Luminy
70 Route Léon Lachamp
13288 Marseille Cedex 2/France

Michèle Vergne
Université Paris VII
U.E.R. de Mathématiques
2 Place Jussieu
75221 Paris Cedex 05/France

Library of Congress Cataloging in Publication Data

Colloque d'analyse harmonique non commutative, 2d, Marseille, 1976.
Non commutative harmonic analysis.

(Lecture notes in mathematics ; 587)
English or French.
1. Lie groups--Congresses. 2. Harmonic analysis--Congresses. 3. Locally compact groups--Congresses.
I. Carmona, Jacques, 1934- II. Vergne, Michéle.
III. Title. IV. Series: Lecture notes in mathematics (Berlin) ; 587.
QA3.L28 no. 587 [QA387] 510'.8s [512'.55] 77-7220

AMS Subject Classifications (1970): 16A66, 17B35, 22D10, 22D12, 22D30, 22E35, 22E50

ISBN 3-540-08245-X Springer-Verlag Berlin · Heidelberg · New York
ISBN 0-387-08245-X Springer-Verlag New York · Heidelberg · Berlin

Printed in Germany
Printing and binding: Beltz Offsetdruck, Hemsbach/Bergstr.
2141/3140-543210

PREFACE

La seconde rencontre d'Analyse Harmonique Non Commutative sur les Groupes de Lie a eu lieu à Marseille-Luminy, du 5 au 9 Juillet 1976, dans le cadre des activités du Centre International de Rencontres Mathématiques.

Le présent volume contient le texte des exposés que les conférenciers ont bien voulu nous faire parvenir. Toutefois, la liste des articles publiés ne correspond pas exactement avec celle des conférences présentées durant le Colloque. C'est le cas, en particulier, lorsque les exposés concernaient des travaux déjà publiés ou dont la publication était prévue par ailleurs.

Outre les participants à cette rencontre, nous tenons à remercier l'U.E.R. de Marseille-Luminy et le Centre International de Rencontres Mathématiques qui ont rendu possible la tenue de ce Colloque, ainsi que le secrétariat du département de Mathématiques qui a assuré une partie de la frappe des textes dactylographiés.

Jacques CARMONA
Michèle VERGNE

TABLE DES MATIERES

ON IRREDUCIBILITY OF THE PRINCIPAL SERIES

Jacques CARMONA

I-INTRODUCTION

1.Let $G = KAN$ be an Iwasawa decomposition of a real connected semi-simple Lie group G with finite center. Denote M (resp. M') the centralizer (resp. the normalizer) of A in K , and let $\underline{\underline{g}}$, $\underline{\underline{k}}$, $\underline{\underline{a}}$, $\underline{\underline{n}}$, $\underline{\underline{m}}$ be the Lie algebras of G, K, A, N, and M respectively. Every element x of G can be written uniquely

(1) $$x = k(x)\, a(x)\, n(x) = k(x) \exp(H(x))\, n(x) \quad ,$$

with $k(x) \in K$, $a(x) = \exp(H(x)) \in A$, $H(x) = \operatorname{Log} a(x) \in \underline{\underline{a}}$ and $n(x) \in N$.

Let $X \to \operatorname{ad} X$ be the adjoint representation of $\underline{\underline{g}}$ and

(2) $$\rho(H) = \tfrac{1}{2} \operatorname{Tr} (\operatorname{ad} H|_{\underline{\underline{n}}}) \qquad ,(H \in \underline{\underline{a}}) .$$

2. If $\hat{M}$ is the set of equivalence classes $[\xi]$ of irreducible unitary representations (ξ, V^{ξ}) of M, to each $[\xi] \in \hat{M}$ and each $\lambda \in \underline{\underline{a}}^{*}_{\mathbb{C}} = \operatorname{Hom}_R(\underline{\underline{a}}, \mathbb{C})$ we associate the space $\tilde{L}(\xi,\lambda)$ of indefinitely differentiable functions $f: G \to V^{\xi}$ such that:

(1) $$f(xman) = \exp(-(\lambda+\rho)(H(a)))\, \xi(m)^{-1}(f(x)) \qquad ,(x \in G, m \in M, a \in A, n \in N).$$

The group G acts on the left on these functions by the operators $\tilde{U}^{\xi,\lambda}(x)$, where:

(2) $$(\tilde{U}^{\xi,\lambda}(x)f)(y) = f(x^{-1}y) \qquad ,(x \in G, y \in G, f \in \tilde{L}(\xi,\lambda)).$$

The universal envelopping algebra $\underline{\underline{U}}$ of the complexified $\underline{\underline{g}}_C$ of $\underline{\underline{g}}$ acts on $\tilde{L}(\xi,\lambda)$ by differentiation. The subspace $L(\xi,\lambda)$ of K-finite vectors in $\tilde{L}(\xi,\lambda)$ is $\underline{\underline{U}}$-invariant; let $U^{\xi,\lambda}$ the corresponding representation of $\underline{\underline{U}}$ in $L(\xi,\lambda)$.

3.When ξ is the trivial character of M (spherical principal series), the space $L(1,\lambda)$ contains a special element

(1) $$\omega_{\lambda} \ : \ x \to \exp(-(\lambda+\rho)(H(x))) \qquad ,$$

and a famous result of Kostant (see [4]) asserts that ω_{λ} is cyclic in $L(1,\lambda)$ whenever the real part $\operatorname{Re}\lambda$ of λ belongs to the closure $\overline{C}$ of the Weyl chamber C in the real dual $\underline{\underline{a}}'$ of $\underline{\underline{a}}$ defined by the positive restricted roots of $(\underline{\underline{g}},\underline{\underline{a}})$ associated to the algebra $\underline{\underline{n}}$. Kostant's proof is purely algebraic and his result plays a fundamental role in the study of the irreducibility of the principal series (see [3] and [8]).

4. The aim of this work is to show how a close study of intertwining operators and asymptotic behavior of spherical functions allows us to deal with these problems by purely analytic methods. We give here an explicit computation of intertwining operators in the case $\underline{\underline{m}}$ abelian, so our methods work in the complex case, the split case, the SU(p,q) case when $|p-q| \leq 1$, etc... The normalisation of intertwining operators in the case of spherical principal series is very easy; thus the methods of [3] work in that case when the result of Kostant is established in the unitary case.

5. The contents of the paper are the following. In chapter II we prove the existence of the fundamental systems of roots introduced by Knapp and Wallach in [6]. In chapter III we give some results on divisible restricted roots. In chapter IV we recall some results on intertwining operators for the principal series and use them to give an explicit expression for the asymptotic behavior of spherical functions. We obtain then the general form of an irreducibility criteria. In chapter V we compute explicitly the intertwining operators in the case $\underline{\underline{m}}$ abelian; the main step is the study of the case G=SU(2,1) where the result seems to be new. In chapter VI we illustrate these results by some examples: proof of the Kostant result (unitary case), G=SL(q,R) and G=SU(n,n).

6. Further applications will be published elsewhere. The notations are cumulative.

II-FUNDAMENTAL SYSTEMS OF ROOTS.

1.Denote B the Killing form of $\underline{g}$ and $\underline{p}$ the orthogonal of $\underline{k}$ in $\underline{g}$. The involution θ of $\underline{g}$ associated to the Cartan decomposition $\underline{g}=\underline{k}+\underline{p}$ is such that $\theta(X)=X$,$(X\in\underline{k})$ and $\theta(X)=-X$,$(X\in\underline{p})$. For each subspace E of $\underline{g}$ $E_{\mathbb{C}}$ will denote its complexification; if E is θ-stable, we shall write

(1) $\qquad E = E_k+E_p \quad$ where $\quad E_k=E\cap\underline{k}$ and $E_p=E\cap\underline{p}$.

θ is extended to $\underline{g}_{\mathbb{C}}$ by $\mathbb{C}$-linearity and we denote $(X,Y) \to (X|Y)$ the hermitian structure on $\underline{g}_{\mathbb{C}}$ associated to B and θ.

2.All the Cartan subalgebras $\underline{h}$ of $\underline{g}$ we are considering are θ-stable. An element α in the set $\Delta_{\underline{h}}$ of roots of $(\underline{g},\underline{h})$ is real (resp. imaginary) if $\alpha=0$ on $\underline{h}_k$ (resp. on $\underline{h}_p$); $\Delta_{\underline{h}}$ is stable by the conjugation $\alpha \to \bar{\alpha}$ defined by

(1) $$\bar{\alpha}(H) = \overline{\alpha(H)} \qquad ,(H\in\underline{h}),$$

and $\alpha\in\Delta_{\underline{h}}$ is real (resp. imaginary) if and only if $\bar{\alpha}=\alpha$ (resp. $\bar{\alpha}=-\alpha$); all the roots in $\Delta_{\underline{h}}$ are real (resp. imaginary) if and only if $\underline{h}\subset\underline{p}$,$(\underline{h}\subset\underline{k})$. If $\{H_\alpha,E_\alpha,E_{-\alpha}\}$ is a Weyl basis of $\underline{g}_{\mathbb{C}}$ with respect to $\underline{h}$, an imaginary root $\alpha\in\Delta_{\underline{h}}$ is compact (resp. non compact) if $E_\alpha\in\underline{k}_{\mathbb{C}}$ (resp. $E_\alpha\in\underline{p}_{\mathbb{C}}$)

3.Fix a Cartan subalgebra $\underline{b}$ such that $\underline{b}_k$ is maximal abelian in $\underline{k}$, and a Weyl chamber $\underline{b}^+$ in $\underline{b}^*= \underline{b}_p+\sqrt{-1}\ \underline{b}_k$, and denote $\Delta^+=\Delta^+_{\underline{b}}$ the corresponding set of positives roots in $\Delta=\Delta_{\underline{b}}$.If Δ_n (resp. Δ_c) is the set of imaginary non compact (resp. compact) roots in Δ, we define $\Delta^+_n=\Delta^+\cap\Delta_n$ and $\Delta^+_c=\Delta^+\cap\Delta_c$. To each strongly orthogonal system $S=\{\gamma_1,\ldots,\gamma_m\}\subset\Delta^+_n$ we associate the abelian subspace of $\underline{p}$:

(1) $$\underline{a}_S = \underline{b}_p + \textstyle\sum_{j=1}^m \quad R(E_{\gamma_j}+E_{-\gamma_j}) \quad .$$

Each maximal strongly orthogonal system $S=\{\gamma_1,\ldots,\gamma_m\}\subset\Delta^+_n$ defines a map ζ_S: $\Delta_n \to [1,m]$ by the rule: $\zeta_S(\gamma)=\gamma_j$ where j is the least integer in $[1,m]$ such that $\gamma\in\Delta_n$ is not strongly orthogonal to γ_j(we write $n(\gamma\perp\!\!\!\perp\gamma_j)$)

Definition.

Suppose first that rg $\underline{g}$ = rg $\underline{k}$. A strongly orthogonal system $S=\{\gamma_1,\ldots,\gamma_m\}\subset\Delta^+_n$ is a fundamental system of roots for $(\underline{g},\underline{b}^+)$ if:

a) $\underline{a}_S$ is maximal abelian in $\underline{p}$.

b) γ_j is a simple root in the subsystem Δ^j of roots orthogonal to $\{\gamma_1,\ldots,\gamma_{j-1}\}$ with respect to the order induced by $\Delta^+(1\leqslant j\leqslant m)$.

c) For each $\gamma\in\Delta^+_n$, one of the following conditions is satisfied:

(i) $|\zeta_S(\gamma)|\geq|\gamma|$,

(ii) $|\zeta_S(\gamma)|<|\gamma|$ and $\gamma-3\zeta_S(\gamma)\in\Delta$.

If $\mathrm{rg}\ \underline{g}\neq \mathrm{rg}\ \underline{k}$, a fundamental system for $(\underline{g},\underline{b}^+)$ is a fundamental system for $(\underline{g}_1,\underline{b}_1^+)$, where $\underline{g}_1$ is the derived algebra of the centralizer of $\underline{b}_{\underline{p}}$ in $\underline{g}$, $\underline{b}_1=\underline{b}\cap\underline{g}_1$ and $\underline{b}_1^+$ is the Weyl chamber in $\underline{b}_1^*=\underline{b}_1\cap\underline{b}^*$ defined by $\underline{b}^+$.

The fundamental systems of roots are introduced by Knapp and Wallach in [6] where the existence is proved by a case by case construction.

4. We give now a construction of a fundamental system of roots; till the end of this chapter we suppose that $\mathrm{rg}\ \underline{g} = \mathrm{rg}\ \underline{k}$.

Lemma:

For each $\gamma\in\Delta_n$ define $u_\gamma=\exp(\frac{\pi}{4}\mathrm{ad}(E_\gamma+E_{-\gamma}))$. The commutant of $E_\gamma+E_{-\gamma}$ in $\underline{p}_{\mathbb{C}}$ is generated by:

(i) E_δ where $\delta\in\Delta_n$ is strongly orthogonal to γ (we write $\delta\perp\!\!\!\perp\gamma$);

(ii) $u_\gamma(E_\delta)$ where $\delta\in\Delta_c$ is orthogonal to γ (we write $\delta\perp\gamma$) but not strongly orthogonal to γ. In this case, there is a root $\delta'\in\Delta_n$ such that $|\delta'|^2=2|\gamma|^2$.

(iii) $E_\gamma+E_{-\gamma}$.

Proof. this commutant is stable under the action of the Cartan subalgebra $u_\gamma^2(\underline{b}_{\mathbb{C}})$ of $\underline{g}_{\mathbb{C}}$; it is generated by $(E_\gamma+E_{-\gamma})$ and elements $u_\gamma(E_\delta)$ where $\delta\in\Delta$ is such that

$$0=[E_\gamma+E_{-\gamma},u_\gamma(E_\delta)]=u_\gamma([H_\gamma,E_\delta])=\delta(H_\gamma)\,u_\gamma(E_\delta)\quad,$$

$$\theta(u_\gamma(E_\delta))=-u_\gamma(E_\delta)\quad\text{or}\quad u_\gamma^2(E_\delta)=-\theta(E_\delta)\quad.$$

Thus we have $\delta\perp\gamma$ and, using the representation theory of the algebra $\underline{s}(\gamma)=\mathbb{C}H_\gamma+\mathbb{C}E_\gamma+\mathbb{C}E_{-\gamma}$ we see that only two cases are possible

either $\delta\perp\!\!\!\perp\gamma$ and $\delta\in\Delta_n$;

either $n(\delta\perp\!\!\!\perp\gamma)$ and the γ-serie containing δ is $\{\delta+\gamma,\delta,\delta-\gamma\}$ with $u_\gamma^2(E_\delta)=-E_\delta$ so that $\delta\in\Delta_c$.

5. Let $S=\{\gamma_1,\dots,\gamma_p\}\subset\Delta_n^+$ a strongly orthogonal system of roots. Define for each integer $j\in[1\ p]$, Δ^j as the set of roots in Δ orthogonal to $\{\gamma_1,\dots,\gamma_j\}$ (and $\Delta^0=\Delta$). We say that S satisfies at the condition (P) if the following assertion is true:

for each $j\in[1,p]$, γ_j is a root of maximal length in $\Delta^j\cap\Delta_n^+$.

Lemma.

Let $S=\{\gamma_1,\ldots,\gamma_p\}\subset\Delta_n^+$ a strongly orthogonal system of roots satisfying at the condition (P).

a) Let δ be a compact root orthogonal to an initial segment $\gamma_1,\ldots,\gamma_q$ of S; then δ is strongly orthogonal to $\gamma_1,\ldots,\gamma_q$.

b) Let δ be a non compact root not strongly orthogonal to S; define

(1) $\qquad j = \mathrm{Inf}\{i\in[1,p] \;/\; n(\delta \perp\!\!\!\perp \gamma_i)\}$.

If $\delta\perp\gamma_j$ we have

(2) $\qquad \{j\} = \{i\in[1,p] \;/\; n(\delta \perp\!\!\!\perp \gamma_i)\}$.

Proof.

a) We use part (ii) of Lemma 4 and define

$$k = \mathrm{Inf}\{\, i\in[1,p] \;/\; n(\delta \perp\!\!\!\perp \gamma_i)\,\}$$

to prove that the assumption $\{\, i\in[1,p] \;/\; n(\delta \perp\!\!\!\perp \gamma_i)\,\} \neq \emptyset$ is a contradiction.

b) We can suppose that $\underline{g}$ is simple and non isomorphic to a real form of G_2. If the assertion of the Lemma is false, let $i\in]j,p]$ such that $n(\delta \perp\!\!\!\perp \gamma_i)$. Exchanging if necessary δ and $-\delta$, we can suppose that $\gamma_i+\delta$ is a compact root. From a) we deduce that $(\gamma_i+\delta) \perp\!\!\!\perp \gamma_j$, thus $\delta \perp\!\!\!\perp \gamma_j$.

6. Lemma.

If $\underline{g}$ is simple, non compact and non isomorphic to a real form of G_2, the maximal value of the length of roots in Δ_n is reached by a simple root of Δ_n^+.

Proof. Let $\{\varepsilon_1,\ldots,\varepsilon_\ell\}$ be the set of simple roots in Δ^+. To each

$$\beta = \sum_{j=1}^{\ell} n_j\, \varepsilon_j$$

we associte the number

$$l(\beta) = \sum_{j=1}^{\ell} n_j \quad .$$

Suppose that the assertion of the Lemma is false and choose γ of maximal length in Δ_n^+ with $l(\gamma)$ minimal. Let us prove that there is $\gamma'\in\Delta_n^+$ such that $|\gamma'| = |\gamma|$ and $l(\gamma')<l(\gamma)$. Let $j\in[1,\ell]$ be such that $\gamma-\varepsilon_j\in\Delta$.

if $|\varepsilon_j| = |\gamma|$ we have $\varepsilon_j\in\Delta_c$ and we can choose $\gamma' = \gamma-\varepsilon_j$

if $|\varepsilon_j| < |\gamma|$ we can choose $\gamma' = \gamma-2\varepsilon_j$ (see [1], p.150).

Thus we get a contradiction.

7. Theorem.

Let $\mathfrak{g}$ be simple of parabolic rank $m \geq 1$. For each integer $p \in [1,m]$ there is a strongly orthogonal system $S=\{\gamma_1,\ldots,\gamma_p\} \subset \Delta_n^+$ such that, if

$$\Sigma^j = \{\ \delta \in \Delta \ / \ \delta \perp\!\!\!\perp \gamma_i \ , (1 \leq i \leq j)\ \} \qquad , (\text{and } \Sigma^0 = \Delta\ )\ ,$$

$$\Delta^j = \{\ \delta \in \Delta \ / \ \delta \perp \gamma_i \ , (1 \leq i \leq j)\ \} \qquad , (\text{and } \Delta^0 = \Delta\ )\ ,$$

the following conditions are satisfied.

a) *S has the property (P).*

b) *For each $j \in [1,p]$*

(i) *If $\mathfrak{g}$ is non isomorphic to a real form of G_2, γ_j is a simple root in $\Delta^{j-1} \cap \Delta^+$ of maximal length in $\Delta^{j-1} \cap \Delta_n^+$.*

(ii) *If $\mathfrak{g}$ is a real form of G_2, γ_1 is a simple root in Δ_n^+ of maximal length among the simple roots of Δ_n^+.*

Proof. If $\mathfrak{g}$ is a real form of G_2 , we are in case (i) or (ii) of Definition 3-c) according as γ_1 is a root of maximal length in Δ or not. Suppose now that $\mathfrak{g}$ is non isomorphic to a real form of G_2. The assertion will be proved by induction on $p \in [1,m]$. Suppose that $p \in [1,m[$ and $S=\{\gamma_1,..,\gamma_p\}$ are as in a) and b) above. The subspace

$$\mathfrak{a}_S = \sum_{j=1}^{p} R(E_{\gamma_j} + E_{-\gamma_j})$$

is not abelian maximal in $\mathfrak{p}$. Using the Cayley transform $u = u_{\gamma_1} \ldots u_{\gamma_p}$ (see Lemma 4) it is easy to see that the Cartan sualgebra $u(\mathfrak{b}_{\mathbb{C}})$ of $\mathfrak{g}_{\mathbb{C}}$ is θ-stable and such that $u(\mathfrak{b}_{\mathbb{C}}) \cap \mathfrak{p} = \mathfrak{a}_S$. Arguing as in the proof of Lemma 4, we see that the commutant of $\mathfrak{a}_S$ in $\mathfrak{p}_C$ is generated by $\mathfrak{a}_S$ and the $u(E_\delta)$ where $\delta \in \Delta^p$. Thus $\Delta^p \neq \emptyset$ and an easy application of Lemma 5-a) shows that $\Delta^p \cap \Delta_c \subset \Sigma^p$. Moreover, for each $\gamma \in \Delta^p \cap \Delta_n$

$$\text{Card}\{i \in [1,p] \ / \ n(\gamma \perp\!\!\!\perp \gamma_i)\} \leq 1 \qquad \text{by Lemma 5-b).}$$

Thus we can use the computations of Lemma 4 in order to prove first that $\Sigma^p \neq \emptyset$. If $\Sigma^p = \Delta^p$ we use Lemma 6; if $\Sigma^p \neq \Delta^p$, all the roots of $\Delta^p \cap \Delta_n$ are of minimal length in Δ (see Lemma 4-(ii)) and, if $\gamma \in \Delta^p$ and $\delta \in \Delta^p$

$$\gamma + \delta \in \Sigma^p \cap \Delta_n \quad \text{implies} \quad \gamma \in \Sigma^p \cap \Delta_n \quad \text{or} \quad \delta \in \Sigma^p \cap \Delta_n \ ,$$

so that $\Sigma^p \cap \Delta_n$ contains a simple root.

III-SOME PROPERTIES OF RESTRICTED ROOTS.

1.Thenotations and hypothesis are as in II-3. Let $S=\{\gamma_1,\ldots,\gamma_m\}$ be a fundamental system of roots and denote (see Lemma 4) $u=u_1\ldots u_m$ where $u_j=u_{\gamma_j}$ $(1\leq j\leq m)$. The algebra $\underline{\underline{h}} = u(\underline{\underline{b}}_{\mathbb{C}})\cap\underline{\underline{g}}$ is a θ-stable Cartan subalgebra of $\underline{\underline{g}}$ such that $\underline{\underline{h}}_k\subset\underline{\underline{b}}_k$ and $\underline{\underline{h}}_p = \underline{\underline{a}} = \underline{\underline{b}}_p + \sum_{j=1}^{m} R(E_{\gamma_j}+E_{-\gamma_j})$ is a maximal abelian subspace in $\underline{\underline{p}}$. The set Φ of restricted roots of $(\underline{\underline{g}},\underline{\underline{a}})$ is the set of restrictions to $\underline{\underline{a}}$ of the roots $\beta\in\Delta_{\underline{\underline{h}}}$ such that $\beta_{|\underline{\underline{a}}}\neq 0$. Define

(1) $\Phi' = \{\ \nu\in\Phi\ /\ \frac{1}{2}\nu\notin\Phi\ \}$;

(2) $\Phi_1 = \{\ \nu\in\Phi\ /\ |\nu|\leq|\nu'|\quad \text{if}\quad \nu'\in\Phi\ \}\subset\Phi'$;

(3) $\Phi_2 = \Phi' - \Phi_1$.

Then, if $\Phi'\neq\Phi$, $\Phi-\Phi' = 2\Phi_1$ and two differents elements of Φ_1 are orthogonal ([1] p.151).

Let us define, for $\nu\in\Phi$:

(4) $H_\nu\in\underline{\underline{a}}$ such that $B(H,H_\nu) = \dfrac{2}{(\nu|\nu)}\,\nu(H)$, $(H\in\underline{\underline{a}})$;

(5) $\underline{\underline{g}}_\nu = \{\ X\in\underline{\underline{g}}\ /\ [H,X] = \nu(H)X\ ,H\in\underline{\underline{a}}\ \}$;

(6) $\underline{\underline{n}}_\nu = \underline{\underline{g}}_\nu + \underline{\underline{g}}_{2\nu}$, $(\ \nu\in\Phi'\ )$.

In the sequel, we use orthogonal projections $P:\underline{\underline{b}}\to\underline{\underline{h}}_k$ and $Q:\underline{\underline{b}}\to\underline{\underline{b}}_p$.

2. We define an order on Φ in the following way; $\nu\in\Phi$ is positive if

(i) either $\nu_{|\underline{\underline{a}}}\neq 0$ and $\nu_{|\underline{\underline{a}}}$ is positive for the lexicographic order associated to the basis $\{E_{\gamma_1}+E_{-\gamma_1},\ldots,E_{\gamma_m}+E_{-\gamma_m}\}$ of $\underline{\underline{a}}$.

(ii) either $\nu_{|\underline{\underline{a}}}=0$ and ν is the restriction to $\underline{\underline{a}}$ of $u(\gamma)$ where $\gamma\in\Delta^+$.

Denote Φ^+ the set of positive restricted roots, and $\underline{\underline{a}}^+$ the corresponding positive Weyl chamber in $\underline{\underline{a}}$; $\underline{\underline{m}}$ and $\underline{\underline{n}}$ are as in I-1.

Finally, define for each $j\in[1,m]$, $\alpha_j=u(\gamma_j)$ and $\{\nu_j\}=\Phi^+\cap\Phi'\cap\{R\alpha_{j|\underline{\underline{a}}}\}$.

3. Lemma.

a) If $\nu\in\Phi$ and $X\in\underline{\underline{g}}_\nu-\{0\}$ $\underline{\underline{g}}_\nu = RX + [X,\underline{\underline{m}}]$.

b) If $\nu\in\Phi, X_1\in\underline{\underline{g}}_\nu-\{0\}$ and $X_2\in\underline{\underline{g}}_{2\nu}-\{0\}$, $[\theta X_1,X_2]\neq 0$.

For a proof of this classical result see [8] p. 265.

4. Lemma.

Let $\nu\in\Phi^+$.

a) If $\beta\in\Delta_{\underline{\underline{h}}}$ is such that $\beta\neq\bar\beta$ (we say then that β is complex) and $\beta_{|\underline{\underline{a}}}=\nu\neq 0$, we have $\beta-\bar\beta\notin\Delta_{\underline{\underline{h}}}$.

b) If $2\nu\in\Phi$, each root $\beta\in\Delta_{\underline{\underline{h}}}$ such that $\beta_{|\underline{\underline{a}}}=\nu$ is complex and $\alpha=\beta+\bar\beta$ is the unique real root in $\Delta_{\underline{\underline{h}}}$ such that $\alpha_{|\underline{\underline{a}}}=2\nu$.

Proof. Let $\{\tilde H_\alpha,\tilde E_\alpha,\tilde E_{-\alpha}\}$ be a Weyl basis of $\underline{\underline{g}}_{\mathbb{C}}$ with respect to $\underline{\underline{h}}$.

a) $[\tilde E_\beta,\theta\tilde E_\beta]\in\underline{\underline{p}}_{\mathbb{C}}$ and commute with $\underline{\underline{a}}$; therefore $[\tilde E_\beta,\theta\tilde E_\beta]=0$. This means that $\beta-\bar\beta\notin\Delta_{\underline{\underline{h}}}$, (see [5] p.277).

b) Let $\alpha'\in\Delta_{\underline{\underline{h}}}$ be such that $\alpha'_{|\underline{\underline{a}}}=2\nu$. If $\beta'\in\Delta_{\underline{\underline{h}}}$ is real and such that $\beta'_{|\underline{\underline{a}}}=\nu$, from $(\alpha'|\beta')=(2\nu|\nu)>0$ we deduce that $\beta=\alpha'-\beta'$ is a complex root such that $\beta_{|\underline{\underline{a}}}=\nu$. If we prove that $\alpha=\beta+\bar\beta\in\Delta_{\underline{\underline{h}}}$, the result will follow from the formula $\alpha=2\beta'$. If $\beta+\bar\beta\notin\Delta_{\underline{\underline{h}}}$, β is strongly orthogonal to $\bar\beta$ and $(\beta|\beta)=2(\nu|\nu)$. Using Lemma 3-b) and exhanging β and $\bar\beta$ if necessary, we can suppose that $\alpha'-\beta\in\Delta_{\underline{\underline{h}}}$; using again Lemma 3 we have:

either $\delta=\alpha'-\beta-\bar\beta\in\Delta_{\underline{\underline{h}}}$ is an imaginary root; thus
$\bar\alpha'=\beta+\bar\beta-\delta=\alpha'-2\delta$ and $\alpha'-\delta=\beta+\bar\beta\in\Delta_{\underline{\underline{h}}}$.

or $\delta=\alpha'-2\beta\in\Delta_{\underline{\underline{h}}}$ and ([1] p.150) $(\alpha'|\alpha')=2(\beta|\beta)=4(\nu|\nu)$. This formula implies that $\tilde H_{\alpha'}\in\underline{\underline{a}}$ or $\bar\alpha=\alpha'$; finally

$$2\alpha'=\alpha'+\bar\alpha'=2\beta+\delta+2\bar\beta+\bar\delta=2(\beta+\bar\beta).$$

5. Theorem.

Let ν a positive restricted root such that 2ν is a restricted root. There is an index $j\in[1,m]$ such that $\nu=\nu_j$.

Proof. If our assertion is false, we can suppose that $\underline{\underline{g}}$ is simple of parabolic rank $m\geq 2$; our hypothesis implies that $\underline{\underline{g}}$ is non isomorphic to a real form of G_2. Let $\gamma\in\Delta$ be the root of $(\underline{\underline{g}},\underline{\underline{b}})$ such that $u(\gamma)=\alpha$ is the real root in $\Delta_{\underline{\underline{h}}}$ given by $\alpha_{|\underline{\underline{a}}}=2\nu$. Suppose first that γ is not imaginary; let $\delta\in\Delta$ and $\beta=u(\delta)\in\Delta_{\underline{\underline{h}}}$ be such that $\beta_{|\underline{\underline{a}}}=\nu$. From $\beta-\bar{\beta}\notin\Delta_{\underline{\underline{h}}}$ and $\beta+\bar{\beta}=\alpha\in\Delta_{\underline{\underline{h}}}$ (Lemma 4) we deduce that $|\alpha|=|\beta|=|\bar{\beta}|$; if $(\nu|\nu)=a$ we have:

$$(\alpha|\alpha)=(2\nu|2\nu)=4a \quad ;$$
$$(P\delta|P\delta)=(\delta|\delta)-(\nu|\nu)=3a \quad .$$

We can write:

$$\delta = \sum_{j=1}^{m} \frac{(\delta|\gamma_j)}{(\gamma_j|\gamma_j)}\gamma_j + P\delta + Q\delta$$

$$(1) \qquad 1 = \sum_{j=1}^{m} 4\frac{(\delta|\gamma_j)^2}{(\gamma_j|\gamma_j)(\delta|\delta)} + 4\frac{(Q\delta|Q\delta)}{(\delta|\delta)} \quad .$$

But $4\frac{(\delta|\gamma_j)^2}{(\gamma_j|\gamma_j)(\delta|\delta)}$ is a positive integer; from $Q\delta\neq 0$ we deduce

$$(\delta|\gamma_j) = 0 \qquad ,(1\leq j\leq m) \ .$$

Thus $\tilde{H}_\beta=H_\delta\in\sqrt{-1}\ \underline{\underline{h}}_k + \underline{\underline{b}}_p$; from this we obtain easily

$$(2) \qquad \tilde{H}_\alpha = H_\gamma \in \underline{\underline{b}}_p \quad ;$$

γ is a real root of $(\underline{\underline{g}},\underline{\underline{b}})$. This contradicts the maximality of $\underline{\underline{b}}_k$.

γ is an imaginary root of $(\underline{\underline{g}},\underline{\underline{b}})$; we can work in the case $\underline{\underline{b}}\subset\underline{\underline{k}}$ (see II-3).

If $\gamma\in\Delta_n$, denote $\gamma_j=\zeta_S(\gamma)$. From $|\alpha_j|=|\gamma_j|\geq|\gamma|=|\alpha|$ we deduce that $2\nu_j\in\Phi^+$ (see III-1) and thus $\nu\perp\nu_j$ $(1\leq j\leq m)$. As in (2) we conclude that γ is a real root of $(\underline{\underline{g}},\underline{\underline{b}})$.

If $\gamma\in\Delta_c$, $\{i\in[1,m] \ / \ \gamma_i\perp\gamma\} \neq [1,m]$ (Lemma II-5-a)). If j is the smallest integer in [1,m] which does not belong to this set, there is $\varepsilon=\pm 1$ such that $\gamma'=\gamma+\varepsilon\gamma_j\in\Delta$ and $|\gamma'|=|\gamma|=|\gamma_j|$ (see [1] p.150); applying u to the equality $\gamma'=s\gamma$ where s is the Weyl refection associated to γ_j , we conclude that γ' has the same properties as γ in the above case.

6. Remark. In fact,(5-1) proves a little more. If $i\in[1,m]-\{j\}$, $\delta\perp\gamma_i$

and δ or $\delta\pm\gamma_j$ is a compact root orthogonal to γ_i and thus strongly orthogonal to γ_i (Lemma II-4-ii and Definition II-3-c). So we have $\delta\perp\!\!\!\perp\gamma_i$.

7. For each $\nu\in\Phi'$ (see III-1-1) let $\underline{\underline{g}}(\nu)$ the subalgebra of $\underline{\underline{g}}$ generated by $\underline{\underline{n}}_\nu+\theta\underline{\underline{n}}_\nu$; $\underline{\underline{g}}(\nu)$ is semi-simple and θ-stable. Thus $\underline{\underline{k}}(\nu)=\underline{\underline{k}}\cap\underline{\underline{g}}(\nu)$ and $\underline{\underline{p}}(\nu)=\underline{\underline{p}}\cap\underline{\underline{g}}(\nu)$ define a Cartan decomposition of $\underline{\underline{g}}(\nu)$ and $\underline{\underline{a}}(\nu)=\underline{\underline{a}}\cap\underline{\underline{g}}(\nu)=RH_\nu$ defines an Iwasawa decomposition of $\underline{\underline{g}}(\nu)$; $\underline{\underline{m}}(\nu)=\underline{\underline{m}}\cap\underline{\underline{g}}(\nu)$ is the centralizer of $\underline{\underline{a}}(\nu)$ in $\underline{\underline{g}}(\nu)$. If $G(\nu)$ is the connected Lie subgroup of G associated to $\underline{\underline{g}}(\nu)$, the Weyl reflection s_ν of $\underline{\underline{a}}$ with respect to ν can be defined by an element $s_\nu^*\in K(\nu)=K\cap G(\nu)$.

8. Suppose now that $G\subset G_{\mathbb{C}}$ connected Lie group with Lie algebra $\underline{\underline{g}}_{\mathbb{C}}$. If $\nu\in\Phi$, the element $m_\nu=\exp(\sqrt{-1}\pi H_\nu)$ belongs to M; more precisely $m_\nu\in M_o$ connected component of the unity in M, except in the case $2\nu\notin\Phi$ and ν restriction of a real root in $\Delta_{\underline{\underline{h}}}$. Moreover, the m_ν , $(\nu\in\Phi)$, and M_o generate M (see [5] for a proof).

IV. INTERTWINING OPERATORS AND IRREDUCIBILITY.

1. First of all, we quote some results of Knapp, Stein and Schiffmann on intertwining operators; for their proofs, the reader can look at [3], [7], and [8].

2. Let W be the Weyl group of $(\underline{g},\underline{a})$. For each s W we choose $s^* \in M'$ inducing s on $\underline{a}$. Denote, for each $s \in W$

(1) $\Phi(s) = \{\nu \in \Phi'^+ = \Phi' \cap \Phi^+ \ / \ s\nu \in -\Phi^+\} = \Phi'^+ \cap s^{-1}(-\Phi^+)$,

(2) $l(s) = \mathrm{Card}\ \Phi(s)$,

(3) $D(s) = \{\lambda \in \underline{a}' \ / \ \lambda(H_\nu) > 0 \ \text{ if } \ \nu \in \Phi(s)\}$,

(4) $\underline{n}_s = \sum_{\nu \in \Phi(s)} \underline{n}_\nu$.

If $s \in W$ and $s' \in W$, the following conditions are equivalent ([3] p.51):

(5) $l(ss') = l(s) + l(s')$,

(6) $\Phi(s'^{-1}s^{-1}) = \Phi(s^{-1}) \cup s\Phi(s'^{-1})$,

(7) $\underline{n}_{s'^{-1}s^{-1}} = \underline{n}_{s^{-1}} + \mathrm{Ad}\, s^*(\underline{n}_{s'^{-1}})$,

(8) $D(ss') \quad D(s') \cap s'^{-1}D(s)$.

3. Remark. If s_o W is such that $s_o\Phi^+ = -\Phi^+$, we have, for each $s \in W$:

$$l(s_o) = l(s) + l(s_o s^{-1}) \quad .$$

4. Proposition.

If $s \in W$, let $N_{s^{-1}}$ be the analytic subgroup of N with Lie algebra $\underline{n}_{s^{-1}}$, and denote dn a Haar measure on $N_{s^{-1}}$. If

(1) $\omega_\lambda(x) = \exp(-(\lambda+\rho)(H(x)))$, $(\lambda \in \underline{a}^*_{\mathbb{C}}$, $x \in G)$.

the integral

(2) $\int_{N_{s^{-1}}} \omega_\lambda(xns^*) \ dn$

converges if and only if $\mathrm{Re}\lambda \in D(s)$. In that case, its value is:

(3) $\omega_{s\lambda}(x) \prod_{\nu \in \Phi(s)} \frac{c_\nu(\lambda)}{c_\nu(\rho)} \int_{N_{s^{-1}}} \omega_\rho(ns^*) \ dn$

where

(4) $$c_\nu(\lambda) = |\nu|^{-(m_\nu+m_{2\nu})} \frac{\Gamma(\frac{1}{2}\lambda_\nu)\ \Gamma(\frac{1}{4}(\lambda_\nu+m_\nu))}{\Gamma(\frac{1}{2}(\lambda_\nu+m_\nu))\Gamma(\frac{1}{4}(\lambda_\nu+m_\nu+m_{2\nu}))}$$

with $\lambda_\nu=\lambda(H_\nu)$ and $m_\nu = \dim \underline{\underline{g}}_\nu$, $(\lambda\in\underline{\underline{a}}^*_{\mathbb{C}}, \nu\in\Phi)$.

For a proof, see [3] and [7].

5. From here, we choose a normalisation of the Haar measure dn of $N_s - 1$ in order to have

(1) $$\int_{N_s-1} \omega_\rho(ns^*)\ dn = \prod_{\nu\in\Phi(s)} c_\nu(\rho) \quad .$$

With such a choice, we have, when $s=s's''$ and $l(s)=l(s')+l(s'')$:

(2) $$\int_{N_s-1} \phi(ns'^*s''^*) = \int_{N_{s'}-1}\{\int_{N_{s''}-1} \phi(n's'^*n''s''^*)dn''\}\ dn'$$

for each positive continuous function ϕ on G.

Moreover, if dX is the euclidean measure on $\underline{\underline{n}}_s - 1$

(3) $$\int_{N_s-1} \phi(n)\ dn = a_s \int_{\underline{\underline{n}}_s-1} \phi(\exp X)\ dX \quad ,$$

with

(4) $$a_s = \prod_{\nu\in\Phi(s)} \pi^{-\frac{1}{2}(m_\nu+m_{2\nu})}\ 2^{\frac{1}{2}(m_\nu-m_{2\nu})}$$

6. Proposition.

Fix $s\in W$, $\lambda\in\underline{\underline{a}}^*_{\mathbb{C}}$ such that $\mathrm{Re}\lambda\in D(s)$ and $(\xi,V^\xi)\in\hat{M}$. For each $f\in\tilde{L}(\xi,\lambda)$ the integral

(1) $$\int_{N_s-1} f(xns^*)\ dn \quad , \ (x\in G) ,$$

converges absolutely. The function $A(s^*:\xi:\lambda)f$ defined by (1) is in $\tilde{L}(s\xi,s\lambda)$. Moreover, if $x\in G$ and $X\in\underline{g}$

(2) $$\tilde{U}^{s\xi,s\lambda}(x)\ A(s^*:\xi:\lambda)f = A(s^*:\xi:\lambda)\ \tilde{U}^{\xi,\lambda}(x)f \quad ,$$

(3) $$\tilde{U}^{s\xi,s\lambda}(X)\ A(s^*:\xi:\lambda)f = A(s^*:\xi:\lambda)\ \tilde{U}^{\xi,\lambda}(X)f \quad .$$

If $f\in L(\xi:\lambda)$ the function $\lambda \to A(s^*:\xi:\lambda)f$ extends to a meromorphic function on $\underline{\underline{a}}^*_{\mathbb{C}}$.

The meromorphic extensions satisfy the following conditions:

(4) $A(s^*s'^*:\xi:\lambda) = A(s^*:s'\xi:s'\lambda)A(s'^*:\xi:\lambda)$ if $l(ss')=l(s)+l(s')$

(5) $(A(s^*:\xi:\lambda)\phi|\psi) = (\phi|A(s^{*-1}:s\check{\xi}:-s\lambda)\psi)$,

$(\phi\in L(\xi,\lambda)\ ,\ \psi\in L(s\check{\xi},-s\lambda))$.

where $(\check{\xi},V^{\check{\xi}})$ is the contragredient representation of (ξ,V^{ξ}), and the duality between $L(\xi,\lambda)$ and $L(\check{\xi},-\lambda)$ is defined by the bilinear form

(6) $(\phi|\psi) = \int_K \langle\phi(k),\psi(k)\rangle\ dk$,$(\phi\in L(\xi,\lambda),\psi\in L(\xi,-\lambda))$.

Finally, there is a non null meromorphic function $\lambda \to e(s:\xi:\lambda)$ on $\underline{\underline{a}}^*_{\mathbb{C}}$ such that

(7) $A(s^{*-1}:s\xi:s\lambda)A(s^*:\xi:\lambda) = e(s:\xi:\lambda)\ \mathrm{Id}$,

and (5) implies

(8) $e(s:\xi:\lambda) = e(s:\check{\xi}:-\lambda)$.

7. Remark. If $m\in M$

$A(s^*m:\xi:\lambda)f = A(s^*:\xi:\lambda)(\xi(m)^{-1}_{\circ}f)$.

8. In order to write in a more precise form the action of $A(s^*:\xi:\lambda)$ on $L(\xi,\lambda)$ we use, for each $[\sigma]\in\hat{K}$, the following realisation of the isotypical component $L^{[\sigma]}(\xi,\lambda)$ of type $[\sigma]$ in $L(\xi,\lambda)$. For each irreducible unitary representation (σ,E^σ) of K, $T\in \mathrm{Hom}_M(E^\sigma,V^\xi)$, $v\in E^\sigma$ and $k\in K$ define

(1) $L(\sigma:\xi:\lambda)(T\otimes v)(k) = T(\sigma(k)^{-1}v)$.

The application $L(\sigma:\xi:\lambda)$ defines an isomorphism from $\mathrm{Hom}_M(E^\sigma,V^\xi)\otimes E^\sigma$ onto $L^{[\sigma]}(\xi,\lambda)$ which intertwines $\mathrm{Id}\otimes\sigma$ and $U^{\xi,\lambda}|_K$. Let $d\bar{n}$ be the Haar measure on $\bar{N}_s = s^*N_{s^{-1}}s^{*-1}$ induced by the Haar measure on $N_{s^{-1}}$ and define

(2) $A(\sigma:s:\lambda) = \int_{\bar{N}_s} \exp(-(\lambda+\rho)(H(\bar{n})))\ \sigma(k(\bar{n})^{-1})\ d\bar{n}$.

The restriction of $A(s^*:\xi:\lambda)$ to $L^{[\sigma]}(\xi,\lambda)$ is induced by the operation

(3) $T \to T_\circ A(\sigma:s:\lambda)_\circ\sigma(s^*)^{-1}$

in $\mathrm{Hom}_M(E^\sigma,V^\xi)$, ([8] p.270).

9. If we define, for each $[\sigma]\in\hat{K}$, $[\tau]\in\hat{K}$ and $Q\in\mathrm{Hom}_M(E^\tau,E^\sigma)$

$$(1)\qquad E(\sigma:\tau:\lambda:x) = \int_K e^{-(\lambda+\rho)(H(xk))}\ \sigma(k(xk))Q\tau(k)^{-1}\ dk$$

an easy computation shows that, for $T\in\mathrm{Hom}_M(E^\sigma,V^\xi)$, $v\in E^\sigma$, $w\in E^\tau$ and $S\in\mathrm{Hom}_M(E^\tau,V^{\check{\xi}})$

$$(2)\qquad (U^{\xi,\lambda}(x^{-1})L(\sigma:\xi:\lambda)(T\otimes v)\,|\,L(\tau:\xi:-\lambda)(S\otimes w)) = ..$$

$$..= \langle v,E(\check{\sigma}:\tau:\lambda:x)({}^tTS)w\rangle \qquad .$$

In his theory of asymptotic behavior of spherical functions, Harish Chandra constructs, for $[\sigma]$ and $[\tau]$ in $\hat{K}$ a set of functions

$$(3)\qquad \Psi(\sigma:\tau:.:.):\underline{\underline{a}}_C^*\times\underline{\underline{a}}^+ \rightarrow \mathrm{End}_{\mathbb{C}}(\mathrm{Hom}_M(E^\tau,E^\sigma)) \quad ,$$

$$(4)\qquad c(\sigma:\tau:s:.)\quad \underline{\underline{a}}_C^* \rightarrow \mathrm{End}_{\mathbb{C}}(\mathrm{Hom}_M(E^\tau,E^\sigma)) \quad ,\quad (s\in W),$$

meromorphic with respect to $\lambda\in\underline{\underline{a}}_{\mathbb{C}}^*$ and holomorphic in an open dense subset $\Omega(\sigma,\tau)$ of $\underline{\underline{a}}_{\mathbb{C}}^*$, and such that, for each $h=e^H\in A^+=\exp\underline{\underline{a}}^+$, $H\in\underline{\underline{a}}^+$ $\lambda\in\Omega(\sigma:\tau)$ and $Q\in\mathrm{Hom}_M(E^\tau,E^\sigma)$

$$(5)\qquad e^{\rho(H)}E(\sigma:\tau:\lambda:h) = \sum\nolimits_{s\in W} \Psi(\sigma:\tau:s\lambda:h)_\circ c(\sigma:\tau:s:\lambda)(Q) \qquad .$$

More precisely, if $\omega_{\underline{\underline{m}}}$ is the Casimir element of $\underline{\underline{m}}$, denote $r(\omega_{\underline{\underline{m}}})$ the linear operator $Q\rightarrow Q_\circ\tau(\omega_{\underline{\underline{m}}})$ in $F_M(\sigma:\tau)=\mathrm{Hom}_M(E^\tau,E^\sigma)$. If $z_1,..,z_d$ are the eigenvalues of the linear operator $R(\omega_{\underline{\underline{m}}}):X\rightarrow X_\circ r(\omega_{\underline{\underline{m}}})-r(\omega_{\underline{\underline{m}}})_\circ X$ in $\mathrm{End}_C(F_M(\sigma:\tau))$, then

$$(6)\qquad \Omega(\sigma:\tau) = \bigcup_{s\in W}\ \bigcup_{i=1}^{d}\ \bigcup_{\mu\in L^+} \{\lambda\in\underline{\underline{a}}_C^+ \ /\ 2(\lambda|\mu)=(\mu|\mu)+z_i\ \}$$

where L^+ is the set of linear combinations with positive integer coefficients of elements in Φ^+, (with $0\notin L^+$)

10. Remark. If σ (or τ) is the trivial representation of K, $r(\omega_{\underline{\underline{m}}})=0$ and $\sqrt{-1}\underline{\underline{a}}'\subset\Omega(\sigma:\tau)$, (unitary spherical case) . More precisely, a close study of the construction of the Ψ functions allows us to assert that if $P(\sigma:\xi)$ is the orthogonal projection of E^σ onto its isotypical subspace of type $[\xi]\in\hat{M}$ for $\sigma|_M$, the restrictions of the functions Ψ to

the stable subspace of the $Q \in \mathrm{Hom}_M(E^\tau, E^\sigma)$ such that:

(1) $$Q_\circ P(\tau:\xi) = P(\sigma:\xi)_\circ Q = Q$$

extend to a holomorphic function in a neighborhood of $\sqrt{-1}\underline{\underline{a}}'$, (see [9] IIp.305).

11. Lemma.

Fix $[\sigma] \in \hat{K}$, $[\tau] \in \hat{K}$ and $\lambda_o \in \Omega(\sigma:\tau)$. Give $F_s: \underline{\underline{a}}^*_{\mathbb{C}} \to \mathrm{Hom}_M(E^\tau, E^\sigma)$, ($s \in W$), satisfying to the following conditions

(i) There is a finite number $H_1, .., H_n$ of elements in $\underline{\underline{a}}_{\mathbb{C}}$ such that the functions

$$\lambda \to \prod_{j=1}^{n} (\lambda(H_j) - \lambda_o(H_j))\ F_s(\lambda)$$

are holomorphic in a neighborhood of λ_o in $\underline{\underline{a}}^*_C$

(ii) $\lambda \to \sum_{s \in W} \Psi(\sigma:\tau:s\lambda:h)\ (F_s(\lambda))$

remains bounded in a neighborhood of λ_o in $\underline{\underline{a}}^*_{\mathbb{C}}$, ($h \in A^+$)

Then if

(1) $$W_\lambda = \{s \in W \ /\ s\lambda = \lambda\},$$

for each $s' \in W$

(2) $$\lambda \to \sum_{s \in W_{\lambda_o}} F_{s's}(\lambda)$$

remains bounded in a neighborhood of λ_o in $\underline{\underline{a}}^*_{\mathbb{C}}$.

Proof. Let n be the least positive integer such that all the functions

(3) $$\lambda \to \prod_{j=1}^{n} (\lambda(H_j) - \lambda_o(H_j)) \sum_{s \in W'} F_{s's}(\lambda) \quad , (W' = W_{\lambda_o}, s' \in W),$$

are bounded in a neighborhood of λ_o in $\underline{\underline{a}}^*_{\mathbb{C}}$. We suppose that λ is in a neighborhood U' of λ_o with compact closure in $\Omega(\sigma:\tau)$ and such that

(4) $$\lambda \in U' \Rightarrow W_\lambda \subset W'$$

If $n > 1$, choose $\lambda_1 \in \underline{\underline{a}}^*_{\mathbb{C}}$ such that $\lambda_1(H_1) = 1$. If $\lambda' \in U'$ is such that $\lambda'(H_1) = \lambda_o(H_1)$ we define

(5) $$\phi_s(z:\lambda') = \prod_{j=1}^{1} ((\lambda' + z\lambda_1)(H_j) - \lambda_o(H_j)) F_s(\lambda' + z\lambda_1) \quad , (s \in W, z \in \mathbb{C}).$$

Using 11-ii, we have, for each $h \in A^+$

(6) $$\sum_{s \in W} \Psi(\sigma:\tau:s\lambda':h)(\phi_s(0:\lambda')) = 0$$

and thus, for each $\lambda'\in U'$ such that $\lambda'(H_1)=\lambda_o(H_1)$ and each $s\in W$

(7) $$\sum_{s\in W'} \phi_{s's}(0:\lambda') = 0$$

(Lemma 9.1.5.2 of [9] II); this contradicts the choice of n.

12. Remark. It is well known (see [8] Ch.8.3 and P.274) that, if $T\in \mathrm{Hom}_M(E^\sigma, V^\xi)$ and $v\in E^\sigma$, the functions

(1) $$\lambda \to A(s^*:\xi:\lambda)L(\sigma:\xi:\lambda)(T\otimes v)$$

satisfies the condition 10-i everywhere in $\underline{\underline{a}}_C^*$.

13. Definition.

A normalization of the operators $A(s^*:\xi:\lambda)$ is a function $(s^*,\xi,\lambda) \to d(s^*:\xi:\lambda)$ on $M'\times\hat{M}\times\underline{\underline{a}}_C^*$, holomorphic in $\lambda\in\underline{\underline{a}}_C^*$ and having the following properties

(i) $d(s^*s'^*:\xi:\lambda)=d(s^*:s'\xi:s'\lambda)d(s'^*:\xi:\lambda)$
if $l(ss') = l(s) + l(s')$;

(ii) $d(s^{*-1}:s\xi:s\lambda)\, d(s^*:\xi:\lambda) = e(s:\xi:\lambda)$,(see 6.7);

(iii) $d(s^*:\check{\xi}:-\lambda) = d(s^{*-1}:s\xi:s\lambda)$,(see 6.8).

The normalized intertwining operator associated to this normalisation is defined by

(1) $$B(s^*:\xi:\lambda) = d(s^*:\xi:\lambda)^{-1} A(s^*:\xi:\lambda) \quad .$$

For example, if the multiplicity $[\sigma:\xi]$ of $[\xi]\in\hat{M}$ in $[\sigma]\in\hat{K}$ is one, the action of $A(s^*:\xi:\lambda)$ on $L^{[\sigma]}(\xi,\lambda)$ is defined by a scalar $d(s^*:\xi:\lambda)$ which determines a normalisation factor.

14. Theorem.

Fix $[\xi]\in\hat{M}$, $[\sigma]\in\hat{K}(\xi)=\{\tau\in\hat{K}/[\tau:\xi]\geq 1\}$, $\lambda_o\in\Omega(\check{\sigma})=\bigcap_{\tau\in\hat{K}(\xi)}\Omega(\check{\sigma},\tau)$ and choose a normalization $d(s^*:\xi:\lambda)$ of the intertwining operators. If

(1) $$W_{\xi,\lambda_o} = \{ s\in W \;/\; s\xi=\xi \text{ and } s\lambda_o=\lambda_o \}$$

for each $\phi\in L^{[\sigma]}(\xi)$ and $\psi\in L^{[\tau]}(\xi)$ (see V-2 for the notations), the functions

(2) $\lambda \to \sum_{s\in W_{\xi,\lambda_o}} d(s_o^{*-1}:s_o s's\xi:s's\lambda)^{-1}\langle B(s'^* s^*:\xi:\lambda)\phi(e),..$
$..,B(s_o^* s'^* s^*:\xi:-\lambda)\psi(e)\rangle$

are holomorphic in a neighborhood of λ_o. Moreover, if

(3) $(U^{\xi,\lambda_o}(\mathfrak{U})L^{[\sigma]}(\xi,\lambda_o)|\psi) = 0$, ($\mathfrak{U}=\underline{U}(\underline{g}_{\mathbb{C}})$ is the universal envelopping algebra of $\underline{g}_{\mathbb{C}}$) if and only if these functions take the value 0 for $\lambda=\lambda_o$, $(\phi\in L^{[\sigma]}(\xi))$.

Proof. In [11] we use the formulas

(4) $\check{\sigma}(s^*)\,{}^tA(\sigma:s:\lambda) = A(\sigma:s^{-1}:-s\lambda)\,\check{\sigma}(s^*)$,

(5) $c(\check{\sigma}:\tau:1:\lambda)(Q) = Q_\circ A(\tau:s_o:-\lambda)$, $(Q\in \mathrm{Hom}_M(E^\tau,E^{\check{\sigma}})$,

in order to prove that, for each $\lambda\in\underline{a}_{\mathbb{C}}^*$, $s\in W$, $[\sigma]\in\hat{K}$, $[\tau]\in\hat{K}$ and $Q\in\mathrm{Hom}_M(E^\tau,E^{\check{\sigma}})$

(6) $c(\check{\sigma}:\tau:s:\lambda)(\check{\sigma}(s^*)^{-1}{}_\circ Q_\circ A(\tau:s^{-1}:-s\lambda)_\circ\tau(s^*)) = ..$
$..=A(\check{\sigma}:s^{-1}:-s\lambda)_\circ Q_\circ A(\tau:s_o:-s\lambda)$

From 6-7 and 8-3, we deduce that, for $S\in\mathrm{Hom}_M(E^\tau,V^{\check{\xi}})$

(7) $S_\circ A(\tau:s:\lambda)_\circ\tau(s^*)^{-1}{}_\circ A(\tau:s^{-1}:s\lambda)_\circ\tau(s^*) = e(s:\check{\xi}:\lambda)\,S$.

Thus (6) can be written, for $T\in\mathrm{Hom}_M(E^\sigma,V^\xi)$ and $S\in\mathrm{Hom}_M(E^\tau,V^{\check{\xi}})$

(8) $c(\check{\sigma}:\tau:s:\lambda)({}^tTS) =...$
$..=e(s:\check{\xi}:-\lambda)^{-1}A(\check{\sigma}:s^{-1}:-s\lambda)\check{\sigma}(s^*)\,{}^tTSA(\tau:s:-\lambda)\tau(s^*)^{-1}A(\tau:s:-s\lambda)$

For $h=e^H\in A^+$, $H\in\underline{a}^+$, 9-2 and 9-5 give

$e^{\rho(H)}(U^{\xi,\lambda}(h^{-1})L(\sigma:\xi:\lambda)(T\otimes v)|L(\tau:\xi:-\lambda)(S\otimes w)) = ..$

$..= e^{\rho(H)}\langle v,E(\check{\sigma}:\tau:\lambda:h)({}^tTS)w\rangle$

$= \sum_{s\in W}\langle v,\Psi(\check{\sigma}:\tau:s\lambda:h)_\circ c(\sigma:\tau:s:\lambda)({}^tTS)w\rangle$

$= \sum_{s\in W}\langle v,\Psi(\check{\sigma}:\tau:s\lambda:h)({}^tT(s^*:\lambda)S(s^*:\lambda)A(\tau:s_o:-s\lambda)w\rangle$,

where

(9) $T(s^*:\lambda) = d(s^*:\xi:\lambda)^{-1}\ T_\circ A(\sigma:s:\lambda)_\circ\sigma(s^*)^{-1}$,

(10) $S(s^*:\lambda) = d(s^*:\check{\xi}:-\lambda)^{-1}\ S_\circ A(\tau:s:-\lambda)_\circ\tau(s^*)^{-1}$.

Using Lemma 11, we can assert that, for each $s'\in W$, the function

$\lambda \to \sum_{s\in W_{\lambda_o}} {}^tT(s'^*s^*:\lambda)S(s'^*s^*:\lambda)A(\tau:s_o:-s's\lambda)$

is holomorphic in a neighborhood of λ_o. Taking the components in the subspaces defined by $Q_\circ P(\tau:\xi') = Q$, and writing $\phi=L(\sigma:\xi:\lambda)(T\otimes v)$ and $\psi=L(\tau:\xi:-\lambda)(S\otimes w)$, we obtain

$$(11)\quad \lambda \to \sum_{s\in W_{\xi,\lambda_o}} \langle B(s'^{*}s^{*}:\xi:\lambda)\phi(e), B(s_o^{*}:s's\xi:-s's\lambda)B(s'^{*}s^{*}:\xi:-\lambda)\psi(e)\rangle \; \ldots \; d(s_o^{*}:s's\xi:-s's\lambda)^{-1}$$

is bounded near $\lambda=\lambda_o$; this proves (1) (Remark 3 and formula 13-1). The condition (3) means that the analytic function

$$x \to (U^{\xi,\lambda}(x^{-1})\phi|\psi)$$

is equal to 0 with its derivatives of all orders when $\lambda=\lambda_o$; this ends the proof of Theorem 14.

15. Corollary (M abelian).

The notations and hypothesis are as in Theorem 14. Suppose that $[\sigma:\xi]=1$ *and normalize the intertwining operators in order that* $B(s^{*}:\xi:\lambda)$ *induces a "scalar" operator independant of* λ *on* $L^{[\sigma]}(\xi,\lambda)$ (see 13). *If* $\lambda_o\in\Omega(\sigma)$, *an element* $\psi\in L^{[\tau]}(\check{\xi},-\lambda)$ *is such that*

$$(1)\qquad (U^{\xi,\lambda_o}(\mathfrak{U})L^{[\sigma]}(\xi.\lambda)|\psi) = 0$$

if and only if the holomorphic function

$$(2)\quad \lambda\to \sum_{s\in W_{\xi,\lambda_o}} d(s_o^{*-1}:s_\circ s's\xi:\ s_\circ s's\lambda)^{-1}B(s_o^{*}s'^{*}s^{*}:\check{\xi}:-\lambda)\psi$$

takes the value 0 for $\lambda=\lambda_o$, $(s'\in W)$.

Proof: First of all we use the fact that the image of

$$b \to U^{\xi,\lambda}(b)\phi(e) \qquad ,(\phi\in L^{[\sigma]}(\xi,\lambda)),$$

is V^{ξ} in order to prove that for each $s'\in W$

$$(3)\quad \sum_{s\in W_{\xi,\lambda_o}} d(s_o^{*-1}:s_\circ s's\xi:\ s_\circ s's\lambda_o)^{-1}B(s_o^{*}s'^{*}s^{*}:\check{\xi}:-\lambda_o)\psi(e) = 0 \quad .$$

If we make in (3) the substitution $\psi \to U^{\check{\xi},-\lambda_o}(b)\psi$, $(b\in\mathfrak{U})$, we obtain (2).

V. COMPUTATION OF INTERTWINING OPERATORS.

1. From now, we suppose that $\underline{m}$ is abelian and $G \subset G_{\mathbb{C}}$ connected Lie group with Lie algebra $\underline{g}_{\mathbb{C}}$. In that case, M is abelian (see [5]) and each $\xi \in \hat{M}$ is a unitary character; we define, when $[\sigma] \in \hat{K}$

$$E^{\sigma}(\xi) = \{ v \in E^{\sigma} \ / \ \sigma(m)v = \xi(m)\, v \quad , m \in M \} \quad .$$

We shall write $k.v = \sigma(k)v \quad ,(k \in K, v \in E^{\sigma})$.

2. Let $\tilde{L}(\xi)$ the set of indefinitely differentiable functions $f: K \to C$ such that

$$(1) \qquad f(km) = \xi(m)^{-1} f(k) \qquad ,(k \in K, m \in M) \quad .$$

The group K acts on $\tilde{L}(\xi)$ by mean of operators $\tilde{U}^{\xi}(k)$, $(k \in K)$, where:

$$(2) \qquad (\tilde{U}^{\xi}(k)f)(k') = f(k^{-1}k') \qquad ,(f \in \tilde{L}(\xi), k \in K, k' \in K).$$

Let U^{ξ} the restriction of $\tilde{U}^{\xi}$ to the stable subspace $L(\xi)$ of K-finite vectors in $\tilde{L}(\xi)$. The restriction of functions from G to K defines a K-isomorphism from $\tilde{L}(\xi,\lambda)$ (resp. $L(\xi,\lambda)$) onto $\tilde{L}(\xi)$ (resp. $L(\xi)$).

3. If $[\sigma] \in \hat{K}(\xi)$, the formula

$$(1) \qquad (F(e')(e))(k) = \langle k.e', e \rangle \qquad ,(e' \in E^{\check{\sigma}}(\xi^{-1}), e \in E^{\sigma}, k \in K),$$

defines a linear isomorphism $F: E^{\check{\sigma}}(\xi^{-1}) \to \mathrm{Hom}_M(E^{\sigma}, \mathbb{C}^{\xi})$. There is a unique operator

$$(2) \qquad a(\sigma:s^*:\xi:\lambda): E^{\check{\sigma}}(\xi^{-1}) \to E^{\check{\sigma}}(s\xi^{-1})$$

such that (see IV-8-3)

$$(3) \qquad F(a(\sigma:s^*:\xi:\lambda)(e')) = F(e') \circ A(\sigma:s:\lambda) \circ \sigma(s^*)^{-1} \qquad ,(e' \in E^{\sigma}(\xi^{-1})).$$

If $\{e'_1,\ldots,e'_q\}$ is a basis of $E^{\check{\sigma}}(\xi^{-1})$, $\{s^*.e'_1,\ldots,s^*.e'_q\}$ is a basis of $E^{\check{\sigma}}(s\xi^{-1})$; define

$$(4) \qquad a(\sigma:s^*:\xi:\lambda)(e'_i) = \sum_{r=1}^{q} a_{ri}\; s^*.e'_r \qquad ,(1 \leqslant i \leqslant q).$$

We have

$$F(s^*.e'_r)(s^*.e_j)(1) = \langle s^*.e'_r, s^*.e_j \rangle = \delta_{rj} \qquad ,$$

and

$$a_{ji} = F(a(\sigma:s^*:\xi:\lambda)(e'_i))(s^*.e_j)(1) \qquad ,$$

(5) $\quad a_{ji} = \langle e_i', A(\sigma:s:\lambda)e_j\rangle$

With respect to such a basis, the matrix of $a(\sigma:s^*:\xi:\lambda)$ does not depend of the choice of s^* in M'.

4. To achieve the computation of that matrix, we look at the semi-simple subalgebra $\underline{g}(\nu)$ associated to each restricted root $\nu\in\Phi'^+$ (see III-7) and construct a basis of $E^\sigma(\xi)$ adapted to ν. $\underline{m}$ being abelian, the algebra $\underline{g}(\nu)$ falls in one of the following three types (Lemmas III-3-a and III-4)

(1) Type I: $\dim \underline{g}_\nu=1$ and $\dim \underline{g}_{2\nu}=0$; thus $\underline{g}(\nu)\simeq sl(2;R)$.

(2) Type II: $\dim \underline{g}_\nu=2$ and $\dim \underline{g}_{2\nu}=0$; thus $\underline{g}(\nu)\simeq sl(2;C)$.

(3) Type III: $\dim \underline{g}_\nu=2$ and $\dim \underline{g}_{2\nu}=1$; thus $\underline{g}(\nu)\simeq su(2,1)$.

Let $\{H_\gamma, E_\gamma, E_{-\gamma}\}$ be a Weyl basis of $\underline{g}_C$ with respect to $\underline{b}$ and $\{\tilde{H}_\alpha, \tilde{E}_\alpha, \tilde{E}_{-\alpha}\}$ its image by the Cayley transform u (see III-1).

5. If ν is of Type I, ν is the restriction to $\underline{a}$ of a real root $\alpha=\alpha_\nu\in\Delta_{\underline{b}}$. We can suppose that $\tilde{E}_\alpha+\theta\tilde{E}_\alpha\in\sqrt{-1}\underline{k}(\nu)$ and we choose $s_\nu^*=\exp(\sqrt{-1}\,\frac{\pi}{2}(\tilde{E}_\alpha+\theta\tilde{E}_\alpha))$ so that $m_\nu=s_\nu^{*2}$ (see III-8). Let $\chi_\nu\in\hat{M}$ be such that

(1) $$\operatorname{Ad} m(\tilde{E}_\alpha) = \chi_\nu(m)\,\tilde{E}_\alpha \qquad ,(m\in M) \quad .$$

Then $\chi_\nu=1$ on M_o and thus $\chi_\nu^2=1$; moreover, for each $\xi\in\hat{M}$

(2) $$s_\nu\xi = \chi_\nu^{\frac{1}{2}(1-\xi(m_\nu))}\,\xi$$

and, for each $[\sigma]\in\hat{K}(\xi)$, the space

(3) $$E^\sigma(\xi) + E^\sigma(\chi_\nu\xi)$$

is $\underline{k}(\nu)$ invariant. If $\chi_\nu\neq1$ (the case $\chi_\nu=1$ is staightforward) we introduce the subspaces $E^\sigma(\xi,+)$ and $E^\sigma(\xi,-)$ sum of eigenspaces of $\sigma(\tilde{E}_\alpha+\theta\tilde{E}_\alpha)$ with positive and negative eigenvalues respectively. If $m_o\in M$ is such that $\chi_\nu(m_o)=-1$, we have

(4) $$\sigma(m_o)E^\sigma(\xi,+) = E^\sigma(\xi,-) \quad .$$

A basis $\{e_1,\ldots,e_q\}$ of $E^\sigma(\xi)$ adapted to ν is the image by $P(\sigma:\xi)$ of an orthonormal basis $\{f_1,\ldots,f_q\}$ of eigenvectors of $\sigma(\tilde{E}_\alpha+\theta\tilde{E}_\alpha)$ in $E^\sigma(\xi,+)$. It is easy to see that thedual basis $\{e'_1,\ldots,e'_q\}$ in $E^{\check\sigma}(\xi^{-1})$ is adapted to ν, and, for each $s\in W$, the basis $\{s^*.e_1,\ldots,s^*.e_q\}$ of $E^\sigma(s\xi)$ is adapted to $s\nu$. If ν is simple, the restrictions of $A(\sigma:s_\nu:\lambda)$ to $E^\sigma(\xi,+)$ and $E^\sigma(\xi)$ are thus defined by the same matrix.

6.If $\underline{g}(\nu)$ is of Type II, ν is the restriction to $\underline{\underline{a}}$ of two complex strongly orthogonal roots $\beta=\beta_\nu$ and $\bar\beta=\bar\beta_\nu$ in $\Delta_{\underline{\underline{h}}}$ and $\underline{\underline{m}}(\nu)=\underline{\underline{b}}(\nu)=.$ $.=R\sqrt{-1}(\tilde{H}_\beta-\tilde{H}_{\bar\beta})$ is a Cartan subalgebra of $\underline{\underline{k}}(\nu)\simeq su(2)$. We decompose the space $\sigma(U(\underline{\underline{k}}(\nu)_C))E^\sigma(\xi)$ into mutually orthogonal $K(\nu)$-irreducible subspaces $V_1,\ldots,V_q$. As $\dim V_j\cap E^\sigma(\xi)=1$,$(1\leq j\leq q)$, we can choose $e_j\in V_j\cap E^\sigma(\xi)$,$(1\leq j\leq q)$, in order to construct a basis $\{e_1,\ldots,e_q\}$ of $E^\sigma(\xi)$; such a basis is said to be adapted to ν.

7. If $\underline{g}(\nu)$ is of Type III, 2ν is the restriction to $\underline{\underline{a}}$ of a real root $\alpha=\alpha_\nu=\alpha_j\in\Delta_{\underline{\underline{h}}}$ which is the image by the Cayley transform u of a non compact root $\gamma_\nu=\gamma_j=\gamma\in\Delta$ (Theorem III-5); ν is the restriction to $\underline{\underline{a}}$ of a complex root $\beta=\beta_\nu=u(\delta_\nu)\in\Delta_{\underline{\underline{h}}}$ where $\delta_\nu=\delta\in\Delta$ is compact,and $\bar\beta=\bar\beta_\nu=u(\delta'_\nu)$ where $\delta'_\nu=\delta'\in\Delta$ is non compact (Remark III-6). $\underline{\underline{b}}(\nu)=\underline{\underline{b}}\cap\underline{\underline{k}}(\nu)$ is a Cartan subalgebra of $\underline{\underline{k}}(\nu)\simeq u(2)$ containing $\underline{\underline{m}}(\nu)=\underline{\underline{m}}\cap\underline{\underline{k}}(\nu)=R\sqrt{-1}(\tilde{H}_\beta-\tilde{H}_{\bar\beta})$ and $\underline{\underline{b}}(\nu)=\underline{\underline{m}}(\nu)+R\sqrt{-1}(\tilde{E}_\alpha+\theta\tilde{E}_\alpha)$. We define a basis of $E^\sigma(\xi)$ adapted to ν exactly as in 6.

8.<u>Proposition</u>.

<u>Suppose that</u> $s\in W$ <u>is the Weyl reflexion associated to a simple restricted root</u> $\nu\in\Phi^+$. <u>Choose a basis</u> $\{e_1,\ldots,e_q\}$ <u>of</u> $E^\sigma(\xi)$ <u>adapted to</u> ν <u>and denote its dual basis</u> $\{e'_1,\ldots,e'_q\}$ <u>in</u> $E^\sigma(\xi^{-1})$. <u>For each</u> $\lambda\in\underline{\underline{a}}_C^*$ <u>such that</u> $\mathrm{Re}\lambda_\nu>0$, <u>where (see III-1-3)</u>

(1) $$\lambda_\nu = \lambda(H_\nu)$$

<u>and each</u> $j\epsilon[1,q]$, <u>we have</u>

(2) $$a(\sigma:s^*:\xi:\lambda)e_j^! = a(\sigma:s:\xi:\lambda:j)\ s^*.e_j^! ,$$

<u>where</u>

(3) $$a(\sigma:s:\xi:\lambda:j) = \int_{N_s-1} e^{-(\lambda+\rho)(s^{*-1}ns^*)}\langle e_j^!, \sigma(k(s^{*-1}ns^*)e_j\rangle \ dn .$$

Proof. It remains only to prove that

$$\langle e_i^!, A(\sigma:s:\lambda)e_j\rangle = 0 \qquad \text{if} \quad 1\leqslant i\neq j\leqslant q .$$

We use only the fact that $k(s^{*-1}ns^*)\epsilon K(\nu)$, $(n\epsilon N_s-1)$; each V_j is invariant by $A(\sigma:s:\lambda)$ (see IV-8-2).

9. We are going to compute the integral 8-3. For each $j\epsilon[1,q]$ define

if $\underline{g}(\nu)$ is of Type I (see 5)

(1) $$\sigma(\tilde{E}_\alpha+\theta\tilde{E}_\alpha)f_j = \mu_j^\sigma f_j \qquad ,(1\leqslant j\leqslant q);$$

if $\underline{g}(\nu)$ is of Type II and V_j of dominant weight μ_j (see 6)

(2) $$\xi_\nu = \xi(\tilde{H}_{\beta_\nu}-\tilde{H}_{\bar{\beta}_\nu})$$

(3) $$\mu_{j,\nu}^\sigma = \mu_j(\tilde{H}_{\beta_\nu}-\tilde{H}_{\bar{\beta}_\nu}) \qquad ;$$

if $\underline{g}(\nu)$ is of Type III, μ_j the dominant weight (with respect to δ_ν) in V_j, and η_j the weight in V_j such that $\eta_j|_{\underline{m}(\nu)} = \xi|_{\underline{m}(\nu)}$

(4) $$\xi_\nu = \xi(\tilde{H}_{\beta_\nu}-\tilde{H}_{\bar{\beta}_\nu})$$

(5) $$\mu_{j,\nu}^{\pm,\sigma} = \mu_j(H_{\delta_\nu}) \pm \eta_j(H_{\delta_\nu}) \quad .$$

10. <u>Proposition</u>.

<u>If</u> $j\epsilon$ 1,q <u>define</u>

(1) $$\epsilon_j(\sigma:\nu:\xi) = \begin{cases} (-1)^{[\frac{1}{2}|\mu^\sigma|]} & (\underline{\text{Type I}}) \\ (-1)^{\frac{1}{2}(\mu_{j,\nu}^\sigma-|\xi_\nu|)} & (\underline{\text{Type II}}) \\ (-1)^{\frac{1}{2}(\mu_{j,\nu}^{+,\sigma}-\mu_{j,\nu}^{-,\sigma})} & (\underline{\text{Type III}}) \end{cases}$$

$$(2)\qquad \phi_\nu^\xi(z)=\begin{cases}\dfrac{\Gamma(\frac{1}{2}(z+r(\xi,\nu)))}{\Gamma(\frac{1}{2}(z+1+r(\xi,\nu)))} & \underline{\text{(Type I)}}\\ (z+|\xi_\nu|)^{-1} & \underline{\text{(Type II)}}\\ \dfrac{\Gamma(z)}{2^{z+\frac{1}{2}}\Gamma(1+\frac{1}{2}(z+|\xi_\nu|))\Gamma(1+\frac{1}{2}(z-|\xi_\nu|))} & \underline{\text{(Type III)}}\end{cases}$$

<u>where</u> $r=r(\xi,\nu)=0$ <u>or 1 if</u> $\xi(m_\nu)=1$ <u>or</u> -1.

$$(3)\qquad P_{j,\nu}^{\sigma,\xi}(z)=\begin{cases}(z+r+1)(z+r+3)\dots(z+|\mu_j^\sigma|-1) & \underline{\text{(Type I)}}\\ (z+|\xi_\nu|+2)(z+|\xi_\nu|+4)\dots(z+|\mu_{j,\nu}^\sigma|) & \underline{\text{(Type II)}}\\ (z+\xi_\nu+2)(z+\xi_\nu+4)\dots(z+\xi_\nu+\mu_{j,\nu}^{+,\sigma})(z-\xi_\nu+2)(z-\xi_\nu+4)\dots & \\ \qquad\dots(z-\xi_\nu+\mu_{j,\nu}^{-,\sigma}) & \underline{\text{(Type III)}}\end{cases}$$

<u>with the product of each sequence equals to one if its first factor contains an integer greater than the last one. Then</u>

$$(4)\qquad a(\sigma:s:\xi:\lambda:j)=\varepsilon_j(\sigma:\nu:\xi)\phi_\nu^\xi(\lambda_\nu)\ \frac{P_{j,\nu}^{\sigma,\xi}(-\lambda_\nu)}{P_{j,\nu}^{\sigma,\xi}(\lambda_\nu)}$$

Proof. The Types I (see [7] p.369-14) and II (see [3] p.59) cases are well known. In order to deal with the Type III we make the computations in $G=SU(2,1)$. In that case, we can take:

$$(5)\qquad K=\left\{\begin{pmatrix}u & 0\\ 0 & (\det u)^{-1}\end{pmatrix}\ /\ u\in U(2)\right\}$$

$$(6)\qquad \underline{\underline{a}}=RH \qquad \text{where}\qquad H=H_\nu=\begin{pmatrix}0&0&1\\0&0&0\\1&0&0\end{pmatrix}$$

$$(7)\qquad \underline{\underline{m}}=R\sqrt{-1}\,T \qquad \text{where}\qquad T=\tilde{H}_{\beta_\nu}-\tilde{H}_{\bar{\beta}_\nu}=\begin{pmatrix}1&0&0\\0&-2&0\\0&0&1\end{pmatrix}$$

$$(8)\qquad \underline{\underline{b}}\cap[\underline{\underline{k}},\underline{\underline{k}}]=R\sqrt{-1}\,H' \qquad \text{where } H'=H_{\delta_\nu}=\begin{pmatrix}1&0&0\\0&-1&0\\0&0&0\end{pmatrix}$$

$$(9)\qquad \underline{\underline{n}}=RX_1+RX_1'+RX_2 \qquad \text{where}\quad X_1=\begin{pmatrix}0&1&0\\-1&0&1\\0&1&0\end{pmatrix}\quad X_1'=\begin{pmatrix}0&\sqrt{-1}&0\\ \sqrt{-1}&0&-\sqrt{-1}\\0&\sqrt{-1}&0\end{pmatrix}$$

$$\text{and}\quad X_2=\begin{pmatrix}-\sqrt{-1}&0&\sqrt{-1}\\0&0&0\\-\sqrt{-1}&0&\sqrt{-1}\end{pmatrix}$$

$$(10)\qquad s^*=\begin{pmatrix}1&0&0\\0&-1&0\\0&0&-1\end{pmatrix}$$

$$(11)\qquad \underline{\underline{c}}_k=R\sqrt{-1}\,Z \qquad \text{with}\quad Z=\begin{pmatrix}1&0&0\\0&1&0\\0&0&-2\end{pmatrix}\quad \text{is the center of } \underline{\underline{k}}.$$

When $n=\exp(xX_1+yX_1'+tX_2)$ we find easily (see [8] p.275)

(12) $H(s^{*-1}ns^*) = (\mathrm{Log}|1+2D|)H$,

with $D = \sqrt{-1}\, t + \frac{1}{2}|z|^2$, $z=x+\sqrt{-1}y$, and

(13) $k(s^{*-1}ns^*) = \begin{pmatrix} a & -b & o \\ \bar{b} & c & o \\ o & o & d \end{pmatrix}$

with $a=\frac{1-2D}{|1+2D|}$, $b=\frac{2z}{1+2D}$, $c=\frac{1-2\bar{D}}{1+2D}$ and $d=\frac{1+2D}{|1+2D|}$.

The irreducible unitary representations σ of K with dominant weight μ are parametrized by **two integers**

(14) $\ell = \mu(H') \geq 0$

(15) $n = \mu(Z)$

and σ and $\check{\sigma}$ are realized on space of homogeneous polynomials of degree ℓ on C^2; σ contains the character ξ of M defined by the integer $\xi=\xi(T)$ if and only if

(16) $2\ell-\xi-n=3j$ with $j\in[0,\ell]\cap\mathbb{N}$,

and the corresponding weight vector is $P_j^{\ell}=z_1^j z_2^{\ell-j}$ (see for example [8] p.271). With the normalisations introduced in IV-5, an easy computation using (12) and (13) gives:

(17) $a(\sigma:s:\xi:\lambda)= \frac{1}{\pi\sqrt{2\pi}}\iiint_{R^3} |1+2D|^{-(\lambda+2)}\, e^{\sqrt{-1}(n-\ell+j)\phi} P(a,b)dxdydt$

with D, a, b as in (12) and (13) , $\lambda=\lambda_\nu$, $e^{\sqrt{-1}\phi}=\frac{1+2D}{|1+2D|}$ and

(18) $P(a,b)=\sum_{s=0}^{j}\sum_{t=0}^{\ell-j} \{(-1)^s C_j^s\, C_{\ell-j}^t\, a^{j-s}\, b^s\, \bar{a}^{\ell-j-t}\, \bar{b}^t\}_{s=t}$.

If $\ell\geq 2j$ (for $\ell<2j$ one can make the substitutions $j \to \ell-j$, $\xi \to -\xi$, $a \to \bar{a}$) we can write

$$P(a,b)= \frac{\bar{a}^{\,-2j}}{j!}\,\frac{(\ell-j)!}{\ell!}\,\{\frac{\partial^j}{\partial u^j}\frac{\partial^j}{\partial v^j}\,((1+u|a|^2)v+(1-u|b|^2))\}_{u=v=0}$$

and thus

$$P(a,b)= \frac{\bar{a}^{\ell-2j}}{j!}\,\{\frac{\partial^j}{\partial v^j}\,(v|a|^2-|b|^2)^j(1+v)^{\ell-j}\}_{v=0}$$

(19) $P(a,b)= \bar{a}^{\ell-2j}\sum_{s=0}^{j}(-1)^s\, C_j^s\, C_{\ell-j+s}^s\, |b|^{2s}$.

Formula (17) gives

(20) $a(\sigma:s:\xi:\lambda)= \frac{1}{\sqrt{2\pi}}\sum_{s=0}^{j} (-1)^s\, C_j^s\, C_{\ell-j+s}^s\, A_s$

with

$$(21)\qquad A_s = 2^{2s}\int_{-\infty}^{+\infty} |1+\sqrt{-1}u|^{-(\lambda+2+2s)} \left(\frac{1+\sqrt{-1}u}{|1+\sqrt{-1}u|}\right)^{\xi} \phi_s(u)\, du ,$$

and

$$(22)\qquad \phi_s(u) = \int_0^{+\infty} v^s (1+v)^{-(\lambda+1+2s)} \left(\frac{2}{(1+v)(1+\sqrt{-1}u)} - 1\right)^{\ell-2j} dv .$$

If $p=\ell-2j$,we obtain

$$(23)\qquad \phi_s(u) = \sum_{q=0}^{p} (-1)^{p+q} C_p^q \left(\frac{2}{1+\sqrt{-1}u}\right)^q B(\lambda+s+q,q)$$

Now, formula (21) takes the form

$$A_s = \sum_{q=0}^{p} (-1)^{p+q}\, 2^q C_p^q\, B(\lambda+s+q,s+1)\, J_q$$

where the integral

$$J_q = \int_{-\infty}^{+\infty} |1+\sqrt{-1}u|^{-(\lambda+2s+2)} \left(\frac{1+\sqrt{-1}u}{1+\sqrt{-1}u}\right)^{\xi} \left(\frac{1}{1+\sqrt{-1}u}\right)^q du$$

$$= \int_{-\frac{\pi}{2}}^{+\frac{\pi}{2}} (\cos\theta)^{\lambda+2s+q}\, e^{\sqrt{-1}(\xi-q)}\, d\theta$$

can be computed easily. Finally

$$A_s = \frac{\pi\ s!}{2^{\lambda}\Gamma(\frac{1}{2}(\lambda+\xi)+s+1)} \sum_{q=0}^{p} (-1)^{p+q} C_p^q \frac{\Gamma(\lambda+s+q)}{\Gamma(\frac{1}{2}(\lambda-\xi)+s+q+1)}$$

$$A_s = \frac{\pi\quad s!}{2^{\lambda}\Gamma(\frac{1}{2}(\lambda+\xi)+s+1)\Gamma(1-\frac{1}{2}(\lambda+\xi))} \sum_{q=0}^{p} (-1)^{p+q} C_p^q\, B(\lambda+s+q,1-\frac{\lambda+\xi}{2}).$$

Using an integration on a contour Γ in the complex plane such that $\mathrm{Ind}(1,\Gamma)=1$, we evaluate each term of the summation, and the integral of the sum gives:

$$(24)\qquad A_s = \frac{(-1)^p\pi\ s!}{2^{\lambda}\Gamma(\frac{1}{2}(\lambda+\xi)+s+1)} B(\lambda+s,p+1-\tfrac{1}{2}(\lambda+\xi)) .$$

In order to compute $a(\sigma:s:\xi:\lambda)$ we make use of the formula given in [10] Ex.26p.301

$$a(\sigma:s:\xi:\lambda) = \frac{(-1)^{\ell}\sqrt{\pi}\,\Gamma(p+1-\frac{1}{2}(\lambda+\xi))}{2^{\lambda+\frac{1}{2}}\ \Gamma(1-\frac{1}{2}(\lambda+\xi))} \sum_{s=0}^{j} (-1)^s C_j^s C_{\ell-j+s}^s\, s!\times\ldots$$

$$\ldots\frac{\Gamma(\lambda+s)}{\Gamma(\frac{1}{2}(\lambda+\xi)+s+1)\Gamma(\frac{1}{2}(\lambda-\xi)+s+p+1)}$$

and we obtain

$$(25)\quad a(\sigma:s:\xi:\lambda) = \frac{(-1)^{\ell}\sqrt{\pi}}{2^{\lambda+\frac{1}{2}}} \frac{\Gamma(\lambda)}{\Gamma(1+\frac{1}{2}(\lambda-\xi)\Gamma(1-\frac{1}{2}(\lambda+\xi)} \frac{\Gamma(\frac{1}{2}(\xi-\lambda)+j+1)}{\Gamma(\frac{1}{2}(\xi+\lambda)+j+1)}\times\ldots$$

$$\ldots\frac{\Gamma(-\frac{1}{2}(\xi+\lambda)+\ell-j+1)}{(-\frac{1}{2}(\xi-\lambda)+\ell-j+1)}$$

11. Remark.

$$(1) \qquad P_{j,\nu}^{\sigma,\xi}(z)\neq 0 \quad \text{if} \quad \begin{cases} z \notin -r(\xi,\nu)-1-2\mathbb{Z}_+ & \text{(Type I)} \\ z \notin -|\xi_\nu|-2\mathbb{Z}_+^* & \text{(Type II)} \\ z \notin |\xi_\nu|-2\mathbb{Z}_+^* & \text{(Type III)} \end{cases}$$

12. For each $\sigma\in\hat{K}(\xi)$ we use a basis of $E^\sigma(\xi)$ adapted to ν and define

$$(1) \qquad P_\nu^{\sigma,\xi} = \prod_{j=1}^{q} P_{j,\nu}^{\sigma,\xi}$$

$$(2) \qquad \varepsilon(\sigma:\nu:\xi) = \prod_{j=1}^{q} \varepsilon_j(\sigma:\nu:\xi) \quad .$$

13. Corollary.

Define, for $s\in W$

$$(1) \qquad \phi_s^\xi(\lambda) = \prod_{\nu\in\phi(s)} \phi_\nu^\xi(\lambda_\nu) \quad .$$

Then, the family $d(s:\xi:\lambda) = \phi_s^\xi(\lambda)$, $(s\in W)$, defines a normalization of the intertwining operator . The normalized operator $B(s^*:\xi:\lambda)$ induce on each $L^{[\sigma]}(\xi,\lambda)$ a rational operator function $B(\sigma:s^*:\xi:\lambda)$ defined if

$$(2) \qquad P_\nu^{\sigma,\xi}(\lambda_\nu) \neq 0 \qquad ,(\nu\in\Phi(s)) ,$$

and invertible if

$$(3) \qquad P_\nu^{\sigma,\xi}(-\lambda_\nu) \neq 0 \qquad ,(\nu\in\Phi(s)) .$$

Moreover

$$(4) \qquad \det B(\sigma:s^*:\xi:\lambda) = \text{cste} \prod_{\nu\in\Phi(s)} \frac{P_\nu^{\sigma,\xi}(-\lambda_\nu)}{P_\nu^{\sigma,\xi}(\lambda_\nu)} \quad .$$

Proof. We use induction on $l(s)$.

14. Corollary.

Suppose that $\lambda\in\underline{\underline{a}}_C^+$, $\xi\in\hat{M}$, and $s\in W$ are such that, for $\nu\in\Phi(s)$:

$$(1) \qquad \begin{cases} \pm\lambda_\nu+r(\xi,\nu)+1 \notin -2\mathbb{Z}_+ & \text{(Type I)} \\ \pm\lambda_\nu+|\xi_\nu| \notin -2\mathbb{Z}_+^* & \text{(Type II)} \\ \pm\lambda_\nu-|\xi_\nu| \notin -2\mathbb{Z}_+^* & \text{(Type III)} \end{cases}$$

Then, $U^{\xi,\lambda}$ and $U^{s\xi,s\lambda}$ are equivalent.

Proof. This is an easy consequence of Remark 11.

15. Remark. We are going to use the fact that, for λ pure imaginary the condition 14-1 is always satisfied; thus we can suppose that $\mathrm{Im}\lambda \in \overline{C}$ closure of the positive Weyl chamber in $\underline{\underline{a}}'$. In that case, W_λ is generated by the Weyl symmetries associated to the simple restricted roots ν such that

$$(1) \qquad \lambda_\nu = 0 \quad .$$

16. Proposition.

Suppose that $[\sigma] \in \hat{K}(\xi)$ is such that $[\sigma:\xi] = 1$. Normalize the intertwining operator in order to have, for each $s \in W$ such that $s\xi = \xi$:

$$(1) \qquad B(s^*:\xi:\lambda) = \mathrm{Id} \quad \text{on} \quad L^{[\sigma]}(\xi,\lambda) \quad ,$$

$$(2) \qquad B(s^*:\xi^{-1}:-\lambda) = \mathrm{Id} \quad \text{on} \quad L^{[\sigma]}(\xi^{-1},-\lambda) \quad .$$

Suppose that λ_o is imaginary with $\mathrm{Im}\lambda_o \in \overline{C}$. Then, if $[\tau] \in \hat{K}(\xi)$ and $\psi \in L^{[\tau]}(\xi^{-1},-\lambda_o)$ are such that

$$(3) \qquad (U^{\xi,\lambda_o}(\mathcal{U})L^{[\sigma]}(\xi,\lambda_o) \,|\, \psi) = 0 \quad ,$$

for each simple restricted root ν such that

$$(4) \qquad s_\nu \in W_{\lambda_o}$$

$$(5) \qquad \xi(m_\nu) = 1 \qquad \text{(Type I)}$$

we have, if $\psi \neq 0$:

$$(6) \qquad s_\nu \in W_{\xi,\lambda_o}$$

$$(7) \qquad B(s_\nu^*:\xi^{-1}:-\lambda_o)\psi + \psi = 0$$

$$(8) \qquad \lim_{\lambda_\nu \to 0} \frac{1}{\lambda_\nu}(B(s_\nu^*:\xi^{-1}:-\lambda)\psi + \psi) = 0 \quad .$$

Proof. Using IV-3, IV-15 and the type of singularities of the normalizing factor 13-1, we see that the function

$$\frac{1}{\lambda_\nu}\sum_{s \in W_{\xi,\lambda_o}} B(s_o^* s'^* s^*:\xi^{-1}:-\lambda)\,\psi = 0 \qquad ,(s' \in W),$$

must be bounded in a neighborhood of λ_o with limit value 0. Arguing as in the proof of Lemma IV-11 , we see that

$$\sum_{s\in W_{\xi,\lambda_o}} B(s_o^* s^* : \xi^{-1} : -\lambda')\psi = 0$$

with λ' in a neighborhood of λ_o in the hyperplane $\lambda_\nu = 0$. Denoting $W' = \{s\in W_{\xi,\lambda_o} \ / \ l(s_o s s_\nu) > l(s_o s)\}$, and using Remark 15, we see that $\psi \neq 0$ implies $s_\nu \in W_{\xi,\lambda_o}$ and

$$\sum_{s\in W'} B(s_o^* s^* : s_\nu \xi^{-1} : -\lambda')(B(s_\nu^* : \xi^{-1} : 0)\psi + \psi) = 0 \quad ;$$

this proves (7). Taking the value of the limit, and extracting again components in the $L(s\xi^{-1}, -s\lambda)$, we obtain (8) (Remark 15).

VI. SOME EXEMPLES.

1. Using the explicit formula established for intertwining operators it is easy to reduce, by standard methods (see for example [3] p. 44-46) the problem of irreducibility of non unitary principal series to the problem of irreducibility in the unitary case. The case $W_{\xi;\lambda} = \{1\}$ is solved in [2]. We always suppose that λ is pure imaginary with $\operatorname{Im}\lambda \in \overline{C}$ (Remark V-15).

2. The spherical unitary principal series.

We use the trivial representation σ of K in order to normalize the intertwining operators (see V-16-1). All the simple restricted roots ν such that $s_\nu \in W_\lambda$ satisfie condition V-16-15. Using a basis of $E^{[\tau]}(\xi^{-1})$ adapted to such a root, we find that V-16-3 implies that the derivative at 0 of a function

$$z \rightarrow \frac{P(-z)}{P(z)}$$

where P is a polynomial with real roots of the same sign, must be 0; this is impossible. The non zero vector in $L^{[\sigma]}(1,\lambda)$ is always cyclic. Using duality between $L(1,\lambda)$ and $L(1,-\lambda)$, we obtain the irreducibility of $U^{1,\lambda}$.

3. $G = SL(q,R)$.

Elements $H \in \underline{\underline{a}}$ are diagonal matrices $H = \operatorname{Diag}(h_1, \ldots, h_q)$ and if

$\phi_j(H)=h_j$, $\alpha_j=\phi_j-\phi_{j+1}$ $(1\leq j\leq q-1)$, are the simple roots. Elements of M are matrices $m=\mathrm{Diag}(\varepsilon_1(m),\ldots,\varepsilon_q(m))$ with $\varepsilon_j(m)=\pm 1$,$(1\leq j\leq q)$. We can write $\xi=\varepsilon_1\ldots\varepsilon_p$ with $p\leq[\frac{q}{2}]$. The exterior product (σ,E^{σ}) of order q of the canonical representation of $K=SO(q)$ in $\mathbb{C}^q$ contains ξ and the multiplicity is one if $q\neq 2p$. In that case we use σ in order to normalize the intertwining operators. If for each simple restricted root ν such that $\lambda_\nu=0$ we have $\xi(m_\nu)=-1$, we see that for two such roots

either $\nu+\nu'$ is not a root; in that case $W_{\xi,\lambda}=\{1\}$.

or $\nu+\nu'$ is a root ν'' ; then $\xi(m_{\nu''})=1$.

Replacing if necessary ξ by a W_λ conjugate, we can suppose that the conditions V-16-4 and V-16-5 are satisfied by a simple root ν. We end the proof as in 2.

4. G = SU(n,n).

Let be $J=\begin{pmatrix} I_n & 0 \\ 0 & -I_n\end{pmatrix}$ be the matrix of the hermitian form $(z,z')\to\tilde{B}(z,z')=z^*Jz$. The special unitary group G with respect to $\tilde{B}$ has a compact Cartan subgroup B of diagonal matrices. We define the ϕ_j as in 3 (with $q=2n$) and choose as simple roots of $(\underline{\underline{g}},\underline{\underline{b}})$ $\phi_j-\phi_{n+j}$ $(1\leq j\leq n)$ and $\phi_{n+j}-\phi_{j+1}$ $(1\leq j\leq n-1)$; the fundamental system $S=\{\gamma_1,\ldots,\gamma_n\}$ is given by $\gamma_j=\phi_j-\phi_{n+j}$ $(1\leq j\leq n)$.The algebra $\underline{\underline{a}}$ is generated by elements $H=\begin{pmatrix} 0 & D \\ D & 0\end{pmatrix}$ with $D=\mathrm{Diag}(t_1,\ldots,t_n)$ real. If we define $\psi_j(H)=t_j$,$(1\leq j\leq n)$, the restricted roots are $\psi_j\pm\psi_k$, $(1\leq j,k\leq n)$, and the simple restricted roots $\psi_j-\psi_{j+1}=\mu_j$,$(1\leq j\leq n-1)$ and $2\psi_n=\mu_n$. Let $K_1=\{\begin{pmatrix} u & o \\ o & 1\end{pmatrix} / u\in U(n)\}$ and $K_2=\{\begin{pmatrix} 1 & o \\ o & u\end{pmatrix} / u\in U(n)\}$ The elements of M are diagonal matrices $m=(\chi_1(m),\ldots,\chi_n(m),\chi_1(m),\ldots)$ and each character $\xi=\chi_1^{p_1}\ldots\chi_n^{p_n}$ extends uniquely to a character $\tilde{\xi}$ of B such that $\tilde{\xi}=1$ on $K_1\cap B$. The irreducible unitary representation (σ,E^{σ}) of K whose dominant weight is conjugate to $\tilde{\xi}$ by the Weyl group of K_2 with respect to $K_2\cap B$, contains ξ exactly once; we use σ as in V-16.

If $W_{\xi,\lambda}=\{s_{\mu_n}\}$, and if $p_n \in 2\mathbb{Z}$, we use Proposition V-16 in order to prove the irreducibility of $U^{\xi,\lambda}$ as in 2.

If $W_{\xi,\lambda}\neq\{s_{\mu_n}\}$, we can suppose that there is a restricted root $\nu=\psi_j-\psi_k$ such that $\lambda_\nu=0$ and $p_j=p_k$. Arguing as in 3, we can suppose that this root is simple; $U^{\xi,\lambda}$ is irreducible (Prop. V-16).

BIBLIOGRAPHY

[1] BOURBAKI N,Groupes et algèbres de Lie, Ch.4-5-6,Hermann,Paris, (1968).

[2] BRUHAT F., Sur les représentations induites des groupes de Lie, Bull.Soc.Math.Fr.,84,(1956),p.97-205.

[3] DUFLO M., Représentations irréductibles des groupes semi-simples complexes,Lect.Notes in Math.,497,(1975),p.26-88.

[4] KOSTANT B., On the existence and irreducibility of certain series of representations,Lie groups and their representations, Adam Hilger,(1975),p.231-330.

[5] KNAPP A. W., Weyl group of a cuspidal parabolic, Ann.Sc.Ec.Norm. Sup.,8,Fasc.2,(1975),p.275-294.

[6] KNAPP A.W.,and WALLACH N.R., Szegö kernels associated with discrete series, Inventiones Math.,36,(1976),p.163-200.

[7] VERGNE M., Sur les intégrales d'entrelacement de R.A.Kunze et E.M.Stein (d'après G.Schiffmann),Sem. Bourbaki 1969/70,p. 369.

[8] WALLACH N.R., Cyclic vectors and irreducibility for principal series representations, Trans.Am.Math.Soc.,158,N°1,(1971), p.107-113.

[9] WARNER G., Harmonic analysis on semi-simple Lie groups I-II, Springer,(1972).

[10] WHITTAKER E.T. and WATSON G.N., A course of modern analysis, Cambridge University Press,(1973).

[11] CARMONA J., Sur les fonctions c_W de Harish Chandra,Lect. Notes in Math.,466,(1975),p.26-30.

Dept. Math. U.E.R. Luminy
70, Route Leon Lachamp
13288 MARSEILLE CEDEX 2

LA FORMULE DE PLANCHEREL POUR UN GROUPE DE LIE RESOLUBLE CONNEXE.

J. Y. CHARBONNEL

Introduction.

Soient G un groupe de Lie résoluble, connexe, simplement connexe, d'algèbre de Lie $\mathfrak{G}$, Z le centre de G et η un caractère unitaire de Z. On désigne par $\mathfrak{z}$ l'algèbre de Lie de Z et par λ une forme linéaire sur $\mathfrak{z}$ telle que $i\lambda$ soit la différentielle de η. On note $\mathfrak{G}^*_\lambda$ l'espace des formes linéaires sur $\mathfrak{G}$ dont la restriction à $\mathfrak{z}$ est égale à λ.

A. A. Kirillov a donné dans (6) une description de l'espace dual $\hat{N}$ d'un groupe de Lie nilpotent, simplement connexe N, grâce à sa fameuse "méthode des orbites". De plus, il a explicité la formule de Plancherel pout N (Funct. Analysis and its appl. 1 (1967) p. 330-331). P. Bernat, M. Duflo et M. Raïs ont montré que tout ceci se généralisait aux cas des groupes résolubles exponentiels. (1;4).

Revenons à G. La représentation $\mathrm{ind}_Z^G \eta$ est de type I ou de type II (Théorème 1). On calcule, ici, la mesure de Plancherel pour $\mathrm{ind}_Z^G \eta$, quand cette représentation est de type I (Théorème 2). Les résultats obtenus sont plus complexes que ceux de (4), pour les deux taisons suivantes :

(a) Si ℓ est une forme linéaire sur $\mathfrak{G}$, en général, le stabilisateur $G(\ell)$ de ℓ (pour la représentation coadjointe de G) n'est pas connexe.

(b) Si ℓ est une forme linéaire sur $\mathfrak{G}$, en général, $\mathfrak{G}(\ell)_o \cap Z$ est distinct de la composante neutre de Z. ($G(\ell)_o$ est la composante neutre de $G(\ell)$).

Les représentations irréductibles de G dont la restriction à Z est multiple de η s'obtiennent à partir de certaines formes linéaires de $\mathfrak{G}^*_\lambda$ dont l'ensemble est noté $\mathfrak{G}^*_\eta$ (cf. § 2). Il existe une mesure $d\mu(\ell)$

sur $\mathfrak{g}^*_\eta$ ne dépendant que de la mesure invariante par translations $d\ell$ sur $\mathfrak{g}^*_\lambda$ (cf. § 2).

La mesure de Plancherel pour $\mathrm{ind}_Z^G \eta$ utilise la mesure $d\mu(\ell)$, pour chaque orbite Ω de G dans $\mathfrak{g}^*_\eta$, le groupe compact $\Pi_Z(\Omega)$ (cf. § 3, A) et la mesure de Haar normalisée $d\chi_\Omega$ sur $\Pi_Z(\Omega)$.

Néanmoins, les mesures canoniques sur les orbites de G dans $\mathfrak{g}^*_\eta$ interviennent de la même manière que pour les groupes nilpotents.

Le Théorème 2 nous permet de calculer la mesure de Plancherel pour un groupe résoluble connexe H dont la représentation régulière gauche λ_H est de type I. On procède de la façon suivante :

- Notons H_s le revêtement universel de H. $H = H_s/\Gamma$ où Γ est un sous-groupe discret du centre Z_{H_s} de H_s. Soient $\hat{\Gamma}$ le groupe des caractères unitaires du centre de H_s, triviaux sur Γ et d_η une mesure de Haar sur $\hat{\Gamma}$. Des arguments analogues à ceux de la proposition 1.1 montrent que :

a) $\lambda_H = \int_{\hat{\Gamma}}^{\oplus} \lambda_\eta \, d\eta \quad (\lambda_\eta = \mathrm{ind}_{Z_{H_s}}^{H_s} \eta)$ et cette désintégration est centrale.

b) $\varphi \to \varphi_\eta : g \to \int_{Z_{H_s}/\Gamma} \varphi(gz)\, \eta(z)\, d\bar{z} \quad (\varphi \in \mathcal{K}(H))$ se prolonge en une isométrie de $L^2(H)$ sur $\int^{\oplus} L^2(H_s, \eta)\, d\eta$. ($d\bar{z}$ est la mesure duale de $d\eta$ sur Z_{H_s}/Γ ; $L^2(H_s, \eta)$ se définit de manière analogue à $L^2(G, \eta')$ (cf. § 1, B)).

La représentation λ_H étant de type I, les représentations λ_η sont presque toutes de type I. Le théorème 2 nous donne la mesure de Plancherel pour les λ_η qui sont de type I. D'après (a) et (b), on a la mesure de Plancherel pour λ_H.

Ceci s'applique par exemple au cas du groupe connexe simplement connexe H de dimension 6 dont l'algèbre de Lie est engendrée par les éléments $\{e_j, 1 \leq j \leq 6\}$ avec les crochets non nuls :

$[e_1, e_2] = e_3$, $[e_1, e_3] = -e_2$, $[e_1, e_4] = \theta e_5$, $[e_1, e_5] = -\theta e_4$ (θ irrationnel) , $[e_2, e_3] = e_6$, $[e_4, e_5] = e_6$.

H n'est pas de type I , mais sa représentation régulière gauche est de type I (9, p. 605) .

Dans le cas d'un groupe de Lie résoluble connexe, simplement connexe, de type I , on trouve la formule conjecturée par C. C. Moore.

Du théorème 2 , on déduit le théorème 3 qui nous donne un théorème d'existence de représentations de carré intégrable modulo Z.

Ce dernier résultat avait été trouvé indépendamment par J. Rosenberg dans le cas particulier où G est de type I et unimodulaire. Le théorème 3 est analogue au fameux théorème d'Harish-Chandra sur les conditions d'existence de séries discrètes de représentations pour les groupes de Lie réels semi-simples.

<u>Notations.</u>

Soit G un groupe de Lie résoluble connexe, simplement connexe, d'algèbre de Lie $\mathfrak{G}$. On note Z le centre de G , Z_o la composante neutre de Z , $\mathfrak{z}$ l'algèbre de Lie de Z . Soient η un caractère unitaire de Z et λ une forme linéaire sur $\mathfrak{z}$ telle que $i\lambda$ soit la différentielle de η .
$\mathcal{H} = [\mathfrak{G}, \mathfrak{G}] + \mathfrak{z}$ est un idéal nilpotent de $\mathfrak{G}$. On note N_o le sous-groupe analytique de G d'algèbre de Lie $\mathcal{H}$. $N = N_o Z$ est un sous-groupe invariant fermé de G .

Soit $\mathfrak{G}^*$ (resp. $\mathcal{H}_\lambda^*$) le dual de $\mathfrak{G}$ (resp. $\mathcal{H}$) . On considère l'action coadjointe de G dans $\mathfrak{G}^*$ et $\mathcal{H}^*$.

Notons $\mathfrak{G}_\lambda^*$ (resp. $\mathcal{H}_\lambda^*$) la sous-variété linéaire de $\mathfrak{G}^*$ (resp. $\mathcal{H}^*$) des formes linéaires sur $\mathfrak{G}$ (resp. $\mathcal{H}$) dont la restriction à $\mathfrak{z}$ est égale à λ .

Si l est dans $\mathfrak{G}^*$, φ_l est le caractère unitaire de la composante neutre $G(l)_o$ du stabilisateur $G(l)$ de l tel que $\varphi_l(\exp X) = \exp[i < l, X >]$

pour tout élément X de l'algèbre de Lie $\mathfrak{G}(l)$ de $G(l)$.
Avec Pukanszky (9, p. 492), on note $\overline{G(l)}$ le stabilisateur réduit de l :
$\overline{G(l)} = \{ a \in G(l) \mid \forall\, b \in G(l),\ \varpi_l(aba^{-1}b^{-1}) = 1 \}$.

Soit $\mathcal{S}_\lambda$ le sous-ensemble de $\mathfrak{G}^*_\lambda$ des formes linéaires l sur $\mathfrak{G}$ dont l'orbite $G.l$ est localement fermée dans $\mathfrak{G}^*$ et dont le stabilisateur réduit $\overline{G(l)}$ est d'indice fini dans $G(l)$.
On se donne une mesure de Haar à gauche dg (resp. dn, resp. dz) sur G (resp. N, resp. Z) et on note $d\bar{g}$ (resp. $d\bar{n}$) la mesure de Haar à gauche du groupe G/Z (resp. N/Z) telle que pour φ dans $L^1(G)$ (resp. $L^1(N)$).

$$\int_G \varphi(g)\, dg = \int_{G/Z}\int_Z \varphi(gz)\, dz\, d\bar{g} \quad (\text{resp. } \int_N \varphi(n)\, dn = \int_{N/Z}\int_Z \varphi(nz)\, dz\, d\bar{n})$$

On considère sur $\mathfrak{G}/_{\mathfrak{z}}$ (resp. $\mathcal{H}/_{\mathfrak{z}}$) la mesure associée à $d\bar{g}$ (resp. $d\bar{n}$) et sur $\mathfrak{G}^*_\lambda$ (resp. $\mathcal{H}^*_\lambda$) la translatée de la mesure duale, notée dl (resp. df).
Soit Δ la fonction modulaire du groupe G.

§ 1.

A) Il existe un groupe de Lie $\tilde{G}$ résoluble, connexe, simplement connexe, localement isomorphe à un groupe algébrique dans lequel se plonge G et tel que $[\tilde{G},\tilde{G}] = [G,G]$. Soit $\tilde{\mathfrak{G}}$ l'algèbre de Lie de $\tilde{G}$.
On considère l'action coadjointe de $\tilde{G}$ dans $\mathfrak{G}^*$.
Soient $\mathcal{H}_1$ le plus grand idéal nilpotent de $\tilde{\mathfrak{G}}$ et N_1 le sous-groupe analytique de $\tilde{G}$ d'algèbre de Lie $\mathcal{H}_1$.

Lemme 1.1

Il existe un ouvert de Zariski 0, non vide, de $\mathfrak{G}^*_\lambda$ une fonction polynômiale P sur $\mathfrak{G}^*_\lambda$, qui ne s'annule jamais sur 0, un entier d, une application M de $\mathbb{R}^d \times 0$ dans $\mathcal{H}_1$ et une application R de $N_1 . 0 \times 0$ dans $\mathbb{R}^d$ qui vérifient les conditions suivantes :

1°) $P(l)\, M(T,l)$ $(T \in \mathbb{R}^d, l \in 0)$ est la restriction à $\mathbb{R}^d \times 0$ d'une application polynômiale sur $\mathbb{R}^d \times \mathfrak{G}^*_\lambda$ à valeurs dans $\mathcal{H}_1$.

2°) Si l est dans 0, $T \to \exp_{N_1}[M(T, l)] . l$ est une bijection de $\mathbb{R}^d$ sur $N_1 . l$.

3°) $P(l)R(l', l)$ est la restriction à $N_1 . 0 \times 0$ d'une application polynomiale sur $\mathfrak{g}_\lambda^* \times \mathfrak{g}_\lambda^*$ à valeurs dans $\mathbb{R}^d$.

4°) Si l est dans 0 et si l' est dans $N_1 . l$, $l' = \exp_{N_1}[M(R(l', l), l)].l$.

Lemme 2.1

Il existe un ouvert de Zariski $0'$, non vide, de $\mathfrak{g}_\lambda^*$ et un sous-groupe fermé K de $\widetilde{G}$ tel que pour l dans $0'$, $\widetilde{G}(l) . N_1 = K$.

Lemme 3.1

Il existe un ouvert de Zariski $0''$, non vide, de $\mathfrak{g}_\lambda^*$, une fonction polynômiale P sur $\mathfrak{g}_\lambda^*$ ne s'annulant pas dans $0''$ et une suite $\{\widetilde{g}_j(l) ; j = 1, 2, \dots\}$ d'applications de $0''$ dans $\widetilde{G}$ qui vérifient les conditions suivantes :

1) Pour l dans $0''$, $\{\widetilde{g}_j(l) ; j = 1, 2, \dots\}$ est un système complet de représentants de $\widetilde{G}(l)$ modulo $\widetilde{G}(l)_\circ$.

2) Pour chaque j, $\widetilde{g}_j(l)$ est de la forme $k_j \exp(M(l))$ où $P(l)M(l)$ est une fonction polynômiale sur $\mathfrak{g}_\lambda^*$ à valeurs dans $\mathcal{H}_1$ et k_j un élément du groupe K, introduit dans le lemme 2.1.

Lemme 4.1

Il existe une application Q sur $\mathfrak{g}_\lambda^*$, un ouvert de Zariski $0_\circ$, non vide, un Zariski-G_δ, non vide, $0'''$, contenu dans $0_\circ$, une famille $\{g_j(l) ; j = 1, 2, \dots\}$ d'applications de $0_\circ$ dans G et une partie J de $\{1, 2, \dots\}$ qui vérifient les conditions suivantes :

1) Q ne s'annule pas dans $0_\circ$.

2) Pour chaque j dans $\{1, 2, \dots\}$, $g_j(l)$ est de la forme

$k_j \exp(M_1(l))\exp(M_2(l))$ *où* $l \to Q(l)M_s(l)$ $(l = 1,2)$ *sont les restrictions à* $0_\circ$ *d'applications polynômiales sur* $\mathfrak{g}^*_\lambda$ *à valeurs dans* $\tilde{\mathfrak{g}}$ *et* k_j *un élément du groupe* K, *introduit dans le lemme* 2.1.

3) *Pour* l *dans* $0_\circ$, $g_j(l)$ *appartient à* $G(l)$.

4) *Pour* l *dans* $0'''$, $\{g_j(l); j \in J\}$ *est un système complet de représentants de* $G(l)$ *modulo* $G(l)_\circ$.

Les démonstrations des lemmes 1.1, 2.1, 3.1, 4.1, sont analogues aux démonstrations des lemmes 8.2, 8.1, 8.3, 8.4 de (9, p. 594 à 599).

Soit E_c l'ensemble des formes linéaires de $\mathfrak{g}^*_\lambda$ dont l'orbite est localement fermée dans $\mathfrak{g}^*$.

Lemme 5.1

E_c *est négligeable ou de complémentaire négligeable dans* $\mathfrak{g}^*_\lambda$.
Si E_c *n'est pas négligeable*, E_c *contient un ouvert de Zariski, non vide, de* $\mathfrak{g}^*_\lambda$.

Le lemme 5.1 se démontre à l'aide du lemme 3.1 comme en (9, p. 601-602).

Lemme 6.1

Pour n *dans* $\mathbb{N} \cup \{+\infty\}$, *notons* E_n *l'ensemble des* l *de* $\mathfrak{g}^*_\lambda$ *pour lesquelles l'indice de* $\overline{G(l)}$ *dans* $G(l)$ *est égal à* n.
Il existe un élément $n_\circ$ *de* $\mathbb{N} \cup \{+\infty\}$ *tel que* $E_{n_\circ}$ *soit de complémentaire négligeable.*

Démonstration

Les notations sont celles du lemme 4.1. On suppose qu'il existe un entier $n_\circ$ tel que $E_{n_\circ}$ soit non negligeable.

a) Soient (i, j) un couple d'éléments de J et $F_{i,j}$ la fonction sur $0_\circ$:

$$l \to \langle l, \log(g_i(l)\, g_j(l)^{-1} g_j(l)^{-1})\rangle .$$

D_r $(r \in \mathbb{R})$ est l'ensemble $\{l \in 0_\circ \mid F_{i,j}(l) = 2\pi r\}$. On montre comme en (9, p. 600-601, (b)) que $E \cap 0'''$ est contenu dans $\bigcup_{r \in \mathbb{Q}} D_r$. Par un raisonnement analogue à celui de (9, p. 600, (a)), D_r est négligeable quel que soit r ou $F_{i,j}$ est constante. $E_{n_\circ} \cap 0'''$ étant de mesure positive, $F_{i,j}$ est constante quel que soit le couple (i, j).

b) Pour l dans $\mathfrak{g}^*$, $G(l)/G(l)_\circ$ est un groupe abélien libre de rang fini (9, corollaire 4.1 p. 492). On note $g \to \ddot{g}$ (resp. $g \to \dot{g}$) l'homomorphisme canonique de $G(l)$ sur $G(l)/G(l)_\circ$ (resp. $G(l)/\overline{G(l)}$). Soit $l_\circ$ dans $E_{n_\circ} \cap 0'''$. Il existe une famille d'indices $\{i_1, \ldots, i_q\}$ de J telle que $\{g_{i_s}(l_\circ); s = 1, \ldots, q\}$ soit une base du Z-module $G(l_\circ)/G(l_\circ)_\circ$. Soit l dans $0'''$. Notons ψ l'homomorphisme de $G(l_\circ)/G(l_\circ)_\circ$ dans $G(l)/\overline{G(l)}$ tel que : $\psi(\dot{g}_{i_s}(l_\circ)) = \ddot{g}_{i_s}(l)$ $(s = 1, \ldots, q)$.

Il résulte de (a) et de (9, lemme 8.5 p. 599) que ψ est surjectif et que le noyau de ψ est $\overline{G(l_\circ)}/G(l_\circ)_\circ$.

$E_{n_\circ}$ contient donc $0'''$ et est donc de complémentaire négligeable.

(c. q. f. d.)

B) Si Z' est un sous-groupe fermé de Z, si η' est un caractère unitaire de Z', on note $\mathcal{D}(G, \eta')$ (resp. $\mathcal{K}(G, \eta')$) l'espace des fonctions φ C^∞ (resp. continues) à support compact modulo Z' telles que $\varphi(gz') = \eta'(z')^{-1}\varphi(g)$ pour tout g dans G et z' dans Z'.

On note $L^2(G, \eta')$ l'espace des fonctions mesurables φ sur G telles que :

- $\varphi(gz') = \eta'(z')^{-1}\varphi(g)$ pour tout g dans G et z' dans Z'.
- $g \to |\varphi(g)|$ soit de carré sommable dans G/Z' ($|\varphi(g)|$ ne dépend que de la classe de g modulo Z').

On note $(Z/Z_\circ)^\wedge$ le groupe des caractères unitaires de Z triviaux sur $Z_\circ$ et $d\alpha$ la mesure de Haar normalisée du groupe compact $(Z/Z_\circ)^\wedge$.

Si η' est un caractère unitaire de Z (resp. $Z_\circ$), $\lambda_{\eta'} = \mathrm{ind}_Z^G \eta'$ (resp. $\mathrm{ind}_{Z_\circ}^G \eta'$) $\rho_{\eta'}$ est la représentation unitaire de G dans

$L^2(G,\eta')$ telle que $(\rho_{\eta'}(g).\varphi)(g') = \varphi(g'g)\Delta(g)^{1/2}$.

Proposition 1.1

On note η_o la restriction de η à Z .
Soit φ dans $\mathcal{K}(G,\eta_o)$. Si α est un caractère unitaire de Z trivial sur Z_o, on pose : $\varphi_\alpha(g) = \int_{Z/Z_o} \varphi(gz)\eta(z)\alpha(z)\, d\bar{z}$

($d\bar{z}$ est la mesure de Haar du groupe Z/Z_o qui vaut 1 en chaque point)

i) Pour tout α dans $(Z/Z_o)\hat{}$, φ_α est dans $\mathcal{K}(G,\eta\alpha)$.

ii) L'application $\varphi \to (\varphi_\alpha)_{\alpha \in (Z/Z_o)\hat{}}$ se prolonge en une isométrie U de $L^2(G,\eta_o)$ sur $\int^{\oplus}_{(Z/Z_o)\hat{}} L^2(G,\eta\alpha)\, d\alpha$.

iii) U transforme $\lambda_{\eta_o} \times \rho_{\eta_o}$ en $\int^{\oplus}_{(Z/Z_o)\hat{}} \lambda_{\eta\alpha} \times \rho_{\eta\alpha}\, d\alpha$.

iv) La décomposition $\int^{\oplus}_{(Z/Z_o)\hat{}} \lambda_{\eta\alpha}\, d\alpha$ est centrale.

(l'algèbre de Von-Neumann engendrée par $\int^{\oplus}_{(Z/Z_o)\hat{}} \lambda_{\eta\alpha}\, d\alpha$ contient les opérateurs diagonalisables.)

Démonstration.

i) est clair.

ii) a) - Soit φ dans $\mathcal{K}(G,\eta_o)$.

$$\int_{(G/Z_o}| \varphi(g)|^2\, d\tilde{g} = \int_{G/Z}\int_{Z/Z_o} | \varphi(gz)|^2\, d\bar{z}\, d\bar{g}$$

($d\tilde{g}$ est la mesure de Haar sur G/Z_o qui vérifie l'égalité ci-dessus)

D'après le théorème de Plancherel pour les groupes abéliens locale ment compacts :

$$\int_{Z/Z_o} |\varphi(gz)|^2\, d\bar{z} = \int_{(Z/Z_o)\hat{}} |\varphi_\alpha(g)|^2\, d\alpha$$

D'après le théorème de Fubini :

$$\int_{G/Z_o} |\varphi(g)|^2\, d\tilde{g} = \int_{(Z/Z_o)\hat{}}\int_{G/Z} |\varphi_\alpha(g)|^2\, d\bar{g}\, d\alpha$$

$\mathcal{K}(G, \eta_\circ)$ étant dense dans $L^2(G, \eta_\circ)$, $\varphi \to (\varphi_\alpha)_{\alpha \in (Z/Z_\circ)^\wedge}$ se prolonge en une isométrie U de $L^2(G, \eta_\circ)$ dans $\int^\oplus_{(Z/Z_\circ)^\wedge} L^2(G, \eta\alpha)\, d\alpha$.

b) Montrons que U est surjective.

Soit $(\varphi_\alpha)_{\alpha \in (Z/Z_\circ)^\wedge}$ un élément de $\int^\oplus_{(Z/Z_\circ)^\wedge} L^2(G, \eta\alpha)\, d\alpha$ orthogonal à l'image de U.

Si ψ est dans $\mathcal{K}(G, \eta_\circ)$:

$$\int_{(Z/Z_\circ)^\wedge} \int_{G/Z} \psi_\alpha(g) \overline{\varphi_\alpha(g)}\, d\bar{g}\, d\alpha = 0$$

Pour presque tout g, l'intégrale $\int_{(Z/Z_\circ)^\wedge} \varphi_\alpha(g)(\eta\alpha)(z)^{-1}\, d\alpha$ existe pour tout z dans Z.

Posons :

$$\hat{\varphi}(g, z) = \int_{(Z/Z_\circ)^\wedge} \varphi_\alpha(g)(\eta\alpha)(z)^{-1}\, d\alpha .$$

Si $gz = g'z'$, $\hat{\varphi}(g, z) = \hat{\varphi}(g', z')$.

Il existe une fonction $\tilde{\varphi}$ mesurable sur G, définie presque partout, telle que pour g dans le domaine de définition de $\tilde{\varphi}$ et z dans Z, on ait :

$$\tilde{\varphi}(gz) = \hat{\varphi}(g, z) . \tilde{\varphi}(g, z) = \tilde{\varphi}(g)\, \eta_\circ(z)^{-1}$$

$$\int_{G/Z_\circ} |\tilde{\varphi}(g)|^2\, d\tilde{g} = \int_{(Z/Z_\circ)^\wedge} \int_{G/Z} |\varphi_\alpha(g)|^2\, d\bar{g}\, d\alpha \quad \text{d'après (a)}.$$

$\tilde{\varphi}$ est donc dans $L^2(G, \eta_\circ)$.

Si ψ est dans $\mathcal{K}(G, \eta_\circ)$:

$$\int_{G/Z_\circ} \tilde{\varphi}(g) \bar{\psi}(g)\, d\tilde{g} = \int_{(Z/Z_\circ)^\wedge} \int_{G/Z} \varphi_\alpha(g) \bar{\psi}(g)\, d\bar{g}\, d\alpha = 0 .$$

$\mathcal{K}(G, \eta_\circ)$ étant dense dans $L^2(G, \eta_\circ)$, $\tilde{\varphi}$ est nulle presque partout.

$$\int_{(Z/Z_\circ)^\wedge} \int_{G/Z} |\varphi_\alpha(g)|^2\, d\bar{g}\, d\alpha = \int_{G/Z_\circ} |\tilde{\varphi}(g)|^2\, d\tilde{g} = 0 .$$

U est donc surjective.

iii) est clair.

iv) Soit $A = (A_\alpha)_{\alpha \in (Z/Z_\circ)^\wedge}$ un opérateur diagonalisable. $U^{-1}AU$ commute à $\lambda_{\eta_\circ}$ et à $\rho_{\eta_\circ}$. $U^{-1}AU$ est donc dans l'algèbre de Von-Neumann engendrée par $\lambda_{\eta_\circ}$. La décomposition $\int^\oplus \lambda_{\eta\alpha}\, d\alpha$ est donc centrale.

(c. q. f. d.)

Lemme 7.1

Soit α un caractère unitaire de Z trivial sur $Z_\circ$.

i) Il existe un caractère χ de G prolongeant α.

ii) $\lambda_{\eta\alpha}$ est équivalente à $\chi \otimes \lambda_\eta$.

Démonstration

i) $Z \cap N_\circ$ étant connexe, il existe un caractère unitaire du groupe N prolongeant α et trivial sur $N_\circ$. $G/N_\circ$ étant abélien, il existe un caractère unitaire χ de G prolongeant α.

ii) L'application V de $L^2(G,\eta)$ dans $L^2(G,\eta\alpha)$ qui à φ associe la fonction $V(\varphi) : g \to \chi(g)^{-1}\varphi_2(g)$ est une isométrie de $L^2(G,\eta)$ sur $L^2(G,\eta\alpha)$.

Soit φ dans $L^2(G,\eta)$,

$$(\lambda_{\eta\alpha}(g)V(\varphi))(g') = (V(\varphi))(g^{-1}g') = \chi(g^{-1}g')^{-1}\varphi(g^{-1}g')$$

$$= \chi(g')^{-1}\chi(g)\varphi(g^{-1}g') = V(\chi \otimes \lambda_\eta)(g)\varphi)(g').$$

(c. q. f. d.)

Théorème 1

La représentation $\mathrm{ind}_Z^G\,\eta$ est de type I ou de type II.

Elle est de type I si et seulement si $\complement_{\mathcal{G}_\lambda} * \mathcal{E}_\lambda$ est négligeable dans $\mathcal{G}_\lambda^*$.

Elle est de type II si et seulement si $\mathcal{E}_\lambda$ est négligeable dans $\mathcal{G}_\lambda^*$.

Démonstration

En procédant comme en (9, § 7 chapitre 4), on montre que la partie de type III de la représentation $\mathrm{ind}_{Z_\circ}^{G}\, \eta_\circ$ est nulle.

Supposons la partie de type I de la représentation $\mathrm{ind}_{Z_\circ}^{G}\, \eta_\circ$ non nulle. On montre à l'aide du lemme 5.1 et du lemme 6.1, comme en (9, p. 604, démonstration du lemme 9.2), que $\complement_{\mathfrak{G}_\lambda^*}\mathcal{E}_\lambda$ est négligeable. Une démonstration analogue à celle du (9, théorème 5 p. 605), prouve que, dans ce cas, la représentation $\mathrm{ind}_{Z_\circ}^{G}\, \eta_\circ$ est de type I.

D'après les lemmes 5.1 et 6.1, $\mathcal{E}_\lambda$ est négligeable ou $\complement_{\mathfrak{G}_\lambda^*}\mathcal{E}_\lambda$ est négligeable. Il résulte de ce qui précède que $\mathrm{ind}_{Z_\circ}^{G}\, \eta_\circ$ est de type I ou de type II. Le théorème résulte de la proposition 1.1 et du lemme 7.1.

(c. q. f. d.)

Proposition 2.1

Si la représentation $\mathrm{ind}_{Z}^{G}\,\eta$ est de type I, l'ensemble des formes linéaires l de $\mathfrak{G}_\lambda^*$ dont l'orbite $G.l$ est localement fermée dans $\mathfrak{G}^*$, contient un ouvert de Zariski, non vide, de $\mathfrak{G}_\lambda^*$.

Démonstration

La proposition résulte du théorème 1 et du lemme 5.1.

Proposition 3.1

i) si l est dans $\mathfrak{G}^*$, l'indice de $\overline{G(l)}$ dans $G(l)$ est, quand il est fini, un carré.

ii) Si la représentation $\mathrm{ind}_{Z}^{G}\,\eta$ est de type I, il existe un entier non nul n tel que l'indice de $\overline{G(l)}$ dans $G(l)$ soit égal à n^2, pour presque tout l dans $\mathfrak{G}_\lambda^*$.

Démonstration

i) Soit l une forme linéaire sur $\mathfrak{G}$, telle que $\overline{G(l)}$ soit d'indice fini dans $G(l)$ et χ un caractère unitaire de $\overline{G(l)}$ dont la restriction à $G(l)_\circ$ est égale à ω_l. D'après (9, prop. 2.1 p. 474), la représentation $\mathrm{ind}\frac{G(l)}{\overline{G(l)}}\chi$ est factorielle et de type I. Il résulte du théorème de Plancherel, appliqué au groupe $G(l)/\mathrm{Ker}\,\varphi_l$, qu'il existe un espace de Hilbert $\mathcal{H}_\chi$ et une représentation unitaire π_χ d'espace $\mathcal{H}_\chi$ tels que l'espace de $\mathrm{ind}\frac{G(l)}{\overline{G(l)}}\chi$ soit isomorphe à $\mathcal{H}_\chi \otimes \overline{\mathcal{H}}_\chi$ ($\overline{\mathcal{H}}_\chi$ est l'espace conjugué de $\mathcal{H}_\chi$) et que $\mathrm{ind}\frac{G(l)}{\overline{G(l)}}\chi$ soit équivalente à $\pi \otimes 1_{\overline{\mathcal{H}}_\chi}$. Ainsi :

$G(l) : \overline{G(l)}) = \dim(\mathcal{H}_\chi \otimes \overline{\mathcal{H}}_\chi) = (\dim(\mathcal{H}_\chi))^2$

ii) résulte du théorème 1.(i), du lemme 6.1 et de (i).

(c. q. f. d.)

§ 2.

Si l est dans $\mathfrak{g}^*$, on note $\widehat{\overline{G(l)}}$ l'ensemble des caractères unitaires de $\overline{G(l)}$ dont la restriction à $G(l)_\circ$ est égale à φ_l.

On note $\mathfrak{g}^*_\eta$ l'ensemble des éléments l de $\mathfrak{g}^*_\lambda$ pour lesquels il existe χ dans $\widehat{\overline{G(l)}}$ tel que $\chi|_Z = \eta$. $\mathfrak{g}^*_\eta$ est une partie G-invariante de $\mathfrak{g}^*_\lambda$.

On note $\mathcal{H}^\perp$ l'espace des formes linéaires sur $\mathfrak{g}$ nulles sur $\mathcal{H}$.

Lemme 1.2

Il existe un Zariski - G_δ Ξ, non vide, de $\mathfrak{g}^*_\lambda$, invariant par les translations de $\mathcal{H}^\perp$, tel que pour tout couple (l, l') d'éléments de Ξ, on ait :

$G(l)_\circ \cap Z = G(l')_\circ \cap Z$.

Démonstration

a) Le groupe $A = G/N_\circ$ est isomorphe à son algèbre de Lie $\mathfrak{a}$. On note π l' homomorphisme canonique de G dans A.

b) On montre comme dans le (a) de la démonstration de (9, lemme 8.4 p. 597) qu'il existe un ouvert de Zariski 0 de $\mathfrak{g}^*_\lambda$, invariant par les translations de $\mathcal{H}^\perp$, une famille de fonctions rationnelles $\{v_j ; 1 \leq j \leq s\}$ sur $\mathfrak{g}^*_\lambda$ à valeurs dans A, partout définies dans 0, telle que pour l dans 0, $\{v_j(l) ; 1 \leq j \leq s\}$ soit une base de $\pi(G(l)_\circ)$.

c) $\pi(Z)$ est un sous-groupe discret de A. Soit $\{X_1, \ldots, X_p\}$ une base du réseau $\pi(Z)$.

Si l est dans $\mathfrak{g}_\lambda^*$ et si z est dans Z, on a l'équivalence :

$$z \in G(l)_o \Leftrightarrow \pi(z) \in \pi(G(l)_o).$$

d) Si $m = (m_1, \ldots, m_p)$ est dans Z^p, $\mathcal{D}_m = \{l \in \mathcal{O} \mid \sum_{i=1}^{p} m_i X_i \in \pi(G(l)_o)\}$ est un fermé de Zariski de $\mathcal{O}$. En effet, $X = \sum_{i=1}^{p} m_i X_i$ est dans $\pi(G(l)_o)$ si et seulement si $X \wedge v_1(l) \ldots \wedge v_s(l) = 0$. L'application $l \to X \wedge v_1(l) \ldots \wedge v_s(l)$ de $\mathfrak{g}_\lambda^*$ dans $\overset{s+1}{\Lambda}(A)$ étant rationnelle, $\mathcal{D}_m$ est un fermé de Zariski de $\mathcal{O}$. Il est clair que $\mathcal{D}_m$ est invariant par les translations de $\mathcal{H}^\perp$.

e) Soit D le sous-ensemble de Z^p tel que, pour m dans D, $\mathcal{D}_m$ soit distinct de $\mathcal{O}$. Le complémentaire de $\Xi = \bigcap_{m \in D} \complement_{\mathcal{O}} \mathcal{D}_m$ est négligeable.

D'après (c) et (d), si l est dans Ξ, $X = \sum_{i=1}^{p} m_i X_i$ est dans $\pi(G(l)_o)$ si et seulement si $m = (m_1, \ldots, m_p)$ n'est pas dans D.

Ξ est invariant par les translations de $\mathcal{H}^\perp$.

(c. q. f. d.)

<u>Lemme 2.2</u>

$\mathfrak{g}_\eta^*$ <u>est une partie mesurable de</u> $\mathfrak{g}_\lambda^*$.

<u>Démonstration</u>

Montrons de façon plus précise que $\mathfrak{g}_\eta^* \cap \Xi$ est fermé dans Ξ.

Soit $\{l_n\}_{n \geq 0}$ une suite dans $\mathfrak{g}_\eta^* \cap \Xi$ convergeant vers l dans Ξ. Si z est dans $G(l)_o \cap Z$, il existe X dans $\mathfrak{g}(l)$ tel que $\exp X = z$. $\{l_n\}_{n \geq 0}$ convergeant vers l, il existe une suite $\{X_n\}_{n \geq 0}$ dans $\mathfrak{g}$ convergeant vers X, telle que $X_n \in \mathfrak{g}(l_n)$ pour $n \geq 0$. $\{\varphi_{l_n}(\exp X_n)\}_{n \geq 0}$ converge vers $\varphi_l(\exp X) = \varphi_l(z)$. D'après le lemme 1.2, z est dans $G(l_n)_\circ \cap Z$ pour tout n. Il existe un entier N tel que pour $n \geq N$,

$z^{-1}\exp X_n = \exp Y_n$ où Y_n est dans $\mathcal{G}(l_n)$ et $\lim_{n\to+\infty} Y_n = 0$.

$\lim_{n\to+\infty} \varphi_{l_n}(z^{-1}\exp X_n) = \lim_{n\to+\infty} \varphi_{l_n}(\exp Y_n) = 1$. Donc, $\varphi_l(z) = \eta(z)$ et l est dans $\mathcal{G}_\eta^*$.

(c. q. f. d.)

Notons Ξ_N le sous-ensemble $\{f\in \mathcal{H}_\lambda^* \mid \exists\, l\in\Xi,\ l_{|\mathcal{H}} = f\}$ de $\mathcal{H}_\lambda^*$. Le complémentaire de Ξ_N dans $\mathcal{H}_\lambda^*$ est négligeable.

Soit Z_λ le sous-groupe de Z tel que $Z_\lambda = G(l)_\circ \cap Z$ pour tout l dans Ξ.

$\hat{Z}_\lambda = \{ l \in \mathcal{H}^\perp \mid \varphi_l(Z_\lambda) = \{1\} \}$ est un sous-groupe fermé cocompact de $\mathcal{H}^\perp$.

$w \to \dot{w}$ est l'homomorphisme canonique de $\mathcal{H}^\perp$ sur $\mathcal{H}^\perp/\hat{Z}_\lambda$ et $d\dot{w}$ est la mesure de Haar normalisée du groupe compact $\mathcal{H}^\perp/Z_\lambda$.

Soit $d\xi$ la mesure de Haar de $\mathcal{H}^\perp$ telle que pour φ dans $L^1(\mathcal{G}_\lambda^*)$, on ait :

$$\int_{\mathcal{G}_\lambda^*} \varphi(l)\, dl = \int_{\mathcal{H}_\lambda^*} \int_{\mathcal{H}^\perp} \varphi(l+w)\, d\xi(w)\, df \quad (l_{|\mathcal{H}} = f).$$

$d\xi_\lambda$ est la mesure de Haar du groupe $\hat{Z}_\lambda$ telle que pour Ψ dans $L^1(\mathcal{H}^\perp)$, on ait :

$$\int_{\mathcal{H}^\perp} \Psi(w)\, d\xi(w) = \int_{\mathcal{H}^\perp/\hat{Z}_\lambda} \Psi(w+w')\, d\xi^\lambda(w')\, d\dot{w}.$$

$d\mu(l)$ est la mesure sur $\mathcal{G}_\eta^*$, portée par $\mathcal{G}_\eta^* \cap \Xi$, telle que pour φ borélienne positive sur $\mathcal{G}_\eta^*$, on ait :

$$\int_{\mathcal{G}_\eta^*} \varphi(l)\, d\mu(l) = \int_{\Xi_N} \int_{\hat{Z}_\lambda} \varphi(l+w)\, d\xi^\lambda(w)\, df \quad (l_{|\mathcal{H}} = f)$$

la mesure $d\mu$ ne dépend que de la mesure dl.

Remarque

Si Z est connexe, $\mathcal{G}_\eta^* = \mathcal{G}_\lambda^*$ et $d\mu(l) = dl$.

§ 3.

A) Pour chaque orbite Ω de la représentation coadjointe de G dans $\mathfrak{g}^*$, on note $\Pi(\Omega)$ (resp. $\Pi_Z(\Omega)$) le groupe des caractères unitaires de $\overline{G(l)}\,.\,[G,G]$ $(l \in \Omega)$ triviaux sur $G(l)_\circ\,.\,[G,G]$ (resp. $G(l)_\circ . Z . [G,G]$) ($G(l)_\circ$ est la composante neutre de $G(l)$).

On choisit dans chaque orbite Ω un élément l_Ω et dans $\widehat{\overline{G(l)}}$ un $\chi^*(l_\Omega)$; si Ω est dans $\mathfrak{g}^*_\eta$, $\chi^*(l_\Omega)$ est choisi de manière que la restriction de $\chi^*(l_\Omega)$ à Z soit égale à η.

Si l est dans Ω et si χ est dans $\Pi(\Omega)$, $\chi(l)$ est l'élément de $\widehat{\overline{G(l)}}$ défini de la manière suivante :

$$\chi(l)(g) = \chi(h^{-1}gh)\,\chi^*(l_\Omega)(h^{-1}gh) \quad (g \in G(l))$$

où h est un élément de G tel que $h.\,l = l$.

B) D'après Pukansky, (9, chapitre 1), il existe une application $(l,\chi) \to \Pi(l,\chi)$ de $\bigcup_{l \in \mathfrak{g}^*} \widehat{\overline{G(l)}}$ dans l'espace des représentations factorielles de G.

La restriction de $\Pi(l,\chi)$ à Z est quasi-équivalente à η si et seulement si : $\chi_{|Z} = \eta$.

La représentation $\Pi(l,\chi)$ est quasi-équivalente à $\Pi(l',\chi')$ si et seulement si il existe g dans G tel que : $l' = g.\,l$, $\chi' = g.\chi$ $(\chi'(h) = \chi(g^{-1}hg),\ h \in G(l'))$. Dans ce cas, $\Pi(l,\chi)$ est équivalente à $\Pi(l',\chi')$.

Il existe une application $(\Omega,\chi) \to \Pi(\Omega,\chi)$ de $\bigcup_{\Omega \in \mathfrak{g}^*/G} \Pi(\Omega)$ dans l'espace $\hat{G}$ des classes de quasi-équivalence de représentations factorielles de G. Cette application définit par restriction, une application de $\bigcup_{\Omega \in \mathfrak{g}^*_\eta/G} \Pi_Z(\Omega)$ dans l'espace $\hat{G}_\eta$ des classes de quasi-équivalence de représentations factorielles de G dont la restriction à Z est multiple de η.

c) Soient l dans $\mathcal{G}^*$ et χ dans $\overline{G(l)}$. Notons f la restriction de l à $\mathcal{N}$ et $\rho(f)$ la représentation unitaire irréductible de N_o qui lui correspond. D'après (1 , corollaire 3.9 p. 205) , il existe une représentation canonique $\nu(f)$ du produit semi-direct $G(f) \times_s N_o$ qui prolonge $\rho(f)$ et telle que $\nu(f)(s,1) = \eta_f(s)^{-1}\rho(f)(s)$ pour s dans $N_o(f)$. (η_f est le caractère unitaire du stabilisateur $N_o(f)$ de f dans N_o tel que pour X dans l'algèbre de Lie $\mathcal{N}(f)$ de $N_o(f)$: $\eta_f(\exp X) = \exp[i<f,X>]$).
D'après (1, prop. 4.3 p. 207) , $G(f)_o/Q(f)$ est un groupe nilpotent, connexe, simplement connexe de centre $N_o(f)/Q(f)$. ($Q(f)$ est la composante neutre du noyau de η_f). La restriction m de l à $\mathcal{G}(f)$ définit par passage au quotient une forme linéaire sur l'algèbre de Lie de $G(f)_o/Q(f)$. On note $\rho(m)$ la représentation unitaire irréductible de $G(f)_o/Q(f)$ qui correspond à cette forme linéaire. La restriction de $\rho(m)$ à $N_o(f)$ est multiple de η_f.

Proposition 1.3 (9, proposition 2.1 p. 474)

La représentation $\sigma(\chi) = \operatorname{ind}_{\overline{G(l)}}^{G(l)} \chi$ *est une représentation factorielle finie. Elle est de type* I *si et seulement si* $\overline{G(l)}$ *est d'indice fini dans* $G(l)$.

Si σ est une représentation de $G(l)$ dont la restriction à $\overline{G(l)}$ est multiple de χ , la représentation $\sigma \otimes \rho(m)$ du produit direct $G(l) \times G(f)_o$ définit par passage au quotient une représentation $\sigma \tilde{\otimes} \rho(m)$ du groupe $G(l)G(f)_o$.

Théorème 1.3 (8, p. 26— 27 - 28 , théorème 24 , théorème 29 p. 35)

i) *La représentation* $\mu(l,\chi) = \operatorname{ind}_{G(l)G(f)_o}^{G(f)} \sigma(\chi) \tilde{\otimes} \rho(m)$ *est une représentation factorielle de* $G(f)$ *dont la restriction à* $N_o(f)$ *est multiple de* η_f.

ii) *La représentation* $\mu(l,\chi) \otimes \nu(f)$ *du produit semi-direct* $G(f) \times_s N_o$ *définit par passage au quotient une représentation* $\mu(l,\chi) \tilde{\otimes} \nu(f)$ *du groupe* $G(f)N_o$. *La représentation* $\operatorname{ind}_{G(f)N}^{G} \mu(l,\chi) \tilde{\otimes} \nu(f)$ *est* une représentation factorielle semi-finie quasi-équivalente à $\Pi(l,\chi)$.

iii) $\mu(l,\chi)$ et $\Pi(l,\chi)$ sont de type I si et seulement si $\overline{G(l)}$ est d'indice fini dans $G(l)$.

Remarque

Si $\overline{G(l)}$ est d'indice fini dans $G(l)$, on note $\bar{\sigma}(\chi)$ une représentation irréductible de $G(l)$ quasi-équivalente a $\sigma(\chi)$. D'après la théorie des petits groupes de Mackey, les représentations

$\bar{\mu}(l,\chi) = \mathrm{ind}_{G(l)G(f)_\circ}^{G(f)} \bar{\sigma}(\chi)\tilde{\otimes}\rho(m)$ et $\mathrm{ind}_{G(f)N}^{G} \bar{\mu}(l,\chi)\tilde{\otimes}\nu(f)$ sont irréductibles.

La représentation $(\bar{\sigma}(\chi)\tilde{\otimes}\rho(m))\otimes(\nu(f)_{|G(f)_\circ N})$ du produit semi-direct $G(l)G(f)_\circ \times_s N_\circ$ définit par passage au quotient une représentation du groupe $G(l)G(f)_\circ N$, notée $\tau(l,\chi)$. La représentation $\tau(l,\chi)$ est irréductible et les deux représentations $\bar{\mu}(l,\chi)\tilde{\otimes}\nu(f)$ et $\mathrm{ind}_{G(l)G(f)_\circ N}^{G(f)N} \tau(l,\chi)$ sont équivalentes.

§ 4.

Soient Ω une orbite localement fermée dans $\mathfrak{g}^*$ telle que $\overline{G(l)}$ soit d'indice fini dans $G(l)$, pour l dans Ω, et χ dans $\Pi(\Omega)$. D'après (11, p. 111 ; 10, prop. 4 p. 114 ; 9, prop. 7.1 p. 539), $\Pi(\Omega,\chi)$ est la classe de quasi-équivalence d'une représentation irréductible normale de G.

Lemme 1.4 (4, §3)

Il existe une bijection canonique entre l'ensemble des opérateurs self-adjoints positifs, semi-invariants de poids Δ^r $(r \in \mathbb{R})$ pour $\Pi(\Omega,\chi)$ et l'ensemble des fonctions positives ϕ sur Ω telles que $\phi(g^{-1}.l) = \Delta(g)^r\phi(l)$ pour tout g dans G et l dans Ω.

Donnons une réalisation de cette bijection dans le cas où Δ est triviale sur le stabilisateur de la restriction de l a $\mathfrak{n}$. $(l \in \Omega)$.

Soient l dans Ω et $f = l|_{\mathcal{H}}$. $\Pi(\Omega,\chi)$ est quasi-équivalente à $\mathrm{ind}_{G(l)G(f)_\circ}^{G} \tau(l,\chi_l)$ (cf. § 2 et § 3 remarque). Notons $\mathcal{H}$ l'espace de $\tau(l,\chi_l)$ et $\mathcal{H}'$ l'espace des fonctions mesurables φ sur G telles que :

- 1. $\forall h \in G(l)G(f)_\circ N$, $\forall g \in G$, $\varphi(gh) = \tau(l,\chi_l)(h)^{-1}\varphi(g)$.
- 2. $\int_{G/G(l)G(f)_\circ N} \|\varphi(g)\|_{\mathcal{H}}^2 \, d\omega(\tilde{g}) < +\infty$ ($d\omega(\tilde{g})$ est une mesure de Haar sur $G/G(l)G(f)_\circ N$).

Soit $\emptyset$ une fonction positive sur Ω telle que $\emptyset(g.l') = \Delta(g)^{-r}\emptyset(l')$ pour g dans G et l' dans Ω. Notons $\tilde{\emptyset}$ la fonction $g \to \emptyset(g.l)$. $\tilde{\emptyset}$ est C^∞ sur G et $\tilde{\emptyset}(g)$ ne dépend que de la classe $\tilde{g}$ de g modulo $G(l)G(f)_\circ N$ car Δ est triviale sur $G(l)G(f)_\circ N$.

$\mathcal{D} = \{\varphi \in \mathcal{H}' \mid \int_{G/G(l)G(f)_\circ N} \tilde{\emptyset}(g)^2 \, \|\varphi(g)\|_{\mathcal{H}}^2 \, d\omega(\tilde{g}) < +\infty\}$ est un sous-espace partout dense dans $\mathcal{H}'$. L'opérateur A_l de domaine $\mathcal{D}$ tel que pour φ dans $\mathcal{D}$, $A_l(\varphi) = \tilde{\emptyset}.\varphi$ est un opérateur self-adjoint positif, semi-invariant de poids Δ^r pour $\mathrm{ind}_{G(l)G(f)_\circ N}^{G} \tau(l,\chi_l)$.

Si $l' \in \Omega$ et si U est un opérateur d'entrelacement de $\mathrm{ind}_{G(l)G(f)_\circ N}^{G} \tau(l,\chi_l)$ et de $\mathrm{ind}_{G(l')G(f')_\circ N}^{G} \tau(l',\chi_{l'})$ ($f' = l'|_{\mathcal{H}}$), U transforme A_l en $A_{l'}$.

§ 5.

On suppose dans tout ce paragraphe que la représentation $\mathrm{ind}_{Z}^{G} \eta$ est de type I.

A)

<u>Lemme 1. 5</u> (9, prop. 4.1 p. 575)

<u>Il existe une fonction rationnelle, non nulle</u>, θ <u>sur</u> $\mathcal{H}_\lambda^*$ <u>telle que</u> $\theta(g.f) = \Delta(g)\,\theta(f)$ <u>pour tout</u> g <u>dans</u> G <u>et</u> f <u>dans</u> $\mathcal{H}_\lambda^*$.

Fixons, une fois pour toutes, une telle fonction θ sur $\mathcal{H}_\lambda^*$ et posons : $\Psi(l) = |\theta(l|_{\mathcal{H}})|^{-1} (l \in \mathcal{G}_\lambda^*)$

La fonction mesurable Ψ est strictement positive presque partout et $\Psi(g.l) = \Delta(g)^{-1}\Psi(l)$ pour tout g dans G et l dans $\mathcal{G}_\lambda^*$.

B) On note $\hat{N}_{o,\eta_o}$ l'espace des classes de représentations irréductibles de N_o dont la restriction à Z_o est multiple de η_o. ($\eta_o = \eta_{|Z}$)

On considère le groupe $\tilde{G}$ introduit en (§1, A). Il existe un homéomorphisme de $\hat{N}_{o,\eta_o}$ sur $\mathcal{H}_\lambda^*/N_o$. Si Γ est dans $N_{o,\eta_o}/\tilde{G}$, on note $O(\Gamma)$ l'ensemble des f de $\mathcal{H}_\lambda^*$ dont l'orbite $N.f$ appartient à l'image de Γ par cet homéomorphisme. Lorsque f varie dans $O(\Gamma)$, le groupe $G(f)N$ et l'algèbre de Lie $\mathfrak{g}(f)+\mathcal{H}$ ne varient pas. On adopte les notations suivantes :

$G(\Gamma) = G(f)N$, $\mathfrak{g}(\Gamma) = \mathfrak{g}(f)+\mathcal{H}$ $\quad (f \in O(\Gamma))$

$Y_\Gamma = \{l \in \mathfrak{g}^* \mid l_{|\mathcal{H}} \in O(\Gamma)\}$, $X_\Gamma = \{k \in \mathfrak{g}(\Gamma)^* \mid k_{|\mathcal{H}} \in O(\Gamma)\}$

$Y_\Gamma^\eta = Y_\Gamma \cap \mathfrak{g}_\eta^*$.

Si l varie dans Y_Γ, le groupe $G(l)G(f)_o N$ ($f = l_{|\mathcal{H}}$) ne varie pas. On le note $H(\Gamma)$. L'algèbre de Lie de $H(\Gamma)$ est $\mathfrak{g}(\Gamma)$.

$O(\Gamma)$ étant une partie localement fermée de $\mathcal{H}_\lambda^*$, les espaces X_Γ et Y_Γ sont des espaces localement compacts.

1) Soit Γ dans $\hat{N}_{o,\eta_o}/\tilde{G}$. Lorsque l varie dans Y_Γ, $Z \cap G(l)_o$ ne varie pas. Il existe un sous-groupe abélien, fermé, connexe K de $G(\Gamma)$ contenant $Z \cap G(l)_o$. Soit $\mathfrak{z}_Z$ le sous-groupe fermé de l'algèbre de Lie de K tel que $\exp(\mathfrak{z}_Z) = Z \cap G(l)_o$. $\mathfrak{z}_Z = \mathcal{Z} + \mathfrak{z}$ où $\mathcal{Z}$ est un réseau.

Posons : $\hat{\mathcal{Z}} = \{k \in \mathfrak{g}(\Gamma)^* \mid \langle k, \mathcal{H} \rangle = \{0\}, \langle k, \mathcal{Z} \rangle \subset 2\pi \mathbb{Z}\}$.

Si k est dans $\mathfrak{g}(\Gamma)^*$, k induit un caractère unitaire φ_k de la composante neutre $G(k)_o$ du stabilisateur $G(k)$ de k dans $G(\Gamma)$.

$X_\Gamma^\eta = \{k \in X_\Gamma \mid \varphi_{k|Z \cap G(l)_o} = \eta_{|Z \cap G(l)_o}\}$.

Si f est dans $O(\Gamma)$, on note X_f l'ensemble des k de X_Γ dont la restriction à $\mathcal{H}$ est égale à f. Posons : $X_f^\eta = X_f \cap X_\Gamma^\eta$.

Si k est dans X_f^η, $X_f^\eta = k + \hat{\mathcal{Z}}$

<u>Lemme 2.5</u>

X_Γ^η (resp. Y_Γ^η) <u>est fermé dans</u> X_Γ (resp. Y_Γ).

Démonstration

Soit $\{k_n\}_{n\leq 0}$ (resp. $\{l_n\}_{n\leq 0}$) une suite de points de X_Γ^η (resp. Y_Γ^η) convergeant vers $k\in X_\Gamma$ (resp. $l\in Y_\Gamma$). Soit z dans $Z\cap G(l)_\circ$. Il existe X dans $\mathfrak{z}_Z$ tel que $\exp X = z$.

$\varphi_{k_n}(z) = \exp[i<k_n, X>]$ (resp. $\varphi_{l_n}(z) = \exp[i<l_n, X>]$).

$\lim_{n\to+\infty} <k_n, X> = <k, X>$ (resp. $\lim_{n\to+\infty} <l_n, X> = <l, X>$)

$\varphi_k(z) = \exp[i<k, X>]$ (resp. $\varphi_l(z) = \exp[i<l, X>]$). Donc

$\varphi_k(z) = \eta(z)$ (resp. $\varphi_l(z) = \eta(z)$)

c.q.f.d.

2) Pour chaque Γ dans $\hat{N}_{\circ,\eta_\circ}$, on choisit une mesure de Haar $d\omega_\Gamma(\tilde{g})$ sur $G/H(\Gamma)$. $g\to\tilde{g}$ est l'homomorphisme canonique de G sur $G/H(\Gamma)$. Soit $d\alpha_\Gamma(h)$ (resp. $d\sigma_\Gamma(\bar{h})$) la mesure de Haar à gauche sur $H(\Gamma)$ (resp. $H(\Gamma)/N$) telle que pour φ dans $L^1(G)$ (resp. $L^1(H(\Gamma))$) on ait :

$$\int_G \varphi(g)\, dg = \int_{G/H(\Gamma)}\int_{H(\Gamma)} \varphi(gh)\, d\alpha_\Gamma(h)\, d\omega_\Gamma(\tilde{g})$$

(resp. $\int_{H(\Gamma)} \varphi(h)\, d\alpha_\Gamma(h) = \int_{H(\Gamma)/N}\int_N \varphi(hn)\, dn\, d\sigma_\Gamma(\bar{h})$)

$h\to\bar{h}$ est l'homomorphisme canonique de $H(\Gamma)$ sur $H(\Gamma)/N$)

On utilise sur $\mathfrak{g}(\Gamma)/\mathcal{H}$ (resp. $\mathfrak{g}/\mathfrak{g}(\Gamma)$) la mesure de Haar correspondante à $d\sigma_\Gamma(\bar{h})$ (resp. $d\omega_\Gamma(\tilde{g})$) et sur X_f ($f\in O(\Gamma)$) (resp. $\mathfrak{g}(\Gamma)^\perp = \{l\in\mathfrak{g}^*|<l, \mathfrak{g}(\Gamma)> = \{0\}\}$) la translatée de la mesure duale (resp. la mesure duale), notée $d\omega_f$ (resp. $d\zeta_\Gamma$).

Soit $\mathcal{H}_\Gamma^\perp = \{k\in\mathfrak{g}(\Gamma)^*|<k, \mathcal{H}> = \{0\}\}$. $\mathcal{H}_\Gamma^\perp/\hat{Z}$ est un groupe compact. On note $k\to\dot{k}$ l'homomorphisme canonique de $\mathcal{H}_\Gamma^\perp$ sur $\mathcal{H}_\Gamma^\perp/Z$ et $dc(\dot{k})$ la mesure de Haar normalisée du groupe $\mathcal{H}_\Gamma^\perp/\hat{Z}$. $d\omega_f^\eta$ ($f\in O(\Gamma)$) est la mesure sur X_f^η telle que pour φ borélienne positive sur X_f, on ait :

$$\int_{X_f} \varphi(k)\, d\omega_f(k) = \int_{\mathcal{H}_\Gamma^\perp/\hat{Z}}\int_{X_f^\eta} \varphi(k+k')\, d\omega_f^\eta(k')\, dc(\dot{k}) .$$

3) Soit Γ dans $\hat{N}_{\circ,\eta_\circ}/\widetilde{G}$. Si ω est une orbite de la composante neutre $G(\Gamma)_\circ$ de $G(\Gamma)$, dans $\mathfrak{g}(\Gamma)^*$, pour la représentation coadjointe, $d\beta_\omega$ est la mesure canonique sur ω normalisée comme en (1, p. 18-19-20).
Soient k dans X_Γ, $f = k_{|\mathfrak{n}}$, $\widetilde{\omega} = G(\Gamma).k$, $\omega = G(\Gamma)_\circ.k$ et l dans $\mathfrak{g}^*$ telle que $l_{|\mathfrak{g}(\Gamma)} = k$. Le stabilisateur de ω dans $G(\Gamma)$ (resp. G) est $H(\Gamma)$
Il existe une bijection de $G(\Gamma)/H(\Gamma)$ sur l'ensemble des composantes connexes de $\widetilde{\omega}$. On note $d\beta_{\widetilde{\omega}}$ (resp. $d\beta_{G.k}$) la mesure sur $\widetilde{\omega}$ (resp. $G.k$) telle que pour φ continue à support compact sur $\widetilde{\omega}$ (resp. $G.k$), on ait :

$$\int_{\widetilde{\omega}} \varphi(k')\, d\beta_{\widetilde{\omega}}(k') = \int_{G(\Gamma)/H(\Gamma)} \int_{h.\omega} \varphi(k')\, d\beta_{h.\omega}(k')\, d\dot{h}$$

($h \to \dot{h}$ est l'homomorphisme canonique de $G(\Gamma)$ sur $G(\Gamma)/H(\Gamma)$ et $d\dot{h}$ est la mesure sur $G(\Gamma)/H(\Gamma)$ de masse 1 en chaque point).

$$(\text{resp. } \int_{G.k} \varphi(k')\, d\beta_{G.k}(k') = \int_{G/H(\Gamma)} \int_{g.\omega} \varphi(k')\, d\beta_{g.\omega}(k')\, d\omega_\Gamma(\widetilde{g})\,)$$

4) Soient Γ dans $\hat{N}_{\circ,\eta_\circ}/\widetilde{G}$, l dans Y_Γ, $k = l_{|\mathfrak{g}(\Gamma)}$ et φ une fonction continue à support compact sur l'orbite $G.l$. On note Ψ_φ la fonction sur l'orbite $G.k$:

$$k' \to \Psi_\varphi(k') = \int_{\mathfrak{g}(\Gamma)^\perp} \varphi(l'+v)\, d\zeta_\Gamma(v) \qquad (l'_{|\mathfrak{g}(\Gamma)} = k',\ l' \in G.l)$$

La fonction Ψ_φ est continue à support compact sur $G.k$.
On montre comme en (1, lemme 3.3.4 (iii) p. 255) que :

$$\int_{G.l} \varphi(l')\, d\beta_{G.l}(l') = \int_{G.k} \Psi_\varphi(k')\, d\beta_{G.k}(k')$$

où $d\beta_{G.l}$ est la mesure canonique sur l'orbite $G.l$ normalisée comme en (1, p. 18-19-20).

5) - a) Soit Γ dans $\hat{N}_{\circ,\eta_\circ}/\widetilde{G}$. L'application $l \to G.(l_{|\mathfrak{g}(\Gamma)})$ de Y_Γ dans X_Γ/G définit par passage au quotient une application continue et ouverte P_Γ de Y_Γ/G dans X_Γ/G. P_Γ est surjective et d'après (1, p. 207) P_Γ est injective. P_Γ est un homéomorphisme de Y_Γ/G sur X_Γ/G.

Si l'orbite d'un élément de Y_Γ est localement fermée dans $\mathfrak{g}^*$, l'orbite de tout élément de Y_Γ est localement fermée dans $\mathfrak{g}^*$. Dans ce cas, d'après ce qui précède et (5, p. 125), X_Γ/G est un $T_\circ$-espace. Les

orbites de G dans X_Γ sont donc localement fermées dans $\mathcal{G}(\Gamma)^*$.
Si k est dans X_Γ, on a l'équivalence suivante :

$$k' \in G(\Gamma).k \Leftrightarrow k' \in G.k \text{ et } k'_{|\mathcal{K}} \in N.(k_{|\mathcal{K}})$$

Si les orbites de G dans X_Γ sont localement fermées dans $\mathcal{G}(\Gamma)^*$, les orbites de $G(\Gamma)$ dans X_Γ sont donc localement fermées dans $\mathcal{G}(\Gamma)^*$. Dans ce cas, d'après (5, p. 125), $G(\Gamma).k$ est homéomorphe à $G(\Gamma)/G(k)$ ($k \in X_\Gamma$; $G(k)$ est le stabilisateur de k dans $G(\Gamma)$). $G(\Gamma)_o.k$ est donc la composante connexe de $G(\Gamma).k$. Les orbites de $G(\Gamma)_o$ dans X_Γ sont donc localement fermées dans $\mathcal{G}(\Gamma)^*$.

- b) Soit $d\overline{P}$ une pseudo-image de la mesure de Plancherel dP sur $\hat{N}_{o,\eta_o}$, dans $\hat{N}_{o,\eta_o}/\widetilde{G}$ étant dénombrablement séparé, d'après (7, théorème 2.1 p. 462), il existe des mesures $d\nu_\Gamma$ sur N_{o,η_o}, portées par Γ, telles que pour A dans $L^1(\hat{N}_{o,\eta_o}, dP)$, on ait :

$$\int_{\hat{N}_{o,\eta_o}} A(\gamma)\, dP(\gamma) = \int_{\hat{N}_{o,\eta_o}/\widetilde{G}} \int_\Gamma A(\gamma)\, d\nu_\Gamma(\gamma)\, d\overline{P}(\Gamma)$$

Pour g dans G, $dP(g.\gamma) = \Delta(g)\, dP(\gamma)$. Donc, pour presque tout Γ dans $\hat{N}_{o,\eta_o}/\widetilde{G}$, $d\nu_\Gamma(g.\gamma) = \Delta(g)\, d\nu_\Gamma(\gamma)$.
On rappelle que $\hat{N}_{o,\eta}$ est homéomorphe à $\mathcal{K}^*_\lambda/N$. Si F est une fonction borélienne positive sur $\mathcal{K}^*_\lambda$, d'après le théorème de Plancherel pour les groupes nilpotents connexes :

$$\int_{\mathcal{K}^*_\lambda} F(f)\, df = \int_{\hat{N}_{o,\eta_o}} \int_\gamma F(f)\, d\beta_\gamma(f)\, dP(\gamma)$$

($d\beta_\gamma$ est la mesure canonique sur γ normalisée comme en (1, p. 18-19-20))
$\operatorname{ind}_Z^G \eta$ étant supposée de type I, d'après la proposition 2.1, l'orbite de tout élément de Y_Γ est localement fermée dans $\mathcal{G}^*$, pour presque tout Γ dans $\hat{N}_{o,\eta_o}/\widetilde{G}$. Ξ_N et $\{f \in \mathcal{K}^*_\lambda | {}^\Gamma\theta(f) \neq 0\}$ étant de complémentaire négligeable, il existe une partie T de $\hat{N}_{o,\eta_o}/\widetilde{G}$, de complémentaire négligeable, qui vérifie les conditions suivantes :

- si Γ est dans T, $d\nu_\Gamma(g.\gamma) = \Delta(g)\, d\nu_\Gamma(\lambda)$ pour tout g dans G.
- si Γ est dans T, l'orbite de tout élément de Y_Γ est localement fermée dans $\mathcal{G}^*$.

- si Γ est dans T, $O(\Gamma) \cap \{f \in \mathcal{H}_{\lambda}^{*} \mid \theta(f) \neq 0\}$ et $\Xi_N \cap O(\Gamma)$ sont de complémentaire négligeable pour la mesure :

$$\varphi \to \int_{\Gamma} \int_{\gamma} \varphi(f) \; d\beta_{\gamma}(f) \; d\nu_{\Gamma}(\varphi) \qquad \text{sur } O(\Gamma).$$

Lemme 3.5

Pour chaque Γ dans $\hat{N}_{o,\eta_o}/\tilde{G}$, il existe une mesure $d\mu_{\Gamma}$ sur X_{Γ}^{η}/G telle que pour φ borélienne positive sur $\mathcal{G}_{\eta}^{*}$, on ait :

$$\int_{\mathcal{G}_{\eta}^{*}} \varphi(l)\Psi(l) \; d\mu(l) = \int_{\hat{N}_{o,\eta_o}/\tilde{G}} \int_{X_{\Gamma}^{\eta}/G} \Psi_{\varphi}(k) \; d\beta_{\omega}(k) \; d\mu_{\Gamma}(\omega) \; d\bar{P}(\Gamma)$$

(Ψ_{φ} est la fonction sur X_{Γ}^{η} définie en (§ 5, B, 4) ; Ψ est la fonction définie en (§ 5, A)).

Démonstration

Par définition

$$\int_{\mathcal{G}_{\eta}^{*}} \varphi(l)\Psi(l) \; d\mu(l) = \int_{\Xi_N} |\theta(f)|^{-1} \int_{\hat{Z}_{\lambda}} \varphi(l+w) \; d\xi^{\lambda}(w) \; df \quad (l_{|\mathcal{H}} = f)$$

$$\int_{\hat{Z}_{\lambda}} \varphi(l+w) \; d\xi^{\lambda}(w) = \int_{X_f^{\eta}} \Psi_{\varphi}(k) \; d\omega_f^{\eta}(k) \qquad (l_{|\mathcal{H}} = f)$$

Par suite

$$\int_{\mathcal{G}_{\eta}^{*}} \varphi(l)\Psi(l) \; d\mu(l) = \int_{T} \int_{\Gamma} \int_{\gamma} |\theta(f)|^{-1} \int_{X_f^{\eta}} \Psi_{\varphi}(k) \; d\omega_f^{\eta}(k) \; d\beta_{\gamma}(f) \; d\nu_{\Gamma}(\gamma) \; d\bar{P}(\Gamma)$$

$\chi \to \int_{\Gamma} \int_{\gamma} |\theta(f)|^{-1} \int_{X_f^{\eta}} \chi(k) \; d\omega_f^{\eta}(k) \; d\beta_{\gamma}(f) \; d\nu_{\Gamma}(\gamma)$ est une mesure G-invariante sur l'espace localement compact X_{Γ}^{η}, si Γ est dans T. D'après (§ 5, B, 5, a), X_{Γ}^{η}/G est dénombrablement séparé, lorsque Γ est dans T. Dans ce cas, d'après (7, théorème 2.1 p. 462), il existe une mesure $d\mu_{\Gamma}'$ sur X_{Γ}^{η}/G et des mesures $d\beta_{\omega}'$ sur X_{Γ}^{η}, portées par ω ($\omega \in X_{\Gamma}^{\eta}/G$), telles que pour χ borélienne positive sur X_{Γ}^{η}, on ait :

$$\int_{\Gamma} \int_{\gamma} |\theta(f)|^{-1} \int_{X_f^{\eta}} \chi(k) \; d\omega_f^{\eta}(k) \; d\beta_{\gamma}(f) \; d\nu_{\Gamma}(\gamma) = \int_{X_{\Gamma}^{\eta}/G} \int_{\omega} \chi(k) \; d\beta_{\omega}'(k) \; d\mu_{\Gamma}'(\omega)$$

Les mesures $d\beta'_\omega$ sont presque toutes G-invariantes.

$d\beta'_\omega = \alpha(\omega)\, d\beta_\omega$, $\alpha(\omega) > 0$. D'après (§ 5 , B , 5 , a) , les orbites de $G(\Gamma)_\circ$ dans X^η_Γ sont localement fermées dans X^η_Γ. Si χ est une fonction borélienne positive sur X^η_Γ , la fonction $k \to \int_{G(\Gamma)_\circ . k} \chi(k')\, d\beta_{G(\Gamma)_\circ . k}(k')$ est mesurable sur X^η_Γ ((voir (4, 5. 1. 4)) . La fonction $\omega \to \alpha(\omega)$, sur X^η_Γ/G , est donc mesurable . En posant $d\mu_\Gamma = \alpha . d\mu'_\Gamma$, on a , pour χ borélienne positive sur X^η_Γ :

$$\int_\Gamma \int_Y |\theta(f)|^{-1} \int_{X^\eta_f} \chi(k)\, d\omega^\eta_f(k)\, d\beta_Y(f)\, d\nu_\Gamma(\gamma) = \int_{X^\eta_\Gamma/G} \int_\omega \chi(k)\, d\beta_\omega(k)\, d\mu_\Gamma(\omega)$$

En choisissant $d\mu_\Gamma = 0$, si Γ n'est pas dans T ,

$$\int_{\mathcal{G}^*_\eta} \varphi(l)\Psi(l)\, d\mu(l) = \int_{\hat{N}_\circ, \eta_\circ/\tilde{G}} \int_{X^\eta_\Gamma/G} \Psi_\varphi(k)\, d\beta_\omega(k)\, d\mu_\Gamma(\omega)\, d\bar{P}(\Gamma)$$

pour φ borélienne positive sur $\mathcal{G}^*_\eta$.

(c. q. f. d.)

b)

<u>Lemme 4. 5</u>

i) <u>Soit</u> A <u>une fonction borélienne positive sur</u> $\mathcal{G}^*_\eta/G$.

$\Gamma \to \int_{X^\eta_\Gamma/G} A(P^{-1}_\Gamma(\omega))\, d\mu_\Gamma(\omega)$ <u>est</u> <u>$d\bar{P}$-mesurable</u> .

ii) <u>Il existe une mesure</u> dm_Ψ <u>sur</u> $\mathcal{G}^*_\eta/G$ <u>telle que pour</u> φ <u>borélienne positive sur</u> $\mathcal{G}^*_\eta$, <u>on ait</u> :

$$\int_{\mathcal{G}^*_\eta} \varphi(l)\Psi(l)\, d\mu(l) = \int_{\mathcal{G}^*_\eta/G} \int_\Omega \varphi(l)\, d\beta_\Omega(l)\, dm_\Psi(\Omega) .$$

<u>Démonstration</u>

i) Soit $\{B_n\}$ une suite croissante d'ouverts relativement compacts de $\mathcal{G}^*_\lambda$ telle que $\bigcup_{n\geq 1} B_n = \mathcal{G}^*_\gamma$. Pour $n \geq 1$, posons :

$$A_n(\Omega) = \begin{cases} 0 & \text{si } \Omega \cap G.B_n = \emptyset \\ A(\Omega) & \text{si } \Omega \cap G.B_n \neq \emptyset \end{cases}$$

A_n est une fonction borélienne et $\lim_{n\to+\infty} A_n(\Omega) = A(\Omega)$.

Soit $n \geq 1$. Pour l danq $\mathfrak{g}_\eta^*$, posons :

$$A'_n(l) = \begin{cases} 0 \text{ si } l \notin G.B_n \\ A_n(G.l)\chi_{B_n}(l)\left[\int_{G.l}\chi_{B_n}(l')\,d\beta_{G.l}(l')\right]^{-1} \text{ si } l \in G.B_n \end{cases}$$

(χ_{B_n} est la fonction caractéristique de B_n)

$\operatorname{ind}_Z^G \eta$ étant de type I, les orbites des éléments d'un ouvert de Zariski de $\mathfrak{g}_\gamma^*$ sont localement fermées dans $\mathfrak{g}^*$, d'après la proposition 2.1. D'après (4, 5.1.4) $l \to \int_{G.l}\chi_{B_n}(l')\,d\beta_{G.l}(l')$ est mesurable. La fonction A_n est donc mesurable.

D'après le lemme 3.5, la fonction $\Gamma \to \int_{X_\Gamma^\eta/G}\int_\omega \Psi_{A'_n}(k)\,d\beta_\omega(k)\,d\mu_\Gamma(\omega)$ est $d\overline{P}$-mesurable. Soit ω dans X_Γ^η/G. D'après (§ 5, 4),

$\int_\omega \Psi_{A'_n}(k)\,d\beta_\omega(k) = \int_{P_\Gamma^{-1}(\omega)} A'_n(l)\,d\beta_{P_\Gamma^{-1}(\omega)}(l) = A_n(P_\Gamma^{-1}(\omega))$

Par passage à la limite, on obtient (i).

ii) Soit φ une fonction borélienne positive sur $\mathfrak{g}_\eta^*$.
Posons :

$A(\Omega) = \int_\Omega \varphi(l)\,d\beta_\Omega(l)$

D'après (i), il existe une mesure dm_Ψ sur $\mathfrak{g}_\eta^*/G$ telle que :

$\int_{\mathfrak{g}_\eta^*/G} A(\Omega)\,dm_\Psi(\Omega) = \int_{\hat{N}_o,\eta_o/\tilde{G}}\int_{X_\Gamma^\eta/G} A(P_\Gamma^{-1}(\omega))\,d\mu_\Gamma(\omega)\,d\overline{P}(\Gamma)$

$A(\Omega) = \int_{P_\Gamma(\Omega)} \Psi_\varphi(k)\,d\beta_{P_\Gamma(\Omega)}(k)$ $(\Omega \subset Y_\Gamma^\eta)$, d'après (§ 5, B, 4).

D'après le lemme 3.5,

$\int_{\mathfrak{g}_\eta^*} \varphi(l)\Psi(l)\,d\mu(l) = \int_{\mathfrak{g}_\eta^*/G}\int_\Omega \varphi(l)\,d\beta_\Omega(l)\,dm_\Psi(\Omega)$.

(c. q. f. d.)

C) Soit Γ dans T. (cf. § 5, B, 5, a). Choisissons un élément f_Γ dans $O(\Gamma)$ et notons $\mathfrak{A}(\Gamma)$ (resp. $\mathfrak{A}_\eta(\Gamma)$) l'espace $X_{f_\Gamma}/G(f_\Gamma)_o$ (resp. $X_{f_\Gamma}^\eta/G(f_\Gamma)_o$).

1) Si k est dans X_{f_Γ}, $G(f_\Gamma)_o.k = G(\Gamma)_o.k \cap X_{f_\Gamma}$. D'après (§ 5, B, 5, a)

et (5, p. 125), les espaces boréliens $\mathfrak{A}(\Gamma)$ et $\mathfrak{A}_\eta(\Gamma)$ sont dénombrablement séparés.

Notons I_{f_Γ} l'isomorphisme $k \to k_{|\mathcal{H}}$ de X_{f_Γ} sur l'espace $\mathcal{M}^*(f_\Gamma)$ des formes linéaires sur $\mathfrak{g}(f_\Gamma)$ dont la restriction à $\mathcal{H}(f_\Gamma)$ est égale à $f_{\Gamma|\mathcal{H}(f_\Gamma)}$. $\mathcal{M}^*(f_\Gamma)$ s'identifie à une partie du dual de l'algèbre de Lie du groupe $G(f_\Gamma)_o/Q(f_\Gamma)$ (cf. § 3, C).

$I_{f_\Gamma}(g.k) = g.I_{f_\Gamma}(k)$ pour tout k dans X_{f_Γ} et pour tout g dans $G(f_\Gamma)$.

On note $d\beta_{G(f_\Gamma)_o.k}$ la mesure sur l'orbite $G(f_\Gamma)_o.k$ de k $(k \in X_{f_\Gamma})$, image par $I^{-1}_{f_\Gamma}$ de la mesure canonique sur l'orbite $G(f_\Gamma)_o.(k_{|\mathfrak{g}(f_\Gamma)})$ normalisée comme en (1, p. 18-19-20).

En procédant comme dans la démonstration du lemme 3.5, on montre qu il existe une mesure dm_Γ sur $\mathfrak{A}_\eta(\Gamma)$ telle que pour φ borélienne positive sur $X^\eta_{f_\Gamma}$, on ait :

$$\int_{X^\eta_{f_\Gamma}} \varphi(k)\, d\omega^\eta_{f_\Gamma}(k) = \int_{\alpha_\eta(\Gamma)} \int_\omega \varphi(k)\, d\beta_\omega(k)\, dm_\Gamma(\omega).$$

2) On note Ψ_Γ la fonction $k \to |\theta(k_{|\mathcal{H}})|^{-1}$. Γ étant dans T, la fonction Δ est triviale sur $G(\Gamma)$. La fonction Ψ_Γ est donc constante sur toute orbite de $G(\Gamma)_o$ dans X_Γ. La valeur de Ψ_Γ sur l'orbite ω est notée $\overline{\Psi}_\Gamma(\omega)$.

D'après (5, p. 125), il existe une section borélienne s_Γ de $O(\Gamma)$ dans $\widehat{G}$ telle que $s_\Gamma(f_\Gamma) = 1$ et $s_\Gamma(f).f_\Gamma = f$ pour tout f dans $O(\Gamma)$.

L'application $k \to (N.(k_{|\mathcal{H}}), G(f_\Gamma)_o.(s_\Gamma(k_{|\mathcal{H}})^{-1}.k))$ de X_Γ dans $\Gamma \times \mathfrak{a}(\Gamma)$ définit, par passage au quotient, une application borélienne Λ_Γ de $X_\Gamma/G(\Gamma)_o$ dans $\Gamma \times \mathfrak{A}(\Gamma)$. On rappelle que $G(\Gamma)_o.k = H(\Gamma).k$, si k est dans X_Γ.

$\tau(\omega)$ est l'orbite de G dans X_Γ contenant l'orbite ω de $G(\Gamma)_o$ dans X_Γ.

Lemme 5.5

i) Λ_Γ est une bijection borélienne de $X_\Gamma / G(\Gamma)_\circ$ sur $\Gamma \times \mathfrak{a}(\Gamma)$.

ii) $\Lambda_\Gamma(X_\Gamma^\eta / G(\Gamma)_\circ) = \Gamma \times \mathfrak{a}_\eta(\Gamma)$.

iii) Si A est une fonction borélienne positive sur $\Gamma \times \mathfrak{a}_\eta(\Gamma)$, on a :

$$\int_{X_\Gamma^\eta/G} \int_{G/H(\Gamma)} \overline{\Psi}_\Gamma^{-1}(g.\omega) A(\Lambda_\Gamma(g.\omega))\, d\omega_\Gamma(\tilde{g})\, d\mu_\Gamma(\tau(\omega)) =$$

$$\int_{\Gamma \times \mathfrak{a}_\eta(\Gamma)} A(\gamma,\omega)\, dm_\Gamma(\omega)\, d\nu_\Gamma(\gamma)$$

($d\mu_\Gamma$ est la mesure sur X_Γ^η/G définie au lemme 3.5)

Démonstration

i) Soient k et k' dans X_Γ tels que $\Lambda_\Gamma(G(\Gamma)_\circ . k) = \Lambda_\Gamma(G(\Gamma)_\circ . k')$.
Il existe k'' dans $N.k$ tel que $k''|_{\mathcal{K}} = k'|_{\mathcal{K}} = f'$. Il existe k''' dans $G(f')_\circ . k''$ tel que $k'''|_{\mathfrak{g}(f')} = k'|_{\mathfrak{g}(f')}$. $k''' = k'$ et $G(\Gamma)_\circ . k = G(\Gamma)_\circ . k'$. Λ_Γ est injective.
Soit (γ, ω) dans $\Gamma \times \mathfrak{a}(\Gamma)$. Soient k dans ω et f dans γ. $\Lambda_\Gamma(G(\Gamma)_\circ . (s_\Gamma(f).k)) = (\gamma,\omega)$. Λ_Γ est surjective.

ii) est clair.

iii) Soit $\{B_n\}$ une suite croissante d'ouverts relativement compacts de X_Γ^η telle que $\cup B_n = X_\Gamma^\eta$.
Pour $n \geq 1$ et pour ω dans $X_\Gamma^\eta / G(\Gamma)_\circ$, posons :

$$A_n(\omega) = \begin{cases} 0 & \text{si } \omega \cap G(\Gamma)_\circ . B_n = \emptyset \\ A(\Lambda_\Gamma(\omega)) & \text{si } \omega \cap G(\Gamma)_\circ . B_n \neq \emptyset \end{cases}$$

A_n est borélienne et $A(\Lambda_\Gamma(\omega)) = \lim_{n \to +\infty} A_n(\omega)$.

Soit $n \geq 1$. Pour k dans X_Γ^η, posons :

$$A'_n(k) = \begin{cases} 0 \quad \text{si } k \notin G(\Gamma)_\circ . B_n \\ A_n(G(\Gamma)_\circ . k)\chi_{B_n}(k) \left(\int_{G(\Gamma)_\circ . k} \chi_{B_n}(k')\, d\beta_{G(\Gamma)_\circ . k}(k')\right)^{-1} \end{cases}$$

si $k \in G(\Gamma)_\circ . B_n$

(χ_{B_n} est la fonction caractéristique de B_n)

D'après la démonstration du lemme 3.5 :

$$\int_\Gamma \int_\gamma \int_{X_f^\eta} A_n'(k)\, d\omega_f^\eta(k)\, d\beta_\gamma(f)\, d\,\nu_\Gamma(\gamma) = \int_{X_\Gamma^\eta/G} \int_\omega \Psi_\Gamma(k)^{-1} A_n'(k)\, d\beta_\omega(k)\, d\mu_\Gamma(\omega)$$

Soit ω dans $X_\Gamma^\eta/G(\Gamma)$.

$$\int_{\tau(\omega)} \Psi_\Gamma(k)^{-1} A_n'(k)\, d\beta_{\tau(\omega)}(k) = \int_{G/H(\Gamma)} \overline{\Psi}_\Gamma^{-1}(g.\omega) \int_{g.\omega} A_n'(k)\, d\beta_{g.\omega}(k)\, d\omega_\Gamma(\tilde{g})$$

$$= \int_{G/H(\Gamma)} \overline{\Psi}_\Gamma^{-1}(g.\omega)\, A_n(g.\omega)\, d\omega_\Gamma(\tilde{g}) .$$

D'après (§ 5, C, 1) :

$$\int_{X_f^\eta} A_n'(k)\, d\omega_f^\eta(k) = \int_{X_{f_\Gamma}^\eta} A_n'(s_\Gamma(f).k)\, d\omega_{f_\Gamma}^\eta(k) = \int_{a_\eta(\Gamma)} \int_\omega A_n'(s_\Gamma(f).k)\, d\beta_\omega(k)\, dm_\Gamma(\omega)$$

D'après Fubini ,

$$\int_\gamma \int_{X_f^\eta} A_n'(k)\, d\omega_f^\eta(k)\, d\beta_\gamma(f) = \int_{a_\eta(\Gamma)} \int_\gamma \int_\omega A_n'(s_\Gamma(f).k)\, d\beta_\omega(k)\, d\beta_\gamma(f)\, dm_\Gamma(\omega)$$

Une démonstration analogue à celle de (1 , lemme 3.3.4 (iii) p. 255) montre que si (γ, ω) est dans $\Gamma \times a_\eta(\Gamma)$, on a :

$$\int_\gamma \int_\omega A_n'(s_\Gamma(f).k)\, d\beta_\omega(k)\, d\beta_\gamma(f) = \int_{\Lambda_\Gamma^{-1}(\gamma,\omega)} A_n'(k)\, d\beta_{\Lambda_\Gamma^{-1}(\gamma,\omega)}(k) = A_n(\Lambda_\gamma^{-1}(\gamma,\omega))$$

Par suite,

$$\int_{\Gamma \times a_\eta(\Gamma)} A_n(\Lambda_\Gamma^{-1}(\gamma,\omega))\, dm_\Gamma(\omega)\, d\nu_\Gamma(\gamma) = \int_{X_\Gamma^\eta/G} \int_{G/H(\Gamma)} \overline{\Psi}_\Gamma(g.\omega)^{-1}\, d\omega_\Gamma(\tilde{g})\, d\mu_\Gamma(\tau(\omega))$$

Par passage à la limite, on trouve (iii).

(c. q. f. d.)

D)

1) Si f est dans $\mathcal{H}_\lambda^*$, il existe l dans $\mathcal{G}_\eta^*$ telle que $l_{|\mathcal{H}} = f$. En effet, en reprenant les notations de (§ 5, B, 1) , soit $\{e_1, \ldots, e_p\}$ une base du réseau $\mathcal{Z}$.

$N_0 \cap Z$ étant connexe , $\mathcal{Z} \cap \mathcal{H} = \{0\}$. Il existe une forme linéaire l sur $\mathcal{G}$ prolongeant f telle que $\exp < l, e_j > = \eta\,(\exp e_j)$ $(j = 1, \ldots, p)$.

l appartient à $\mathcal{G}_\eta^*$.

De même, pour tout f dans $\mathcal{H}_\lambda^*$, X_f^η (cf. § 5, B, 1) n'est jamais vide.

2) Soient Γ dans T et l dans $\mathfrak{g}_{\eta}^{*}$ telle que $l_{|\mathfrak{N}} = f_{\Gamma}$ (cf. § 5, B, 5, a ; § 5, C). On note $\tilde{\eta}_{f_{\Gamma}}$ le caractère unitaire de $N(f_{\Gamma})$ qui prolonge η et $\eta_{f_{\Gamma}}$ (cf. § 3, C). $\tilde{X}(f_{\Gamma})$ (resp. $X(f_{\Gamma})$) est l'espace des classes de représentations unitaires irréductibles de $G(f_{\Gamma})_{\circ}Z$ (resp. $G(f_{\Gamma})_{\circ}$) dont la restriction à $N(f_{\Gamma})$ (resp. $N(f_{\Gamma}) \cap G(f_{\Gamma})_{\circ}$) est multiple de $\tilde{\eta}_{f_{\Gamma}}$ (resp. $\eta_{f_{\Gamma}}$).

On note $\mathfrak{M}_{\eta}^{*}(f_{\Gamma})$ l'image de $X_{f_{\Gamma}}$ par $l_{f_{\Gamma}}$ (cf. § 5, C, 1). D'après (12, 2), $G(l)_{\circ} \cap Z = G(f_{\Gamma})_{\circ} \cap Z$. $G(f_{\Gamma})_{\circ}/Q(f_{\Gamma})$ (cf. § 3, C) étant un groupe nilpotent connexe, simplement connexe, l'espace borélien $\mathfrak{M}_{\eta}^{*}(f_{\Gamma})/G(f_{\Gamma})_{\circ}$ est donc isomorphe à $X(f_{\Gamma})$. $\pi \to \pi_{|G(f)_{\circ}}$ est un isomorphisme borélien de $\tilde{X}(f_{\Gamma})$ sur $X(f_{\Gamma})$. Il existe donc un isomorphisme borélien $\mathfrak{J}$ de $\mathcal{a}_{\eta}(\Gamma)$ sur $\tilde{X}(f_{\Gamma})$.

Le groupe $G(f_{\Gamma})_{\circ}N/N$ est isomorphe à $G(f_{\Gamma})_{\circ}Z/N(f_{\Gamma})$. $G(f_{\Gamma})_{\circ}N/N$ étant un sous-groupe ouvert de $H(\Gamma)/N$, $d\sigma_{\Gamma}$ (cf. § 5, B, 2) définit une mesure de Haar, notée également $d\sigma_{\Gamma}$ sur $G(f_{\Gamma})_{\circ}Z/N(f_{\Gamma})$.

De même, $h \to \bar{h}$ est l'homomorphisme canonique de $G(f_{\Gamma})_{\circ}Z$ sur $G(f_{\Gamma})_{\circ}Z/N(f_{\Gamma})$. D'après le théorème de Plancherel pour les groupes de Lie nilpotents connexes, $\mathfrak{J}$ transforme la mesure dm_{Γ} sur $\mathcal{a}_{\eta}(\Gamma)$ (cf. § 5, C, 1) en la mesure de Plancherel $d\mu_{f_{\Gamma}}$ sur $\tilde{X}(f_{\Gamma})$, associée à la mesure de Haar $d\sigma_{\Gamma}$ du groupe $G(f_{\Gamma})_{\circ}Z/N(f_{\Gamma})$.

3) On définit $\mathcal{K}(G(f_{\Gamma})_{\circ}N, \eta)$ de manière analogue à $\mathcal{K}(G, \eta)$ (cf. § 1, B). On considère la mesure de Haar $d\tilde{h}$ sur $G(f_{\Gamma})_{\circ}N/Z$ telle que pour φ dans $L^{1}(G(f_{\Gamma})_{\circ}N/Z)$, on ait :

$$\int_{G(f_{\Gamma})_{\circ}N/Z} \varphi(\tilde{h})\, d\tilde{h} = \int_{G(f_{\Gamma})_{\circ}N/N} \int_{N/Z} \varphi(\widetilde{hn})\, d\bar{n}\, d\sigma_{\Gamma}(\bar{h})$$

($h \to \tilde{h}$ est l'homomorphisme canonique de $G(f_{\Gamma})_{\circ}N$ sur $G(f_{\Gamma})_{\circ}N/Z$)

Soit φ dans $\mathcal{K}(G(f_{\Gamma})_{\circ}N, \eta)$ et θ la restriction de φ à N.

La représentation $\rho(f_{\Gamma})$ (cf § 3, C) du groupe $N_{\circ}$ s'étend en une représentation $\tilde{\rho}(f_T)$ du groupe N, dont la restriction à Z est multiple de η. De même, la représentation $\nu(f_T)$ (cf. § 3, C) du produit semi-direct $G(f_T) \times N_o$, s'étend en une représentation $\tilde{\nu}(f_T)$ du produit semi-direct $G(f_T) \times_s N^s$:

$$\tilde{\nu}(f_T)(h, nz) = \eta(z)\, \nu(f_T)(h, n) \quad (h \in G(f_T),\ n \in N_o,\ z \in Z).$$

$\tilde{\nu}(f_T)$ étend $\nu(f_T)$. Il résulte de la démonstration de l'existence de $\nu(f_T)$ que $\nu(f_T)(z, 1) = 1$ si z est dans Z. Si τ est dans $\tilde{X}(f_T)$, la représentation $\tau \otimes \tilde{\nu}(f_T)$ (resp. $\tau \otimes \nu(f_T)$) du produit semi-direct $G(f_T)_o Z \times N$ (resp. $G(f_T)_o Z \times N_o$) définit par passage au quotient la représentation $\tau \tilde{\otimes} \tilde{\nu}(f_T^s)$ (resp. $\tau \tilde{\otimes} \nu(f_T))^s$ du groupe $G(f_T)_o N$. On a : $\tau \tilde{\otimes} \tilde{\nu}(f_T) = \tau \tilde{\otimes} \nu(f_T)$.

Il existe un ouvert Q de $G(f_T)/N(f_T)$, de complémentaire négligeable et ω une section borélienne de $G(f_T)/N(f_T)$ dans $G(f_T)$ qui vérifient les conditions suivantes :

1) $\omega(\bar{1}) = 1$
2) La restriction de ω à Q est continue.
3) Si K est un compact de $G(f_T)/N(f_T)$, contenu dans $Q \cap G(f_T)_o Z/N(f_T)$, $\omega(k)$ est relativement compact dans $G(f_T)$.

Lemme 6.5

On suppose que l'opérateur $\pi(\varphi)$ est positif pour toute représentation unitaire π de $G(f_T)_o N$ dont la restriction à Z est multiple de η.

i) $\tilde{\rho}(f_T)(\theta)$ est un opérateur positif.

ii) Si $tr\, \tilde{\rho}(f_T)(\theta)$ est finie, $tr[\tilde{\rho}(f_T)(\theta)] = \int_{\tilde{X}(f_T)} tr(\tau \tilde{\otimes} \nu(f_T)(\varphi)\, d\mu_{f_T}(\tau)$

Démonstration

i) $(ind_N^{G(f_T)_o N}\, \tilde{\rho}(f_T))(\varphi)$ est un opérateur défini par le noyau $\int_{N/Z} \Delta(h)^{-1}\, \varphi(gnh^{-1})\, \tilde{\rho}(f_T)(n)\, d\bar{n}$. La restriction de la représentation $(ind_N^{G(f_T)_o N}\, \tilde{\rho}(f_T))$ à Z étant multiple de η, d'après (1, théorème **3.3** p. 105), $\tilde{\rho}(f_T)(\theta)$ est un opérateur positif.

ii) Soit $\overset{\circ}{Q}$ l'image réciproque de Q dans $G(f_T)N$. Il existe une famille finie $\{h_s ; 1 \leq s \leq q\}$ d'éléments de $G(f_T)$ telle que $\bigcup_{s=1}^{q} h_s \overset{\circ}{Q}$ contienne le support de φ et telle que $h_s\,\omega(\bar{h}_s^{-1}) = 1$ pour s dans $\{1,\ldots,q\}$. Soit $\{\varphi_s ; 1 \leq s \leq q\}$ une famille de fonctions de $\mathcal{K}(G(f_T)N, 1_Z)$ (1_Z est le caractère trivial de Z) ($\mathcal{K}(G(f_T)N, 1_Z)$ est défini de manière analogue à $\mathcal{K}(G,\eta)$ (cf. § 1, B)), telle que :

- $\operatorname{supp}(\varphi_s) \subset h_s \overset{\circ}{Q}$ $\quad s = 1,\ldots,q$.
- $\sum_{s=1}^{q} \varphi_s(h) = 1$ si h est dans le support de φ.

Soit $\{\xi_i\}$ (resp. $\{\eta_j\}$) une base orthonormale de l'espace de $\tilde{\nu}(f_T)$ (resp. τ). Posons $\omega_s(\bar{h}) = h_s\,\omega(\bar{h}_s^{-1}\bar{h})$ pour $\bar{h}$ dans $G(f_T)N/N$.

$$\operatorname{tr}(\tau \tilde{\otimes} \nu(f_T))(\varphi) = \sum_{i,j} \int_{G(f_T)_\circ N/Z} \varphi(h) < (\tau \tilde{\otimes} \tilde{\nu}(f_T))(h)(\eta_j \otimes \xi_i).\, \eta_j \otimes \xi_i > d\tilde{h}$$

$$\operatorname{tr}(\tau \tilde{\otimes} \tilde{\nu}(f_T))(\varphi) =$$

$$\sum_{s=1}^{q} \sum_{i,j} \int_{G(f_T)_\circ Z/N(f_T)} < \tau(\omega_s(\bar{h}))\eta_j, \eta_j > \int_{N/Z} (\varphi_s \varphi)(hn)$$
$$< \tilde{\nu}(f_T)(\omega_s(\bar{h}), n_h^s n)\, \xi_i, \xi_i > d\bar{n}\; d\sigma_T(\bar{h})$$

Pour h dans $G(f_T)N$, $h = \omega_s(\bar{h})\, n_h^s$.

Notons $\Omega_{i,s}(\bar{h}) = \int_{N/Z} (\varphi_s\varphi)(hn) < \tilde{\nu}(f_T)(\omega_s(\bar{h}), n_h^s n)\, \xi_i, \xi_i > d\bar{n}$

et posons

$$\tilde{\Omega}_{i,s}(h) = \Omega_{i,s}(\bar{h})\, \tilde{\eta}_f(h^{-1}\omega_s(\bar{h})) \qquad \text{pour } h \text{ dans } G(f_T)_\circ Z.$$

Montrons que les fonctions $\Omega_{i,s}$ et $\tilde{\Omega}_{i,s}$ $(s = 1,\ldots,q)$ sont continues.

Soit s dans $\{1,\ldots,q\}$. Si h est dans $G(f_T)/N(f_T)\backslash(\bar{h}_s Q)$, $\Omega_{i,s}(\bar{h})$ est nul.

Soit $\{\bar{h}_p\}$ une suite de points de $\bar{h}_s\mathbf{Q} \cap G(f_T) \circ Z/N(f_T)$ convergeant vers $\bar{h}$. Si $\bar{h}$ est dans $\bar{h}_s\mathbf{Q}$, $\omega_s(\bar{h}_p)$ converge dans $\omega_s(\bar{h})$ et $\Omega_{i,s}(\bar{h}_p)$ converge vers $\Omega_{i,s}(\bar{h})$.

Supposons que $\bar{h}$ n'est pas dans $\bar{h}_s\mathbf{Q}$. Si α est point d'accumulation de la suite $\{\Omega_{i,s}(\bar{h}_p)\}$, il existe une sous-suite $\{\bar{h}_{p_k}\}$ qui vérifie les deux conditions suivantes :

$$\lim_{k\to+\infty} \omega_s(\bar{h}_{p_k}) = h' \quad (h' \in G(f_T) \circ Z), \quad \lim_{k\to+\infty} \Omega_{i,s}(\bar{h}_{p_k}) = \alpha .$$

$$\Omega_{i,s}(\bar{h}_{p_k}) = \int_{N/Z} (\varphi_s\varphi)(\omega_s(\bar{h}_{p_k})n) < \tilde{\nu}(f_T)(\omega_s(\bar{h}_{p_k}), n)\xi_i, \xi_i > d\bar{n}$$

D'après le théorème de la convergence dominée :

$$\alpha = \int_{N/Z} (\varphi_s\varphi)(h'n) < \tilde{\nu}(f_T)(h', n)\xi_i, \xi_i > d\bar{n} = 0 .$$

Par suite, $\lim_{p\to+\infty} \Omega_{i,s}(\bar{h}_p) = \Omega_{i,s}(\bar{h})$. $\Omega_{i,s}$ est continue.

Soit $\{h_p\}$ une suite de points de $G(f_T) \circ Z$ convergeant vers h.
Si $\bar{h}$ est dans $\mathbf{Q}$, $\omega_s(\bar{h}_p)$ converge vers ω_s et $\lim_{p\to+\infty} \Omega_{i,s}(h_p) = \Omega_{i,s}(h)$
Si $\bar{h}$ n'est pas dans $\mathbf{Q}$, $\Omega_{i,s}(\bar{h}) = 0$ et

$$\lim_{p\to+\infty} |\Omega_{i,s}(\bar{h}_p)\, f(h_p^{-1}\, s(\bar{h}_p))| = \lim_{p\to+\infty} |\Omega_{i,s}(\bar{h}_p)| = |\Omega_{i,s}(\bar{h})| = 0 .$$

Les fonctions $\Omega_{i,s}$ et $\tilde{\Omega}_{i,s}$ $(s = 1, \ldots, q)$ sont donc continues.

L'image K du support de φ dans $G(f_T)N/Z$ est compacte. Si $\bar{h}$ n'est pas dans K, $\Omega_{i,s}(\bar{h}) = 0$ $(s = 1, \ldots, q)$. Le support de $\tilde{\Omega}_{i,s}$ est contenu dans $\overline{\omega(K)}\, N(f_T)$ et $\overline{\omega(K)}$ est compact. Les fonctions $\tilde{\Omega}_{i,s}$ sont donc dans $\mathcal{K}(G(f_T) \circ Z, \tilde{\eta}_{f_T})$.

Posons : $\tilde{\Omega}_i = \sum_{s=1}^{q} \tilde{\Omega}_{i,s}$.

Si σ est une représentation unitaire de $G(f_T) \circ Z$ dont la restriction à $N(f_\Gamma)$ est multiple de $\tilde{\eta}_{f_\Gamma}$ et si ξ est dans l'espace de σ.

$$<\sigma(\tilde{\Omega}_i)\xi, \xi> = \sum_{s=1}^{q} \sigma(\tilde{\Omega}_{i,s})\xi, \xi> = <\sigma\tilde{\otimes}\tilde{\nu}(f_\Gamma)(\varphi)(\xi\otimes\xi_i), \xi\otimes\xi_i>.$$

$\sigma(\tilde{\Omega}_i)$ est donc positif.

$$\sum_{s=1}^{q} \sum_j \int_{G(f_\Gamma)\circ Z/N(f_\Gamma)} \Omega_{i,s}(\bar{h}) < \tau(\omega_s(\bar{h}))\eta_j, \eta_j > d\sigma_\Gamma(\bar{h}) = \operatorname{tr}\tau(\tilde{\Omega}_i).$$

D'après (7, lemme 4.3 p. 471) :

$$\int_{\tilde{X}(f_\Gamma)} \operatorname{tr}\tau(\tilde{\Omega}_i)\, d\mu_{f_\Gamma}(\tau) = \tilde{\Omega}_i(1).$$

Ainsi, $\int_{\tilde{X}(f_\Gamma)} \operatorname{tr}[\tau\tilde{\otimes}\tilde{\nu}(f_\Gamma)(\varphi)]\, d\mu_{f_\Gamma}(\tau) = \sum_i \tilde{\Omega}_i(1)$.

$$\tilde{\Omega}_i(1) = \sum_{s=1}^{q} \int_{N/Z} (\varphi_s\varphi)(n) < \tilde{\rho}(f_\Gamma)(n)\xi_i, \xi_i > d\bar{n} =$$

$$\int_{N/Z} \theta(n) < \tilde{\rho}(f_\Gamma)(n)\xi_i, \xi_i > d\bar{n}$$

donc, $\operatorname{tr}[\tilde{\rho}(f_\Gamma)(\theta)] = \int_{\tilde{X}(f_\Gamma)} \operatorname{tr}[\tau\tilde{\otimes}\nu(f_\Gamma)(\varphi)]\, d\mu_{f_\Gamma}(\tau)$

E)

Si Ω est une orbite de G dans $\mathfrak{g}^*$, $d\chi$ est la mesure de Haar normalisée du groupe compact $\Pi_Z(\Omega)$ (cf. § 3, A).

On note Φ la fonction $l \to \Phi(l) = \Psi(l)^{-1/2}$ sur $\mathfrak{g}^*_\lambda$ (cf. § 5, A).

$\Phi(g^{-1}.l) = \Delta(g)^{-1/2}\Phi(l)$ pour l dans $\mathfrak{g}^*_\lambda$ et g dans G.

Soit Γ dans T (cf. § 5, B, 5, a) tel que Y_Γ soit contenu dans $\mathcal{S}_\lambda$.

Soit φ dans $\mathcal{K}(C, \eta)$ (cf. § 1, B) telle que $\pi(\varphi)$ soit un opérateur positif pour toute représentation π dont la restriction à Z est multiple de η

1) Soient l dans Y_Γ^η (cf. § 5, B), $\Omega = G.l$, $f = l|_{\mathcal{K}}$, $k = l|_{\mathfrak{g}(\Gamma)}$, $\omega = G(\Gamma)_\circ.k$ et $m = l|_{\mathfrak{g}(f)}$.

D'après la proposition **3.1**, il existe un entier n tel que n^2 soit l'indice de $\overline{G(l)}$ dans $G(l)$.

On note A_{Φ}^{χ} le semi-invariant de poids $\Delta^{-1/2}$ pour $\pi(\Omega,\chi)$ $(\chi \in \Pi_Z(\Omega))$ (cf. § 3, B) associé à la restriction de Φ à Ω (cf. § 4). D'après la remarque du § 3, $\pi(\Omega,\chi)$ est quasi-équivalente à $\mathrm{ind}_{H(\Gamma)}^{G} \tau(1,\chi_1)$. La représentation $\rho(m)$ du groupe $G(f)_0$ (cf. § 3, C) se prolonge en une représentation, notée $\tilde{\rho}(m)$, du groupe $ZG(f)_0$ dont la restriction à Z est multiple de η. La représentation $\tilde{\rho}(m) \otimes \nu(f)$ du produit semi-direct $ZG(f)_0 \times_s N_0$ (cf. § 3, C) définit par passage au quotient une représentation $\tilde{\rho}(m) \tilde{\otimes} \nu(f)$ du groupe $G(f)_0 N$. La représentation $\bar{\sigma}(\chi_1) \otimes (\tilde{\rho}(m) \tilde{\otimes} \nu(f))$. $(\chi \in \Pi_Z(\Omega)$ (cf. § 3, remarque) du produit direct $G(1) \times G(f)_0 N$ définit par passage au quotient une représentation, notée $\bar{\sigma}(\chi_1) \tilde{\otimes} (\tilde{\rho}(m) \tilde{\otimes} \nu(f))$, du groupe $H(\Gamma)$ et équivalente à $\tau(1,\chi_1)$.

L'opérateur $A_{\Phi}^{\chi} \pi(\Omega,\chi)(\varphi) A_{\Phi}^{\chi}$ est défini par le noyau :

$$K_\chi(g,g') = \int_{H(\Gamma)/Z} \Delta(g')^{-1} \Phi(g.1) \Phi(g'.1) \varphi(ghg'^{-1}) \tau(1,\chi_1)(h) \, d\tilde{h}$$

($d\tilde{h}$ est la mesure sur $H(\Gamma)/Z$ définie en (§ 5, D, 3))

$K_\chi(g,g)$) est un opérateur positif borné quel que soit g dans G.

D'après (1, proposition 3.1.1 p. 102, théorème 3.3.1 p. 105), la clôture $|A_{\Phi}^{\chi} \pi(\Omega,\chi)(\varphi) A_{\Phi}^{\chi}|$ de $A_{\Phi}^{\chi} \pi(\Omega,\chi)(\varphi) A_{\Phi}^{\chi}$ est traçable si et seulement si

$$\int_{G/H(\Gamma)} \mathrm{tr} K_\chi(g,g) \, d\omega_\Gamma(\tilde{g}) \text{ est fini et}$$

$$\mathrm{tr}\,[\,|A_{\Phi}^{\chi} \pi(\Omega,\chi)(\varphi) A_{\Phi}^{\chi}|\,] = \int_{G/H(\Gamma)} \mathrm{tr} K_\chi(g,g) \, d\omega_\Gamma(\tilde{g})$$

<u>Lemme 7.5</u>

$$1/n \int_{\Pi_Z(\Omega)} \mathrm{tr}\,[\,|A_{\Phi}^{\chi} \pi(\Omega,\chi)(\varphi) A_{\Phi}^{\chi}|\,] \, d\chi =$$

$$\int_{G/H(\Gamma)} \bar{\Psi}_\Gamma(g.\omega)^{-1} \, \mathrm{tr}\Big[\int_{ZG(\Gamma)_0/Z} \varphi(h) \tilde{\rho}(m) \otimes \nu(f)(g^{-1}hg) \, d\tilde{h}\Big] \, d\omega_\Gamma(\tilde{g})$$

Démonstration

D'après le théorème de Fubini :

$$1/n \int_{\Pi_Z(\Omega)} \mathrm{tr}\left[\,|A^{\chi}_{\Phi}\,\pi(\Omega,\chi)(\varphi)\,A^{\chi}_{\Phi}|\,\right] d\chi = 1/n \int_{G/H(\Gamma)} \int_{\Pi_Z(\Omega)} \mathrm{tr}\,K_{\chi}(g,g)\, d\omega_{\Gamma}(\bar{g})$$

Notons $h \to \bar{\bar{h}}$ l'homomorphisme canonique de $H(\Gamma)$ sur $H(\Gamma)/ZH(\Gamma)_0$.

Soit $i \to h_i$ une section de $H(\Gamma)/ZH(\Gamma)_0$ dans $H(\Gamma)$ telle que $h_{\bar{\bar{1}}} = 1$ et $h_i \in G(1)$ pour tout i.

Soient g dans G et φ_g la fonction $h \to \Delta(g)^{-1}\varphi(ghg^{-1})$ sur $H(\Gamma)$.

φ_g est dans $\mathcal{H}(H(\Gamma),\eta)$ ($\mathcal{H}(H(\Gamma),\eta)$ est défini de manière analogue à $\mathcal{H}(G,\eta)$ (cf. § 1, B))

$$\varphi_g = \sum_{i \in H(\Gamma)/ZH(\Gamma)_0} \varphi_i \quad \text{où} \quad \varphi_i(h) = \begin{cases} 0 & \text{si } h \; h_i ZH(\Gamma)_0 \\ \varphi_g(h) & \text{si } h \; h_i ZH(\Gamma)_0 \end{cases}$$

φ_i est dans $\mathcal{H}(H(\Gamma),\eta)$. φ_g étant à support compact modulo Z, il existe une partie finie I de $H(\Gamma)/ZH(\Gamma)_0$ pour laquelle $i \notin I \Rightarrow \varphi_i = 0$.

Pour simplifier les notations, notons τ la représentation $\tilde{\rho}(m) \tilde{\otimes} \nu(f)$.

Soit $\{\xi_j\}$ (resp. $\{\zeta_\nu\}$) une base orthonormale de l'espace de τ (resp. $\bar{\sigma}(\chi_1)$). I étant fini :

$$\int_{H(\Gamma)/Z} \varphi_g(h) < \bar{\sigma}(\chi_1) \tilde{\otimes} \tau(h)(\zeta_\nu \tilde{\otimes} \xi_j), \zeta_\nu \tilde{\otimes} \xi_j > d\tilde{h}$$

$$= \sum_{i \in I} \int_{H(\Gamma)/Z} \varphi_i(h) < \bar{\sigma}(\chi_1) \tilde{\otimes} \tau(h)(\zeta_\nu \tilde{\otimes} \xi_j), \zeta_\nu \tilde{\otimes} \xi_j > d\tilde{h}$$

$$\int_{H(\Gamma)/Z} \varphi_i(h) < \bar{\sigma}(\chi_1) \otimes \tau(h)(\zeta_\nu \otimes \xi_j), \zeta_\nu \otimes \xi_j > d\tilde{h}$$

$$= < \bar{\sigma}(\chi_1)(h_i)\zeta_\nu, \zeta_\nu > \left(\int_{ZH(\Gamma)_0/Z} \varphi_i(h) < \tau(h)\xi_j, \xi_j > d\tilde{h}\right)$$

I étant fini et l'espace de $\bar{\sigma}(\chi_1)$ étant de dimension finie :

$$\int_{\Pi_Z(\Omega)} \mathrm{tr}\left[\tau(1,\chi_1)(\varphi_g)\right] d\chi$$

$$= \left(\sum_j \sum_{i \in I} \int_{ZH(\Gamma)_0/Z} \varphi_i(h) < \tau(h)\xi_j, \xi_j > d\tilde{h}\right) \left(\sum_\nu \int_{\Pi_Z(\Omega)} < \bar{\sigma}(\chi_1)(h_i)\zeta_\nu, \zeta_\nu > d\chi\right)$$

D'après (15, théorème 3.2 p. 468) :

$$\mathrm{tr}((\mathrm{ind}\frac{G(l)}{\overline{G(l)}}\chi_l)(h_i)) = n^2\chi_l(h_i)$$

Il résulte de la démonstration de la proposition 3.1 (i), que :

$$\mathrm{tr}(\overline{\sigma}(\chi_l)(h_i)) = n\chi_l(h_i)$$

Par suite, $\sum_\nu \int_{\Pi_Z(\Omega)} < \overline{\sigma}(\chi_l)(h_i)\zeta_\nu, \zeta_\nu > d\chi = \begin{cases} 0 & \text{si } i = 1 \\ n & \text{si } i = 1 \end{cases}$

$$K_\chi(g,g) = \overline{\Psi}_\Gamma(g.\omega)^{-1}\int_{H(\Gamma)/Z}\varphi_g(h)\tau(l,\chi_l)(h)\, dh$$

Il résulte de ce qui précède que

$$1/n\int_{\Pi_Z(\Omega)}\mathrm{tr}K_\chi(g,g)\, d\chi = \overline{\Psi}_\Gamma(g.\omega)^{-1}\,\mathrm{tr}\,[\int_{ZH(\Gamma)_\circ/Z}\varphi_g(h)\tau(h)\, d\tilde{h}]$$

$$= \overline{\Psi}_\Gamma(g.\omega)^{-1}\,\mathrm{tr}\,[\int_{ZG(\Gamma)_\circ/Z}\varphi(h)\tau(g^{-1}hg)\, d\tilde{h}]$$

$(G(\Gamma)_\circ = H(\Gamma)_\circ)$, d'où le lemme. (c. q. f. d.)

2) On définit $\widetilde{X}(f)$ $(f \in O(\Gamma))$ de manière analogue à $\widetilde{X}(f_\Gamma)$ (cf. § 5, D, 2)
L'application $\tau \to s_\Gamma(f).\tau$ $(h \to \tau(s_\Gamma(f)^{-1}hs_\Gamma(f)))$ définit un isomorphisme borélien de $\widetilde{X}(f_\Gamma)$ sur $\widetilde{X}(f)$ (cf. § 5, C, 2).

Si γ est une orbite de N dans $\mathcal{H}^*_\lambda$, $\rho(\gamma)$ est la représentation du groupe $N_\circ$ associée à γ. On note $\tilde{\rho}(\gamma)$ la représentation du groupe N qui prolonge $\rho(\gamma)$ et dont la restriction à Z est multiple de η.

Soit n l'entier tel que n^2 soit l'indice de $\overline{G(l)}$ dans $G(l)$ pour tout l dans Y_Γ.

On rappelle qu'il existe un isomorphisme borélien P_Γ de Y^η_Γ/G sur X^η_Γ/G (cf. § 5, B, 5, a).

Notons θ (resp. $\overline{\varphi}$) la restriction de φ à N (resp. $G(\Gamma)_\circ Z$).

Lemme 8.5

$$1/n\int_{X^\eta_\Gamma/G}\int_{\Pi_Z(P_\Gamma^{-1}(\omega))}\mathrm{tr}[|A^\chi_\Phi\pi(P_\Gamma^{-1}(\omega),\chi)(\varphi)A^\chi_\Phi|]\, d\chi =$$

$$= \int_\Gamma \mathrm{tr}[\tilde{\rho}(\gamma)(\theta)]\, d\nu_\Gamma(\gamma).$$

Démonstration

L'application $A : (f, \tau) \to tr[(s_\Gamma(f).\tau) \tilde{\otimes} \nu(f))(\bar{\varphi})]$ sur $O(\Gamma) \times \tilde{X}(f_\Gamma)$ est borélienne positive. $A(n.f, \tau) = A(f, \tau)$ pour $\forall$ n dans N. A définit par passage au quotient une application borélienne positive $\bar{A}$ sur $\Gamma \times \tilde{X}(f_\Gamma)$.

L'application $F : (\gamma, \omega) \to \bar{A}(\gamma, \mathcal{J}(\omega))$ est une application borélienne positive sur $\Gamma \times \mathcal{A}_\eta(\Gamma)$ ($\mathcal{J}$ est l'isomorphisme de $\mathcal{A}_\eta(\Gamma)$ sur $\tilde{X}(f_\Gamma)$ défini en (§ 5, D, 2)).

Soient ω une orbite de $G(\Gamma)_\circ$ dans X_Γ^η, k dans ω, $f = k_{|\mathcal{K}}$, $m = k_{|\mathcal{G}(f)}$ et g dans G.

$\Lambda_\Gamma(g.\omega) = (N.(g.f), G(f_\Gamma)_\circ.((s_\Gamma(g.f)^{-1}.k)_{|\mathcal{G}(f_\Gamma)}))$ (cf. § 5, C, 2)

$$F(\Lambda_\Gamma(g,\omega)) = tr[(\tilde{\rho}(g.k_{|\mathcal{G}(g.f)}) \tilde{\otimes} \nu(g.f))(\bar{\varphi})]$$

$$= tr[\int_{ZG(\Gamma)_\circ/Z} \varphi(h)(\tilde{\rho}(m)\tilde{\otimes}\nu(f))(g^{-1}hg)\, d\tilde{h}]$$

D'après le lemme 7.5 :

$$\int_{G/H(\Gamma)} \bar{\Psi}_\Gamma(g.\omega)^{-1} F(\Lambda_\Gamma(g.\omega))\, d\omega_\Gamma(\tilde{g})$$

$$= 1/n \int_{\Pi_Z(P_\Gamma^{-1}(\tau(\omega)))} tr[|A_\Phi^\chi \pi(P_\Gamma^{-1}(\tau(\omega)), \chi)(\varphi) A_\Phi^\chi|]\, d\chi$$

D'après le lemme 5.5 :

$$\iint_{\Gamma \times \mathcal{A}_\eta(\Gamma)} F(\gamma, \omega)\, dm_\Gamma(\omega)\, d\nu_\Gamma(\gamma)$$

$$= \int_{X_\Gamma^\eta/G} \int_{G/H(\Gamma)} \bar{\Psi}_\Gamma(g.\omega)^{-1} F(\Lambda_\Gamma(g.\omega))\, d\omega_\Gamma(\tilde{g})\, d\mu_\Gamma(\tau(\omega))$$

$$F(\gamma, \omega) = tr[\int_{ZG(\Gamma)_\circ/Z} \varphi(h)(\tilde{\rho}(m)\tilde{\otimes}\nu(f_\Gamma))(s_\Gamma(f)^{-1} h s_\Gamma(f))\, d\tilde{h}]$$

$$= tr[\int_{ZG(\Gamma)_\circ/Z} \tilde{\Delta}(s_\Gamma(f))^{-1} \varphi(s_\Gamma(f) h s_\Gamma(f)^{-1})(\tilde{\rho}(m)\tilde{\otimes}\nu(f_\Gamma))(h)\, d\tilde{h}]$$

($f \in \gamma$, $m \in \omega$; $\tilde{\Delta}$ est la fonction modulaire du groupe $\tilde{G}$)

D'après le lemme 6.5 :

$$\int_{\mathcal{A}_\eta(\Gamma)} F(\gamma, \omega)\, dm_\Gamma(\omega) = tr[\tilde{\rho}(\gamma)(\theta)]$$

Par suite :

$$1/n \int_{X_\Gamma^\eta/G} \int_{\Pi_Z(P_\Gamma^{-1}(\omega))} tr[\,|A_\Phi^\chi \pi(P_\Gamma^{-1}(\omega),\chi)(\varphi)A_\Phi^\chi|\,]\; d\chi\, d\mu_\Gamma(\omega) =$$

$$= \int_\Gamma tr[\tilde{\rho}(\gamma)(\theta)]\; d\nu_\Gamma(\gamma)$$

(c. q. f. d.)

THEOREME 2

Les notations sont celles de § 2 ; § 5, B, 3 ; § 3, A ; § 3, B . On suppose $ind_Z^G \eta$ de type I

1) Soit Φ une fonction borélienne positive sur $\mathcal{G}_\gamma^*$ vérifiant la relation $\Phi(g^{-1}.l) = \Delta(g)^{-\frac{1}{2}}\Phi(l)$ pour g dans G et l dans $\mathcal{G}_\gamma^*$. Posons $\Psi = \Phi^{-2}$.

La mesure $\Psi(l)\, d\mu(l)$ sur $\mathcal{G}_\eta^*$ est G-invariante et il existe une mesure unique dm_Ψ sur $\mathcal{G}_\eta^*/G$ telle que l'on ait :

$$\int_{\mathcal{G}_\eta^*} \varphi(l)\Psi(l)\; d\mu(l) = \int_{\mathcal{G}_\eta^*/G} \int_\Omega \varphi(l)\; d\beta_\Omega(l)\; dm_\Psi(\Omega)$$

pour toute fonction borélienne positive φ sur $\mathcal{G}_\eta^*$.

2) Il existe des fonctions Φ comme ci-dessus, qui sont, de plus, presque partout strictement positives.

Si Ω est une orbite contenue dans $\mathcal{E}_\lambda \cap \mathcal{G}_\eta^*$, sur laquelle Φ est positive, on note $A_\Phi^{\chi,\Omega}$ $(\chi \in \Pi_Z(\Omega))$ le semi-invariant de poids $\Delta^{-1/2}$ pour $\pi(\Omega,\chi)$ associé à la restriction de Φ à Ω. (cf. lemme 1.4)

3) Soit Φ une fonction comme ci-dessus presque partout strictement positive.

Notons $d\chi_\Omega$ la mesure de Haar normalisée du groupe compact $\Pi_Z(\Omega)$.

Soit φ une fonction dans $\mathcal{D}(G,\eta)$ (cf. § 1, B)

Pour dm_Ψ-presque tout Ω dans $\mathcal{G}_\eta^*/G$ et pour $d\chi_\Omega$-presque tout χ dans $\Pi_Z(\Omega)$, l'opérateur $A_\Phi^{\chi,\Omega}\pi(\Omega,\chi)(\varphi)A_\Phi^{\chi,\Omega}$ est fermable et sa clôture $|A_{\Phi}^{\chi,\Omega}\pi(\Omega,\chi)(\varphi)A_{\Phi}^{\chi,\Omega}|$ est traçable,

$$\varphi(1) = 1/n \int_{\mathfrak{g}_\eta^*/G} \int_{\Pi_Z(\Omega)} \mathrm{tr}[|A_{\Phi}^{\chi,\Omega}\pi(\Omega,\chi)(\varphi)A_{\Phi}^{\chi,\Omega}|]\, d\chi_\Omega\, dm_\Psi(\Omega)$$

(Pour n, voir § 1 (proposition 3.1 (ii)))

4) $(1/n)(A_{\Phi}^{\chi,\Omega})^2\, d\chi_\Omega\, dm_\Psi(\Omega)$ ne dépend pas de Ψ. C'est la mesure de Plancherel sur $\hat{G}_\eta$. (Espace des classes de représentations irréductibles de G dont la restriction à Z est multiple de η).

Démonstration

1) Si Φ est la fonction définie en (§ 5, E), (1) résulte du lemme 4.5.

Si Φ' est une fonction sur $\mathfrak{g}_\lambda^*$ telle que $\Phi'(g^{-1}.l) = \Delta(g)^{-1/2}\Phi'(l)$ pour l dans $\mathfrak{g}_\lambda^*$ et g dans G et si $\Psi' = (\Phi')^{-2}$, la fonction $l \to \Psi'(l)\Psi(l)^{-1}$ est définie presque partout et constante sur chaque orbite Ω de G dans $\mathfrak{g}_\eta^*$. (Ψ est la fonction définie en (§ 5, A)).

On note $\alpha(\Omega)$ cette constante. La fonction $\Omega \to \alpha(\Omega)$ sur $\mathfrak{g}_\eta^*/G$ est dm_Ψ-mesurable et :

$$\int_{\mathfrak{g}_\eta^*} \varphi(l)\Phi'(l)\, d\mu(l) = \int_{\mathfrak{g}_\eta^*/G} \int_\Omega \varphi(l)\, d\beta_\Omega(l)\alpha(\Omega)\, dm_\Psi(\Omega)$$

pour toute fonction borélienne positive φ sur $\mathfrak{g}_\eta^*$.

2) La fonction Φ définie en (§ 5, E) est presque partout strictement positive.

3) D'après (1, lemme 3.2.3 p. 250), φ est combinaison linéaire de fonctions de la forme

$$\tilde{\varphi}_1(g) = \int_{G/Z} \Delta(g^{-1}g')\varphi_1(g')\overline{\varphi_1(g^{-1}g')}\, d\bar{g}'$$ où φ_1 est dans $\mathcal{K}(G,\eta)$

Il résulte des lemmes 4.5 et 8.5 que

$$1/n \int_{\mathfrak{g}_\eta^*/G} \int_{\Pi_Z(\Omega)} \mathrm{tr}[|A_{\Phi}^{\chi,\Omega}\pi(\Omega,\chi)(\tilde{\varphi}_1)A_{\Phi}^{\chi,\Omega}|]\, d\chi_\Omega\, dm_\Psi(\Omega)$$

$$= \int_{\hat{N}_0,\eta_0} \mathrm{tr}[\tilde{\rho}(\gamma)(\theta_1)]\, dP(\gamma)$$

où θ_1 est la restriction de $\tilde{\varphi}_1$ à N. Si $\tilde{\theta}_1$ est la restriction de $\tilde{\varphi}_1$ à N_o et si φ est dans $\hat{N}_{o,\eta^o}$ $tr[\tilde{\rho}(\gamma)(\theta_1)] = tr[\rho(\gamma)(\tilde{\theta}_1)]$

Donc : $1/n \int_{\mathcal{G}^*_\eta/G} \int_{\Pi_Z(\Omega)} tr[|A_\Phi^{\chi,\Omega}\pi(\Omega,\chi)(\tilde{\varphi}_1)A_\Phi^{\chi,\Omega}|]\, d\chi_\Omega\, dm_\Psi(\Omega) = \theta_1(1)$

Pour dm_Ψ-presque tout Ω dans $\mathcal{G}^*_\eta/G$ et pour $d\chi_\Omega$-presque tout χ dans $\Pi_Z(\Omega)$, l'opérateur $A_\Phi^{\chi,\Omega}\pi(\Omega,\chi)(\varphi)A_\Phi^{\chi,\Omega}$ est fermable et sa clôture $|A_\Phi^{\chi,\Omega}\pi(\Omega,\chi)(\varphi)A_\Phi^{\chi,\Omega}|$ est traçable. Il résulte de ce qui précède que :

$$\varphi(1) = 1/n \int_{\mathcal{G}^*_\eta/G} \int_{\Pi_Z(\Omega)} tr[|A_\Phi^{\chi,\Omega}\pi(\Omega,\chi)(\varphi)A_\Phi^{\chi,\Omega}|]\, d\chi_\Omega\, dm_\Psi(\Omega)$$

4) résulte de (3) et de (théorème 5 p. 23). (c. q. f. d.)

THEOREME 3

Les notations sont celles de § 3, A ; § 3, B.

Soit π une représentation irréductible de G de caractère central η. π est de carré intégrable modulo Z si et seulement s'il existe une G-orbite Ω de $\mathcal{G}^*_\eta$ telle que $G(l)/Z$ soit compact pour l dans Ω, et χ dans $\Pi_Z(\Omega)$ tels que π soit équivalente à $\pi(\Omega,\chi)$.

Démonstration

a) Soit ζ la classe de π. D'après (3, proposition 8 p. 29) π est de carré intégrable modulo Z si et seulement si $\{\zeta\}$ est de mesure strictement positive pour $d\chi_\Omega\, dm_\Psi(\Omega)$ (cf. THEOREME 2).

π est donc de carré intégrable modulo Z si et seulement s'il existe Ω dans $\mathcal{E}_\lambda/G$ et χ dans $\Pi_Z(\Omega)$ qui vérifient les conditions suivantes :

1) π est équivalente à $\pi(\Omega,\chi)$.

2) $m_\Psi(\Omega) > 0$.

3) $ZG(l)_o$ est d'indice fini dans $\overline{G(l)}$, pour tout l dans Ω.

b) Soient Ω dans $\mathcal{G}^*_\eta/G$, χ dans $\Pi_Z(\Omega)$ et l dans Ω. D'après

(13, théorème 1.2 p. 189), il existe une famille libre $\{X_i\}_{1\leq i\leq q}$ de $\mathfrak{g}(l)$ qui vérifie les conditions suivantes :

1) $\{X_i\}_{1\leq i\leq q}$ engendre une sous-algèbre commutative $\mathfrak{a}$.

2) $\mathfrak{a}\cap\mathfrak{z} = \{0\}$.

3) $z\in Z\cap G(l)_o \Rightarrow \exists(X, m_1, \dots, m_q)\in\mathfrak{z}\times Z^q$ tel que

$$z = \exp(X + \sum_{i=1}^{q} m_i X_i).$$

$\mathrm{Exp}(\mathfrak{a}) = A$ est un sous-groupe abélien, connexe, fermé de $G(l)_o$. Soit $\mathfrak{r}$ un sous-espace supplémentaire de $\mathfrak{a} + \mathcal{H}$. Notons V l'espace des formes linéaires sur $\mathfrak{g}$ nulles sur $\mathfrak{r} \oplus \mathcal{H}$ et considérons le groupe de Lie résoluble, connexe, simplement connexe $\mathfrak{G} = G\times V$.

$\mathfrak{G}$ opère dans $\mathfrak{g}^*$ de la manière suivante :

$(g,v).l' = g.l' + v \quad (g\in G, v\in V, l'\in\mathfrak{g}^*)$.

Si (X,v) est dans l'algèbre de Lie du stabilisateur $\mathfrak{G}(l)$ de l, $\exp(\alpha X).l+\alpha v = l$, quel que soit α dans R.

v étant nulle sur $\mathcal{H}$, X_i $(i = 1,\dots,q)$ est dans l'algèbre de Lie du stabilisateur de $\exp(\alpha X).l$.

$\exp[i<\exp(\alpha X).l, X_i>] = \varphi_{\exp(\alpha X).l}(\exp X_i) = \eta(\exp X_i)$ car $\exp(\alpha X).l$ est dans $\mathfrak{g}^*_\eta$ et $\exp X_i$ est dans Z.

De même, $\exp[i<l,X_i>] = \eta(\exp X_i).\ l = \exp(\alpha X).l+\alpha v$ donc : $\exp[i<\alpha v, X_i>] = 1$. Par suite, $<v,X_i> = 0$. v est donc nulle. $\dim\mathfrak{G}(l) = \dim\mathfrak{g}(l)$.

c) Les notations sont celles de (b).

Montrons que $m_\psi(\mathcal{O})$ est strictement positif si et seulement si : $\dim\mathfrak{g}(l) = q+\dim\mathfrak{z}$.

La condition est nécessaire.

D'après § 2, l'orbite $\mathfrak{G}.l$ est de mesure positive pour la mesure dl. $\mathfrak{G}$ est un sous-groupe invariant, fermé du groupe $\tilde{\mathfrak{G}}\times\mathcal{H}^\perp = \tilde{\mathfrak{G}}$. $\tilde{\mathfrak{G}}$ opère dans $\mathfrak{g}^*$ de la manière suivante :

$(g,l').l'' = g.l'' + l' \quad (g\in\tilde{\mathfrak{G}}, l'\in\mathcal{H}^\perp, l''\in\mathfrak{g}^*)$ (On note $\mathcal{H}^\perp$ l'espace des formes linéaires sur $\mathfrak{g}$ nulles sur $\mathcal{H}$).

L'orbite $\tilde{\mathfrak{G}}.l$ est localement fermée dans $\mathfrak{g}^*$ et de mesure positive dans $\mathfrak{g}_\lambda^*$ car $\tilde{\mathfrak{G}}.l \supset \mathfrak{G}.l$. D'après le théorème de Sard, $\tilde{\mathfrak{G}}.l$ est un ouvert de $\mathfrak{g}_\lambda^*$. L'application $\sigma \to \sigma.l$ de $\tilde{\mathfrak{G}}$ dans $\mathfrak{g}_\lambda^*$ définit par passage au quotient un difféomorphisme de $\tilde{\mathfrak{G}}/\tilde{\mathfrak{G}}(l)$ sur $\tilde{\mathfrak{G}}.l$. L'image de $\mathfrak{G}$ dans $\tilde{\mathfrak{G}}/\tilde{\mathfrak{G}}(l)$ par l'application canonique est de mesure positive pour la mesure $\#_*(dl)$, image de la mesure dl sur $\tilde{\mathfrak{G}}.l$ par $\#^{-1}$. $\#_*(dl)$ étant relativement invariante,

$\dim \mathfrak{G} - \dim \mathfrak{G}(l) = \dim \tilde{\mathfrak{G}} - \dim \tilde{\mathfrak{G}}(l)$.

$\dim \tilde{\mathfrak{G}} - \dim \tilde{\mathfrak{G}}(l) = \dim \mathfrak{g}^* - \dim \mathfrak{z}$, donc :

$\dim \mathfrak{G} = \dim \mathfrak{g}^* + \dim \mathfrak{G}(l) - \dim \mathfrak{z}$.

$\dim \mathfrak{G} = \dim \mathfrak{g} + q$. D'après (b), $\dim \mathfrak{G}(l) = \dim \mathfrak{g}(l)$, donc :

$\dim \mathfrak{g}(l) = \dim \mathfrak{z} + q$.

La condition est suffisante.

$\dim \mathfrak{g}(l) = \dim \mathfrak{z} + q \Rightarrow \dim \mathfrak{G} - \dim \mathfrak{G}(l) = \dim \mathfrak{g}^* - \dim \mathfrak{z}$.

D'après le théorème des fonctions implicites, l'orbite $\mathfrak{G}.l$ est ouverte dans $\mathfrak{g}_\lambda^*$. $m_\Psi(\Omega)$ est donc positif d'après § 2.

d) Soient Ω dans $\mathcal{E}_\lambda/G$ et χ dans $\Pi_Z(\Omega)$. Si (Ω,χ) vérifie la condition (a, 2), $G(l)_\circ/Z \cap G(l)_\circ$ est compact, d'après (c). Si, de plus (Ω,χ) vérifie (a, 3), $G(l)/Z$ est compact.

e) Soit Ω une orbite de G dans $\mathfrak{g}_\eta^*$ telle que $G(l)/Z$ soit compact pour l dans Ω. $G(l)/Z$ étant compact, $\overline{G(l)}$ (resp. $ZG(l)_\circ$) est d'indice fini dans $G(l)$ (resp. $\overline{G(l)}$). Avec les notations de (b),

$\dim \mathfrak{g}(l) = \dim \mathfrak{z} + q$.

Montrons que Ω est localement fermée dans $\mathfrak{g}^*$.

$\dim \mathfrak{g}(l) = \dim \mathfrak{z} + q \Rightarrow \mathfrak{g}(l) = \mathfrak{a} \oplus \mathfrak{z}$

$\mathfrak{g}(l)$ est une sous-algèbre commutative.

Notons $\mathfrak{h}$ la sous-algèbre de Lie $\mathfrak{z} \otimes \mathcal{H}$ de $\mathfrak{g}$ et k la restriction de l à $\mathfrak{h}$.

Montrons que la stabilisateur $G(k)$ de k dans G est $G(l)$.

Il est clair que $G(l)$ est contenu dans $G(k)$. Si X est dans l'algèbre de Lie de $G(k)$, pour tout Y dans $\mathfrak{h}$, $\langle k, [X,Y] \rangle = 0$.

Si Y' est dans $\mathfrak{a}$, $\langle l, [X,Y'] \rangle = 0$, car $\mathfrak{a}$ est contenue dans $\mathfrak{g}(l)$. $\mathfrak{g}$ étant égale à $\mathfrak{a} \oplus \mathfrak{h}$, X est dans $\mathfrak{g}(l).\mathfrak{g}(l) = \mathfrak{g}(k)$

Soit h dans $G(k).G(l)_0$ étant un groupe abélien simplement connexe, son application exponentielle est injective. Par suite, $h.X=X$ pour tout X dans $\mathfrak{a}$. h est dans $G(l).G(l) = G(k)$.
D'après (c), l'orbite $\mathfrak{G}.l$ est ouverte dans $\mathfrak{g}_\lambda^*$. L'orbite G.k est égale à la projection de $\mathfrak{G}.l$ sur le dual $\mathfrak{h}^*$ de $\mathfrak{h}$.
G.k est donc localement fermée dans $\mathfrak{h}^*$ et l'application $g \to g.k$ de G dans $\mathfrak{h}^*$ définit par passage au quotient un homéomorphisme de $G/G(l)$ sur G.k.

Soient K un voisinage compact de l dans $\mathfrak{g}_\lambda^*$, contenu dans $\mathfrak{G}.l$; et $\{g_n.l\}$ une suite de points de G.l convergeant vers l'.
Il existe v dans V et g dans G tels que $l' = g.l+v$.
D'après ce qui précède, la suite $\{g^{-1} g_n\}$ converge vers 1 modulo $G(l)$. Il existe une suite $\{h_n\}$ d'éléments de $G(l)$ pour laquelle la suite $\{g^{-1} g_n h_n\}$ est relativement compacte et a ses points d'accumulation dans $G(l)$.

$$v = \lim_{n\to+\infty} (g^{-1} g_n . l - l) = \lim_{n\to+\infty} ((g^{-1} g_n h_n).l - l = 0. \quad l' = g.l.$$

Ω est localement fermée dans $\mathfrak{g}^*$.

D'après (c), $m_\Psi(\Omega)$ est strictement positif.

(c. q. f. d.)

Les théorèmes 2 et 3 généralisent (4, proposition 5.2.4, théorème 5.3.4).

Remarque : On peut calculer le degré formel de π comme conséquence du théorème 2. (15, p. 73).

BIBLIOGRAPHIE

[1] P. BERNAT et AL - Représentations des groupes de Lie résolubles. Dunod 1972.

[2] J. DIXMIER, M. DUFLO, M. VERGNE - Sur la représentation coadjointe d'une algèbre de Lie.

[3] M. DUFLO, C.C. MOORE - On the regular representations of a non-unimodular locally compact group.
(A paraître dans Journal of Funct. Analysis).

[4] - M. DUFLO, M. RAIS - Sur l'analyse harmonique sur les groupes de Lie résolubles. (A paraître)

[5] J. GLIMM - Locally compact transformation groups.
Trans. Amer. Math. Soc. 101 (1961), p. 124-138.

[6] A.A. KIRILLOV - Unitary representations of nilpotent Lie groups.
Russ. Math. Surv. 17 (1962), p. 53-104.

[7] A. KLEPPNER and R.L. LIPSMAN - The Plancherel formula for group extension. - Annales E.N.S. (1972), p. 459-516.

[8] C.C. MOORE - Harmonic Analysis on Homogeneous Spaces.
Proc. of Symposia in pure Math. (XXVI).

[9] L. PUKANSZKY - Unitary representations of solvable Lie groups.
Annales E.N.S. (1971), p. 457-608.

[10] L. PUKANSZKY - The primitive ideal space of solvable Lie groups.
Invent. Math. 22 (1973), p. 75-118.

[11] L. PUKANSZKY - Characters of connected Lie groups.
Acta Math. 133 (1974), p. 81-137.

[12] M. VERGNE - Représentations des groupes de Lie résolubles.
Séminaire Bourbaki (1974).

[13] G. HOCHSCHILD - The structure of Lie groups.
Holden-Day 1965 .

[14] J.Y. CHARBONNEL - La mesure de Plancherel pour les groupes
de Lie résolubles connexes.
C.R. Acad. Sc. Paris , t. 282 (24 Mai 1976) .

[15] J.Y. CHARBONNEL - La mesure de Plancherel pour les groupes
de Lie résolubles connexes.
Thèse 3e Cycle (Université Paris VII - Paris).

Université PARIS VII
U.E.R. de Mathématiques
2 Place Jussieu
75221 PARIS CEDEX 05
FRANCE

ON FINITE GENERATION OF INVARIANTS FOR CERTAIN SUB-ALGEBRAS OF A SEMI-SIMPLE LIE ALGEBRA.

Alain GUILLEMONAT

I - Introduction :

1 - In this paper, we shall call $\underline{G}$ a semi-simple Lie Algebra over $\mathbb{C}$ the field of complex numbers, (or over an algebraically closed field of zero characteristic). We choose $\underline{H}$ a Cartan sub-algebra of $\underline{G}$, fix an order on the dual of $\underline{H}$ and call Δ and Δ^+ she set of roots and positive roots of $\underline{G}$

If (Π, V) is a finite dimensional representation of $\underline{G}$, we write $(\Pi, S(V))$ for its extension to $S(V)$, the symmetric algebra over V.

2 - $\underline{S}$ is a sub-algebra of $\underline{G}$, $S(V)^{\underline{S}}$ will be the sub-algebra of $\underline{S}$-invariants in $S(V)$. We shall say that $\underline{S}$ verifies the (F) condition if for each representation (Π, V), $S(V)^{\underline{S}}$ is finitely generated.

3 - The main theorem of this paper reads as follows. Let $\underline{S}'$ be the normalizer of $\underline{S}$ in $\underline{G}$; if in each finite dimensional irreducible representation of $\underline{G}$, the representation of $\underline{S}'$ in the space of $\underline{S}$- invariant vectors is irreducible, then $\underline{S}$ verifies (F).
So, we generalize a result of G. HOCHSCHILD and G.MOSTOW in [1] and of F.GROSSHANS in [2] over the nilpotent radicals of parabolic sub-algebras.

4 - We obtain a particular case of the preceding theorem when the sub-algebra $\underline{S}$ is such that in each finite dimensional irreducible representation of $\underline{G}$ there is at most a non-zero $\underline{S}$-invariant vector.

5 - If $\underline{B}$ is a Borel sub-algebra of $\underline{G}$ so will be $\underline{S}$ if :

$$\underline{B} + \underline{S} = \underline{G}$$

by a classical argument.

6 - As another example, we can look at a Cartan decomposition of a real form $\underline{G}_o$ of $\underline{G}$

$$\underline{G}_o = \underline{U}_o + \underline{P}_o$$

We know then that in each irreducible finite dimensional representation of $\underline{G}$ there is at most on non-zero invariant vector.

If $\underline{H}_1$ and $\underline{N}_1$ are respectively a Cartan Sub -algebra of the complexification $\underline{U}$ of $\underline{U}_o$, and the maximal nilpotent sub-algebra corresponding to the positive roots of $\underline{U}$ for a given order on the dual of $\underline{H}_1$ then for each algebra in $\underline{G}$ containing $\underline{S}_1 = \underline{H}_1 + \underline{N}_1$ the (F) condition will be verified.

II - Generators of $S(V)^{\underline{S}}$:

1 - We suppose presently that $\underline{S}$ is only a sub-algebra of $\underline{G}$. Let Ξ be the subset of the dominants weights of the irreducible finite dimensional representations of $\underline{G}$ which contain a non-zero $\underline{S}$ invariant vector.

2 - Lemma 1

Ξ is an additive semi-group.

Let λ, $\mu \in \Xi$, (Π_λ, V_λ), (Π_μ, V_μ) corresponding irreducible representations, v_λ, v_μ two non zero $\underline{S}$ invariants vectors belonging to V_λ and V_μ respectively.

Let $(\Pi, V) = (\Pi_\lambda \otimes \Pi_\mu, V_\lambda \otimes V_\mu)$ be the tensoriel product of (Π_λ, V_λ) and (Π_μ, V_μ). So (Π, V) contains one and only one irreducible representation $(\Pi_{\lambda+\mu}, V_{\lambda+\mu})$ with dominant weight $\lambda + \mu$.

Let V' the $\underline{G}$-stable supplementary of $V_{\lambda+\mu}$ in V. $v = v_\lambda \otimes v_\mu$ is $\underline{S}$-invariant and so is its projection along V' on $V_{\lambda+\mu}$. It is sufficient to show that $v_\lambda \otimes v_\mu \notin V'$.

3 - More generally, let $(\Pi_{\lambda_1}, V_1), \ldots, (\Pi_{\lambda_p}, V_p)$ be p irreducible $\underline{G}$-representations of dominant weights $\lambda_1, \ldots, \lambda_p$. Let for $1 \leq i \leq p$, $v_{\lambda_i} \in V_{\lambda_i}$, $v_{\lambda_i} \neq 0$. Let $(\Pi, V) = (\Pi_{\lambda_1} \otimes \ldots \otimes \Pi_{\lambda_p}, V_{\lambda_1} \otimes \ldots \otimes V_{\lambda_p})$ be their tensoriel product. Let $(\Pi_\lambda\ V_\lambda)$, $\lambda = \sum_{i=1}^{p} \lambda_i$, be the irreducible sub-representation of (Π, V) and of dominant weight λ, V' the $\underline{G}$-stable supplementary sub-space of V_λ in V. Then :

Lemma 2

$v = v_{\lambda_1} \otimes \ldots \otimes v_{\lambda_p} \notin V'$

If it is not v is a sum of weight vectors for $\underline{H}$ in V'. The highest weight-vector of them is $v' = v'_{\lambda_1} \otimes \ldots \otimes v'_{\lambda_p}$, where $v'_{\lambda_i} \in V_{\lambda_i}$ is a highest weight composant of v_{λ_i} in V_{λ_i} and it is enough to show that :

$\Pi \overset{p}{\underset{\lambda_1}{\otimes}} v'_{\lambda_i} = v' \notin V'$.

If v' is not a dominant-vector, let X_α , $\alpha \in \Delta_+$, an α - weight vector in $\underline{G}$ such that $X_\alpha v \neq 0$. Let $q_1, \ldots, q_p$ be the highest integers such that : $X_\alpha^{q_1} v'_{\lambda_1} \neq 0, \ldots, X_\alpha^{q_p} v'_{\alpha_p} \neq 0$. Then $X_\alpha^{q_1+\ldots+q_p}$ v' is not zero and proportional to the vector : $X_\alpha^{q_1} v'_{\lambda_1} \otimes \ldots\ldots \otimes X_\alpha^{q_p} v'_{\lambda_p} \neq 0$ which belongs to V' , is a weight vector, this weight being strictly higher than the weight of v.

By this way, it is possible to find :

$w = w_1 \otimes \ldots \otimes w_p$, $w_i \neq 0$, $w_i \in V_{\lambda_i}$ for $1 \leq i \leq p$ such that $w \in V'$ and X_α $w = 0$ for each $\alpha \in \Delta_+$.

But then w_i is a dominant weight-vector for V_{λ_i}, which is a contradiction .

4 - Let us prove now the following result :

Proposition 3

If $\underline{S}$ verifies the (F)-condition then the Ξ semi-group is finitely generated.

Proof: Let $(\Pi_{\lambda_1}, V_{\lambda_1}), \ldots, (\Pi_{\lambda_n}, V_{\lambda_n})$ be the fondamental irreducible finite dimensional representations of $\underline{G}$ with dominant weights $\lambda_1, \ldots, \lambda_n$, and $(\Pi , V) = (\Pi_1 \oplus \ldots \oplus \Pi_n, V_1 \oplus \ldots \oplus V_n)$ their direct sum ; denote $(\Pi, S(V))$ the extension of Π to the symmetric algebra $S(V)$ of V . We write $S(V)_{m_1,\ldots m_n}$ for the homogeneo composant of $S(V)$ of degrees m_i ,

$1 \leq i \leq n$, in the V_{λ_i} - éléments. In $S(V)_{m_1,\dots,m_n}$ there is one and only one irreducible representation, with highest weight $\sum_{i=1}^{n} m_i \lambda_i$.

Let $V'_{m_1,\dots,m_n}$ be its $\underline{G}$-stable supplementary sub-space in $S(V)_{m_1,\dots,m_n}$. Then, $I = \sum_{m_1,\dots,m_n \in \mathbb{N}} V'_{m_1,\dots,m_n}$ is a $\underline{G}$-stable sub-space of $S(V)$ and in fact, according to lemma 2, a prime ideal of $S(V)$.

Let $\underline{A}$ be the algebra $S(V) / I$

Then for a given sequence $(m_1,\dots m_n)$ of positive integers there is one and only one irreducible finite dimensional sub-representation of $\underline{G}$ in $\underline{A}$, with dominant weight $\sum_{i=1}^{n} m_i \lambda_i$.

On the other hand, $S(V)^{\underline{S}}$ is finitely generated and so it is for the sub-algebra $A^{\underline{S}}$ of the $\underline{S}$-invariants vectors of $\underline{A}$. It is possible to suppose that the generators of $A^{\underline{S}}$ are $p_1,\dots,p_\ell$, $\ell \in \mathbb{N}$, where $p_i \neq 0$ belongs to the irreducible representation of dominant weight ν_i and dominant vectors v_i . If ν is a dominant weight and if the corresponding representation of $\underline{A}$ contains a non-zero $\underline{S}$-invariant vector, it contains an element of the form $p_1^{k_1} \dots p^{k_\ell}$, $k_i \in \mathbb{N}$, $1 \leq i \leq \ell$ and too $v_1^{k_1} \dots v_\ell^{k_\ell}$, so $\nu = \sum_{i=1}^{\ell} k_i \nu_i$

Q. E. D

5 - Let now Σ be a sub-semi-group of the semi-group of the dominant weights of the finite dimensional irreducible $\underline{G}$-representations, let us suppose that Σ is generated by $\nu_1,\dots,\nu_\ell$, $\ell \in \mathbb{N}$.

If $\underline{N}_+$ is the maximal nilpotent sub-algebra of $\underline{G}$, corresponding to the positive weight vectors of $\underline{G}$; G. MOSTOW and G. HOCHSCHILD proved as F. GROSSHANS (see [1] and [2]) that $S(V)^{\underline{N}_+}$ was finitely generated.

It is obvious that each $\underline{N}+$ -invariant is a linear combination of $\underline{N}+$ -invariants which are too, weight-vectors for $\underline{H}$. If we look at those $\underline{N}+$ -invariants in $S(V)$ which are linear combinations of weight-vectors for $\underline{H}$, the corresponding weights belonging to Σ, we obtain a sub-algebra of $S(V)^{\underline{N}+}$: $S(V)^{\underline{N}+,\Sigma}$.

6 - Let us first prove.

Proposition 4

$S(V)^{\underline{N}+,\Sigma}$ is finitely generated.

Proof :

Let Σ' be the semi-group generated by $\nu_1',\ldots,\nu_\ell'$, the dominated weights of the irreducible contragredient representations of those corresponding to $\nu_1,\ldots,\nu_\ell$.

Let $(\Pi_1, V_1),\ldots,(\Pi_\ell, V_\ell)$ be the irreducible representations corresponding to $\nu_1',\ldots,\nu_\ell'$, $v_1,\ldots,v_\ell$ non-zero dominated vectors of them.

Let $(w, W) = (\Pi_1 \oplus\ldots\oplus \Pi_\ell, V_1 \oplus\ldots\oplus V_\ell)$ be their direct sum. Let $(\Pi', V') = (\Pi \oplus w, V \oplus W)$; $(\Pi', S(V'))$ be the extension of Π' to $S(V')$. $S(V)$ can be viewed in a obvious way as a sub-algebra of $S(V')$, let $p_1,\ldots,p_k$ be the generators of $S(V)^{\underline{N}+}$ each of which being an $\underline{H}$ weight vector. Let Ω be the algebra-generated by $p_1,\ldots,p_k$, $v_1,\ldots,v_\ell$. Ω is $\underline{H}$ stable and the sub-algebra $\Omega^{\underline{H}}$ of $\underline{H}$ invariant vectors in Ω is finitely generated, the generators of which $q_1,\ldots,q_p$, $(p \in \mathbb{N})$, can be choosen of the form :

$$q_i = p_1^{m_1^i}\ldots p_k^{m_k^i}\; v_1^{n_1^i}\ldots v_\ell^{n_\ell^i}$$

Here, the weight of $p_1^{m_1^i}\ldots p_k^{m_k^i}$ is in Σ.

Let v belonging to $S(V)^{\underline{N}+,\Sigma}$, v being an $\underline{H}$ weight-vector of weight λ belonging to Σ, then there exists a sequence of integers

$\beta_1,\ldots,\beta_\ell$ such that $v \,.\, v_1^{\beta_1} \ldots\ldots v_\ell^{\beta_\ell}$ belongs to $\Omega^{\underline{H}}$ and thus is a polynomial in the (q_j) $1 \leq j \leq p$ and v is a polynomial in the

$$p_1^{m_1^i}, \ldots, p_k^{m_k^i}$$

which are generators of $S(V)^{\underline{N}^+,\Sigma}$.

Q. E. D

7 - Let $\underline{S}$ be a sub-algebra of $\underline{G}$, S' its normalisator in $\underline{G}$. We suppose S' verifies the following property : In each irreducible finite-dimensional representation of $\underline{G}$, S' operates irreducibly in the sub-space of the $\underline{S}$ - invariant elements.

Let Ξ be the semi-group of the dominant weights of the irreducible finite dimensional representations of $\underline{G}$-containing a non-zero $\underline{S}$-invariant vector.

8 - Theoreme 5

The two following propositions are equivalent :

(i) $\underline{S}$ verifies (F)

(ii) Ξ is finitely generated.

Proof

The implication (i) ⇒ (ii) is already proved.

So let us suppose that (ii) is verified and prove (i). Let in $S(V)$, $v_1,\ldots v_h$ $h \in \mathbb{N}$, be generators of $(S(V)^{\underline{N}^+,\Xi}$. We can suppose them homogeneous and weight-vectors for H.

Let $(\Pi_1, V_1), \ldots, (\Pi_h, V_h)$ be the $\underline{G}$ - irreducible representations of $S(V)$ generated by $v_1, \ldots, v_h$. We will show that if we choose $\omega_1, \ldots, \omega_K$, $K \in \mathbb{N}$ a basis of the sub-space of the $\underline{S}$-invariants of $V_1 \oplus \ldots \oplus V_h$ then actually they are generators of $S(V)^{\underline{S}}$.

For this, we have to show that in each $S(V)_N$, $N \in \mathbb{N}$, the homogeneous composant of degree N of S(V) all $\underline{S}$ -invariants vectors are polynomials in the $\omega_1, \ldots, \omega_K$.

We shall prove this by induction on the order of the dominant weight vectors, of the irreducible sub-representations of $S(V)_N$, belonging to Ξ .

Let λ_o be the smallest. We can take as a basis of the dominant vectors of the irreducible representations of $S(V)_N$ of dominant weight λ_o products of $v_1, \ldots, v_h$; let $v_1^{m_1} \ldots v_h^{m_h}$ be some of these, $m_i \in \mathbb{N}$ for $1 \leq i \leq h$.

It generates the representation $V^{m_1, \ldots, m_h}$, it is the only one irreducible representation of dominant weight λ_o of the sub-space of $S(V)_N : S(V_1)_{m_1} \times \ldots \times S(V_h)_{m_h}$

All the other sub-representations of this sub-space do not contain any non-zero $\underline{S}$-invariant vector , being of highest weight smaller than λ_o.

Thus : $S(V_1^{\underline{S}})_{m_1} \times \ldots \times S(V_h^{\underline{S}})_{m_h} \subset (V^{m_1, \ldots, m_h})^{\underline{S}}$

and as it is non zero and $\underline{S}'$ -stable, we have in fact, the equality .

Now, if $\lambda \in \Xi$ is a dominant weight of an irreducible representation of $S(V)_N$ such that for each dominant weight $\xi < \lambda$, in each irreducible representation of $S(V)_N$ of dominant weight ξ , all the $\underline{S}$ - invariant vectors

are polynomials in $\omega_1, \ldots, \omega_K$. Let us show that it is the same for all the irreducible representations of dominant weights $\leq \lambda$ in $S(V)_N$.
We take as a basis of the space of dominant weight-vectors of weight λ is products of the form $v_1^{p_1} \times \ldots \times v_h^{p_h}$, $p_i \in \mathbb{N}$ for $1 \leq i \leq h$.

Let $V_1^{p_1, \ldots, p_h}$ the irreducible representation generated by $v_1^{p_1} \times \ldots \times v_h^{p_h}$. We have :

$$V^{p_1, \ldots, p_h} \subset S(V_1)_{p_1} \times \ldots \times S(V_h)_{p_h}$$

On the other hand in $S(V_1)_{p_1} \times \ldots \times S(V_h)_{p_h}$ the $\underline{G}$- stable supplementary subspace of $V^{p_1, \ldots, p_h}$, $V'^{p_1, \ldots, p_h}$, is a direct sum of G-irreducible representations of dominant weights strictly smaller than λ an thus all their $\underline{S}$- invariant vectors are polynomial in $\omega_1, \ldots, \omega_K$. Thus let for each $1 \leq i \leq h$, $\omega_i' \in V_i$ a non-zero $\underline{S}$-invariant vector ; then :

$$\omega_1'^{p_1} \times \ldots \times \omega_h'^{p_h} \in S(V_1^{\underline{S}})_{p_1} \times \ldots \times S(V_h^{\underline{S}})_{p_h}.$$

We have :

$$\omega_1'^{p_1} \times \ldots \times \omega_h'^{p_h} = \omega + \omega' \quad \text{where :}$$

$\omega \in (V^{p_1, \ldots, p_h})^{\underline{S}}$ and is not zero and

$\omega' \in (V'^{p_1, \ldots, p_h})^{\underline{S}}$.

So, ω is a polynomial in $\omega_1, \ldots, \omega_K$ and so is of each element of $(V^{p_1, \ldots, p_h})^{\underline{S}}$.

Q. E. D

III - Existence of a finite set of generators

1- Now we look at the (ii) -condition of theorem II-5

Proposition 1

Under the assumptions of theorem II-5, the condition (ii) is always verified.

Proof

Let us prove first the following fact : each semi-simple Levi-factor of $\underline{S}'$ acts in reducibly in the $\underline{S}$-invariant vectors of each $\underline{G}$-irreducible finite representation .

Let $\underline{S}' = \underline{S}_1 \oplus \underline{R}_1$ where $\underline{R}_1$ is the radical and $\underline{S}_1$ a semi-simple Levi factor of $\underline{S}'$. Let (Π , V) be a $\underline{G}$-finite irreducible representation of $\underline{G}$. Let V' be the sub-space of V of $\underline{S}$ - invariant vectors . So $\underline{S}'$ acts in V', there is at least in V' one non zero vector v_1 semi-invariant of weight λ under the action of $\underline{R}_1$. If V'_λ isthe sub-space of V' of the vectors semi-invariant under $\underline{R}_1$ of weight λ then it follows that V'_λ is $\underline{S}_1$-stable so if $\underline{S}_1 \neq \{0\}$ it acts irreducibly in $V'_\lambda = V'$ and if $\underline{S}_1 = \{0\}$ $V'_\lambda = V'$ is one-dimensional .

2 - Choose now in the first case $(\underline{S}_1 \neq \{0\})$ a Cartan sub-algebra $\underline{H}_1$ of $\underline{S}_1$ and fix an order on the dual of $\underline{H}_1$ so we can speak of dominant weights and vectors for the $\underline{S}_1$ finite dimensional representations.

Let us consider as in Proposition 3 the $\underline{G}$-representations ((Π_{λ_i} , V_i) , $1 \leq i \leq n$; $(\Pi , S(V))$, the ideal I and the algebra $\underline{A} = S(V)/_I$. We recall the two following properties : the ideal I is prime and the algebra $\underline{A}$ contains one and only one each $\underline{G}$-irreducible finite dimensional representation. More in $\underline{A}$ the space of the products of elements of two irreducible representations is under the action of $\underline{G}$, irreducible.

Is is easy to see that there is a finite set of $\underline{G}$-irreducible representations in $\underline{A}$: (w_i , W_i) , $1 \leq i \leq p$ of dominant weights $\mu_1, \ldots, \mu_p$, each of them containing a non-zero $\underline{S}$-invariant vector so that each

$\underline{G}$-irreducible representation containing a non-zero $\underline{S}$-invariant vector has dominant weight $\mu = \sum_{i=1}^{q} m_i \mu_i$ where for $1 \leq i \leq q$ $m_i \in \mathbb{Z}$. In the case $\underline{S}_1 \neq \{0\}$, we choose in such a representation a non zero dominant vector in the sub-space of $\underline{S}$-invariants, in the case $\underline{S}_1 = \{0\}$ we choose only in the same sub-space a non-zero vector in both cases we call it a $\underline{S}_1$-dominant vector.

In each representation (w_i, W_i) we call w_i for $1 \leq i \leq p$ this $\underline{S}_1$-dominant vector. We call $\underline{v}$ the $\underline{S}_1$-dominant vector in the irreducible representation of $\underline{A}$ of dominant weight μ.

So there are two nominials in the w_i, $1 \leq i \leq p$, v_1 and v_2 such that $v_1 v = v_2$.

Now the elements of $\underline{A}$ can be viewed as functions on the algebraic subset of the dual of V determined by the ideal I, let z_o be a point of this sub-space such that :

$$\prod_{i=1}^{p} w_i (z_o) \neq 0$$

If G is the connected simply connected group corresponding to $\underline{G}$ the functions on G : $(g\, w_i)(z_o)$ for $1 \leq i \leq p$ are elements of the ring of $\underline{G}$- finite functions on G which is in fact a unique factorisation domain (1). Thus each $(g.w_i)(z_o)$ factors uniquely for $1 \leq i \leq p$.

Let $c_1(g), \ldots, c_m(g)$ these prime factors. Let us first show that these factors are $\underline{S}$-right semi-invariant.

---

(1) We are indebted to Professeur DEMAZURE for the communication of this fact.

Let $G_\circ$ be the sub-group of G of Lie algebra $\underline{S}$, and $g_\circ \in G_\circ$

If $w_i = c_1^{n_1^i} \times \ldots \times c_m^{n_m^i}$ where $n_j^i \in \mathbb{N}$ for $1 \leq i, j \leq m$ then :

$$w_i(g) = w_i\,(g\,g_\circ) = c_1^{n_1^i}\,(g\,g_\circ) \times \ldots \times c_m^{n_m^i}\,(g\,g_\circ)\,.$$

But if $c_i(g)$, $1 \leq i \leq m$ is prime so it is of $c_i(g g_\circ)$. So there is for each $g_\circ \in G_\circ$ a permutation $\Pi_{g_\circ}$ of $[1, 2, \ldots, m]$ such that $c_i(g g_\circ) = \lambda\,(g_\circ)\; c_{\Pi_{g_\circ}(i)}\,(g)$, $\lambda\,(g_\circ) \in \mathbb{C}$. And if $(g_n)_{n \in \mathbb{N}}$ is a sequence of $G_\circ$ with limit $g_\circ$ then :

$$c_i(g\,g_n) = \lambda\,(g_n)\;\; c\,\Pi_{g_n}(i)\,(g)\;;\; \lambda\,(g_n) \in \mathbb{C}$$

But for a suitable sub-sequence of $(g_n)_{n \in \mathbb{N}}$: $(g_{n_k})_{k \in \mathbb{N}}$, the $\Pi_{g_{n_k}}$ are equal to some permutation Π so by continuity :

$c_i(g g_\circ) = \lambda\;\; c_{\Pi(i)}\,(g)$ when $\lambda \in \mathbb{C}$. So $\Pi = \Pi_{g_\circ}$ and $\Pi_{g_\circ} = \Pi_{g_n}$ except for a finite set of values of n . It then follows easily that $\Pi_{g_\circ}$ for each $g_\circ \in G_\circ$ is the identity. So the c_i , $1 \leq i \leq n$, are $\underline{S}$-right semi invariant.

Let now $G_1 \ldots G_n$ n copies of G and consider the ring over $\mathbb{C}$ generated by the functions $c_i\,(g_i)$ when $g_i \in G_i$, for $1 \leq i \leq n$.
It is a polynomial ring. The group $\widetilde{G}_\circ$:

$$\widetilde{G}_\circ = \{ \quad (h, \ldots h) \in G_1 \times \ldots \times G_n \quad h \in G_\circ \}$$

acts on the right on the precedent ring .

The ideal of $\widetilde{G}_\circ$ - invariants is finitely generated and by a classical argument its generators are generators of all the $\widetilde{G}_\circ$ -invariants.

So it is clear that there are a finite set of monomials in the c_i , $1 \leq i \leq n$: $d_1, \ldots, d_\ell$ which are $G_\circ$ invariants on the right and such that each monomial in the c_i , $1 \leq i \leq n$ right - invariant under

G_o is a monomial in the d_J $1 \leq J \leq \ell$.

But, so it is of the G-finite function $(g\, v\,)\, z_o)$.

Now G acts on the right on each d_J and generates a finite dimensionnal G-representation, each irreducible G sub-representation of which containing a non zero S-invariant vector.

If $(X_{\alpha_i})_{\alpha_i} \in \Delta^+$, $i \in [1, 2, \ldots k]$ are the positives roots vectors of G where $0 < \alpha_1 < \ldots < \alpha_k$; for each d_J let m_1^J the greatest integer such that $X_{\alpha_1}^{m_1^J} d_J \neq 0$ where g acts on the right, let n_2^J the greatest integer such that $X_{\alpha_2}^{m_2^J} X_{\alpha_1}^{m_1^J} d_J \neq 0$ ... iterating we find a G-finite function d'_J such that $X_\alpha d'_J = 0$ for each $\alpha \in \Delta^+$, $1 \leq J \leq \ell$. Each d'_J is a linear combination of dominant weight-vectors for the G-right-action generating an irreducible G-representation containing a non-zero $\underline{S}$-invariant vector.

But finally the dominant vector for the G irreducible representation generated by $(g\, v)\, (z_o)$ is a monomial in the d'_J , $1 \leq J \leq \ell$; as it can be seen proceeding as above.

Thus its dominant weight is a linear combination with positive integers into the dominant weights of the weight-composants of the d'_J . And Ξ is finitely generated.

3 - Theorem 6

Under the assumptions of theorem 5, $\underline{S}$ verifies (F)

BIBLIOGRAPHY

[1] Unipotents groups in Invariant Theory .
G. HOCHSCHILD and G.B MOSTOW - Proc.Nat. Acad.Sci. U.S.A
Vol 70, n° 3 1973 - pp. 646-648

[2] Observable groups and Hilbert's fourteenth problem .
F. GROSSHANS American Journal of Mathematicals, vol.95,
number 1 1973 - p.229

[3] Séminaire Sophus-Lie 1954 - 1955

Université d'AIX-MARSEILLE I
U.E.R. de Mathématiques
Place Victor Hugo
13331 MARSEILLE CEDEX 3
FRANCE

GENERIC REPRESENTATIONS

Hervé Jacquet

§0 Introduction

Let F be a local field, archimedean or not. Denote by G_r the group $GL(r,F)$ and by P_r the subgroup of matrices of the form

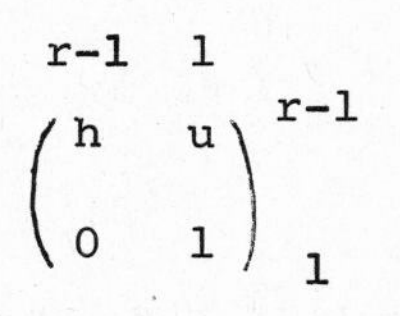

$$\begin{pmatrix} h & u \\ 0 & 1 \end{pmatrix} \begin{matrix} r-1 \\ 1 \end{matrix}$$

by N_r the group of upper-triangular matrices with diagonal entries equal to one.

Choose a non-trivial additive character ψ of F. A character θ_r of N_r is said to be generic if it has the form

$$\theta_r(n) = \prod \psi(a_i n_{i,i+1}), \quad 1 \leq i \leq r-1$$

with $a_i \neq 0$. (The first index is the row index.) Let $\mathcal{T}_r$ be the representation of P_r induced by θ_r. Here we consider only <u>unitary</u> representations, and the notion of induced representation is the one of Mackey. We write

$$\mathcal{T}_r = I\,(P_r, N_r; \theta_r)$$

and use the same notation for any induced representation. Now $\mathcal{T}_r$ is irreducible and its class does not depend on θ_r so long as θ_r is generic. Thus, we may, and will, assume $a_i = 1$.

We say that a unitary representation π of G_r is generic if $\pi | P_r$ is a multiple of $\mathcal{T}_r$ or, otherwise said, is isotypic of type $\mathcal{T}_r$; if π is irreducible that amounts to saying that $\pi | P_r$ is equivalent to $\mathcal{T}_r$.

This condition first appeared in [1] and [3] as a convenient tool to show that some induced representations are irreducible. Today the result of [4] gives a heuristic explanation for the success of this method: the regular representation of P_r is isotypic of type $\mathcal{T}_r$. It follows that the regular representation of G_r is generic; thus all of the dual of G_r consists of "generic representations" -- all but a set negligible for the Plancherel measure. On the other hand Shalika and I encountered the same condition in a different context: the local components of a "cuspidal automorphic representation" should be generic.

Since the proofs of the facts we needed are rather simple and even elegant, I thought that it would not be completely useless to make them available. Of course, I do not make any claim of originality! On the contrary, I would like to emphasize that [1], [3], and [4] contain already most of the ideas used here. Furthermore, so many authors have written on the subject, especially in the p-adic case, that I will not even attempt to list them, for fear of leaving one out.

§1. Representations of P_r

Denote by V_r the subgroup of matrices $p \in P_r$ for which $h = 1_{r-1}$. Identify G_{r-1} to a subgroup of P_r through the map

$$h \mapsto \begin{pmatrix} h & 0 \\ 0 & 1 \end{pmatrix} .$$

Then P_r is the semi-direct product of G_{r-1} and $V_r \simeq F^{r-1}$. The groups G_{r-1} and P_r operate on V_r and its dual-group $\hat{V}_r$. Let η_r be the restriction of θ_r to V_r. Then the fixator of η_r in P_r is the subgroup $P_{r-1}V_r$. Thus if σ is an irreducible representation of P_{r-1} the representation $\sigma \cdot \eta_r$ of $P_{r-1}V_r$ induces an irreducible representation π of P_r. If we take $\sigma = \mathcal{T}_{r-1}$ then π is also the representation induced by the character $\theta_{r-1} \cdot \eta_r = \theta_r$ of $N_{r-1} \cdot V_r = N_r$; that is to say, $\pi = \mathcal{T}_r$. Thus, by induction on r, we see that $\mathcal{T}_r$ is irreducible.

On the other hand, $\hat{V}_r$ is the union of the orbit of η_r under G_{r-1}, and the orbit reduced to the trivial character. From Mackey's machinery we get the first assertion of the following lemma:

Lemma 1.1

(1) Let μ be a representation of G_{r-1}. Then the representation

$$\xi = I(P_r, G_{r-1}; \mu)$$

is a subrepresentation of

$$\pi = I(P_r, P_{r-1}U_r; \mu \mid P_{r-1} \cdot \eta_r) \, .$$

(2) If $\mu \mid P_{r-1}$ is equivalent to $\mathcal{T}_{r-1}$ then ξ is equivalent to $\mathcal{T}_r$.

(3) If μ is generic, that is, if $\mu \mid P_{r-1}$ is isotypic of type $\mathcal{T}_{r-1}$, then ξ is isotypic of type $\mathcal{T}_r$.

Proof We have only to prove (2) and (3). If $\mu \mid P_{r-1} \simeq \mathcal{T}_{r-1}$ then, as we have already observed, $\pi \simeq \mathcal{T}_r$. Since ξ is contained in π we find $\xi \simeq \mathcal{T}_r$. If we assume only $\mu \mid P_{r-1}$ is a multiple of $\mathcal{T}_{r-1}$ we find that π is isotypic of type $\mathcal{T}_r$. Since ξ is contained in π we find that ξ is also isotypic of type $\mathcal{T}_r$. Q.E.D.

Theorem (1.2) ([4])

(1) The right regular representation $\rho(P_r)$ of P_r is isotypic of type $\mathcal{T}_r$.

(2) The right regular representation $\rho(G_r)$ of G_r is generic.

Proof Since G_r/P_r has a measurable section it is clear that $\rho(G_r) \mid P_r$ is multiple of $\rho(P_r)$. Thus (1) $\Rightarrow$ (2).

Assume (1) for $r-1$. Then we have (2) for $r-1$. Since

$$\rho(P_r) = I(P_r, G_{r-1}; \mu) \quad \text{with} \quad \mu = \rho(G_{r-1})$$

we can apply (1.1.3) to obtain (1). Thus theorem (1.2) is proved by induction on r. Q.E.D.

§2 The Regular Representation of G_r.

Let ω be a character of F^x that we identify to the center Z_r of G_r. We denote by $\rho(G_r, \omega)$ the representation of G_r induced by ω:

$$\rho(G_r, \omega) = I(G_r, Z_r, \omega) \quad .$$

Theorem (2.1)

(1) *The representation* $\rho(G_r)$ *is generic and is a multiple of the induced representation:*

$$I(G_r, P_r; \mathcal{T}_r) \simeq I(G_r, N_r; \theta_r) .$$

(2) *The representation* $\rho(G_r, \omega)$ *is generic and is a multiple of the induced representation:*

$$\xi_\omega = I(G_r, P_r Z_r; \mathcal{T}_r \cdot \omega) \simeq I(G_r, N_r Z_r; \theta_r \cdot \omega) .$$

(3) *The square integrable representations of central character* ω *are generic. They are exactly the discrete components of* ξ_ω.

<u>Proof</u>. We have already observed that $\rho(G_r)$ is generic. On the other hand

$$\rho(G_r) = I(G_r, P_r; \nu) \text{ , with } \nu = \rho(P_r) .$$

Since ν is multiple of τ_r we find that $\rho(G_r)$ is a multiple of

$$I\,(G_r, P_r; \tau_r) .$$

By the transitivity of Mackey's construction this is also

$$I\,(G_r, N_r; \theta_r) .$$

Thus, (1) is proved. The proof of (2) is similar. Since the square-integrable representations of central character ω are just the <u>discrete components</u> of $\rho(G_r, \omega)$ we see that (3) follows from (2). Q.E.D.

Theorem (2.2)

<u>The representation</u> ε_ω <u>is without multiplicity</u>.

We will not prove this here. But see below (3.1.3).

§3 <u>Tempered representations of</u> G_r

Lemma (3.1)

<u>For a representation</u> π <u>of</u> G_r <u>the following conditions are equivalent</u>:

(1) π <u>is irreducible and generic</u>

(2) $\pi \mid P_r$ <u>is equivalent to</u> $\mathcal{T}_r$

<u>Proof</u> Of course (2) implies (1) since $\mathcal{T}_r$ is irreducible. Conversely, assume π irreducible and generic. To show (2) it will suffice to prove that dim $\mathrm{Hom}_{P_r}(\pi,\mathcal{T}_r)$ is at most one.

Let H be the space of π. Denote by $\mathbf{H}^\infty$ the space of smooth vectors in $\mathcal{H}$ (that is, the space of C^∞-vectors if F is archimedean). Similarly denote by V the space of $\mathcal{T}_r$ and by V^∞ the subspace of smooth vectors. We may think of V^∞ as a space of complex valued smooth functions on P_r which transform under θ_r on the left. If T is in $\mathrm{Hom}_{P_r}(\pi,\mathcal{T}_r)$ it maps $\mathbf{H}^\infty$ into V^∞. Thus, for $v \in H^\infty$ we can set

$$\lambda(v) = T(v)(e)$$

and define in this way a linear form λ on $\mathbf{H}^\infty$ satisfying

$$\lambda(\pi(n)v) = \theta_r(n)v \qquad , \qquad n \in N_r \qquad .$$

In addition if $F = \mathbb{R}$ or $\mathbb{C}$, the linear form is continuous for the natural typology of $\mathcal{H}^\infty$. But we know([2], [6]) that $\pi_\theta{}^*$, the space of such linear forms, has at most dimension one. Since λ determines T our assertion follows.

<u>Remark</u> (3.1.3) The fact that dim $\pi_\theta{}^* \leq 1$ implies that the discrete components of ξ_ω occur with multiplicity one. In any case the proof of (2.2) is quite similar to the proof of this inequality.

Now we let R be a parabolic subgroup. For convenience we take R to be the <u>transpose</u> of a standard parabolic subgroup of type $(r_1,r_2,\ldots,r_s)$. We let V be the unipotent radical of R so that $M = R/V$ is isomorphic to

$$\prod_i G_{r_i} \quad , \quad 1 \leq i \leq s \quad , \quad r = \Sigma r_i \quad .$$

For each i let σ_i be a representation of G_{r_i}. Then we can form $\sigma = \times \sigma_i$. It is a representation of M or R. Call π the representation of G_r it induces.

<u>Theorem</u> (3.2)

<u>If each σ_i is irreducible generic, the same is true of</u> π.

<u>Proof</u> Note that for $r = 1$ the condition of being generic is empty. Thus if we take $r_i = 1$ and $s = r$ in the theorem we obtain the irreducibility of the "principal series."

Our assertion is empty for $r = 1$. Thus we may assume $r > 1$ and our assertion established for $r' < r$. The transitivity of Mackey's construction and the induction hypothesis allow us to assume $s = 2$. Suppose first $r_2 > 1$. Since $G_r = R.{}^tV$, up to a set of measure zero, we may think of the vectors in the representation π as being functions on ${}^tV$. In particular it is easy to see that $\pi \mid P_r$ is induced by the representation:

$$\begin{array}{c} \\ r_1 \\ r_2-1 \\ 1 \end{array} \begin{array}{c} \begin{array}{ccc} r_1 & r_2-1 & 1 \end{array} \\ \begin{pmatrix} g_1 & 0 & 0 \\ x & g_2 & y \\ 0 & 0 & 1 \end{pmatrix} \end{array} \mapsto \sigma_1(g_1) \otimes \sigma_2\begin{pmatrix} g_2 & y \\ 0 & 1 \end{pmatrix}.$$

Thus the class of $\pi \mid P_r$ does not depend on σ_2 -- provided σ_2 is irreducible generic. Since we want to show that $\pi \mid P_r$ is equivalent to $\mathcal{T}_r$ we may as well assume σ_2 is in the principal series (which is irreducible generic by the induction hypothesis). But then we can apply again the transitivity of Mackey's construction and the induction hypothesis to reduce ourselves to the case $r_2 = 1$.

So we may assume $r_2 = 1$. Again $\pi \mid P_r$ is easy to compute. It is $I(P_r, G_{r-1}; \sigma_1)$. By (1.1.2) this is equivalent to $\mathcal{T}_r$. Q.E.D.

Corollary (3.3)

With the notations of (3.2) suppose each σ_i is square integrable. Then π is irreducible generic.

Finally, it is reasonable to ask for a converse to theorem (3.2). Let us say that a unitary irreducible representation π of G_r is *weakly generic* if $\pi_\theta^* \neq \{0\}$ in which case $\dim \pi_\theta^* = 1$. As we have observed in proving (3.1) every irreducible generic representation is also weakly generic. If the two notions were to be equivalent -- which is quite likely -- the following would be a converse to theorem (3.2).

Theorem (3.4)

Let the notations be as in (3.2). *If* π *contains a weakly generic irreducible representation then each* σ_i (*assumed irreducible*) *is weakly generic*.

The proof is a standard "à la Bruhat argument." (For the p-adic case, see [5].)

References

[1] I. M. Gelfand & I. M. Graev, Unitary representations of the real unimodular group, Izv. Akad. Nauk U.S.S.R., Ser. Math. 17, pp. 189-248 [Translation: A.M.S. Trans. Ser. 2, Vol. 2, pp. 147-205].

[2] I. M. Gelfand & D. A. Kajdan, Representations of GL(n,k) where k is a local field in LIE GROUPS AND THEIR REPRESENTATIONS, Proc. of the Summer School of the Bolyai Janes Math. Soc., Budapest 1971, pp. 95-118. John Wiley, New York (1975).

[3] I. M. Gelfand & M. A. Naimark, Unitary representations of the complex unimodular group, Math. Sbornik. 21 (63), pp. 405-434 (1947), [translation: A.M.S. Trans. Ser. 1, Vol. 9, pp. 1-41].

[4] B. Blackadar - Thesis, Berkeley University.

[5] F. Rodier, Whittaker models for admissible representations of reductive p-adic split groups, in HARMONIC ANALYSIS ON HOMOGENEOUS SPACES, Proc. Sympos. Pure Math. Vol XXVI, Williamstown, Mass., 1972, pp. 425-430. A.M.S., Providence (1973).

[6] J. Shalika, The multiplicity one theorem for GL_n. Annals of Math. Vol. 100 (1974), pp. 171-193.

Columbia University
Department of Mathematics
NEW-YORK
N.Y. 10027
U.S.A.

A CHARACTERISTIC VARIETY FOR THE PRIMITIVE SPECTRUM OF A SEMISIMPLE LIE ALGEBRA*

A. JOSEPH

Abstract. M. Duflo [5] has recently shown that the primitive spectrum of a split semisimple Lie algebra over a field of characteristic zero is just the set of annihilators of simple quotients of Verma modules. Following this a characteristic variety is defined for two-sided ideals in the enveloping algebra and used to give a new and elementary proof of Duflo's ordering principle on the fibre of primitive ideals with the same central character. The main new result of this paper (Theorem 15) exhibits a decomposition of the Weyl group into disjoint subsets (cells) so that each point in a given cell defines the same ideal (via Duflo's theorem). It is conjectured that different cells correspond to different ideals, a result which would classify the primitive spectrum.

1. Let $\underline{k}$ be a commutative field of characteristic zero, $\underline{g}$ a split reductive $\underline{k}$ - Lie algebra with triangular decomposition $\underline{g} = \underline{n}^+ \oplus \underline{h} \oplus \underline{n}^-$. Let $R \subset \underline{h}^*$ denote the set of non-zero roots, $R^+ \subset R$ a system of positive roots $B \subset R^+$ a $\mathbb{Z}$ basis for R, $\rho_{\underline{g}}$ (or simply, ρ) the half sum of the positive roots, W the Weyl group for $\underline{g}$, s_α the reflection corresponding to the root α. Fix a Chevalley basis for $\underline{g}$, let X_α denote the element of weight $\alpha \in R$ of this basis and set $H_\alpha = [X_\alpha, X_{-\alpha}]$ (so then $(\alpha, \alpha) = 2$).

For each Lie algebra $\underline{a}$, let $U(\underline{a})$ denote the enveloping algebra of $\underline{a}$, $S(\underline{a})$ the symmetrical algebra of $\underline{a}$, $Z(\underline{a})$ the centre of $U(\underline{a})$.

Let $u \to {}^t u$ denote the antiautomorphism of order 2 of $U(\underline{g})$ defined by ${}^t X_\alpha = X_{-\alpha}$, for all $\alpha \in R$ and ${}^t H = H$, for all $H \in \underline{h}$. Let P denote the projection of $U(\underline{g})$ onto $U(\underline{h})$ defined by the decomposition $U(\underline{g}) = U(\underline{h}) \oplus \underline{n}^- U(\underline{g}) \oplus U(\underline{g})\underline{n}^+$. Recall that $\theta := P|_{U(\underline{g})^{\underline{h}}}$ is an algebra homomorphism [4], 7.4. For each $\lambda \in \underline{h}^*$, define $P_\lambda : U(\underline{g}) \to \underline{k}$ through $P_\lambda(a) = (P(a), \lambda - \rho)$ and let $L(\lambda)$ denote the unique $U(\underline{g})$ module with highest weight vector $e_{\lambda - \rho}$ of weight $\lambda - \rho$ (c.f. [4], 7.1.12).

---

* Work supported by the C.N.R.S.

Set $I_\lambda = \text{Ann}\, L(\lambda)$. As noted by Duflo [5], one has $I_\lambda = \{a \in U(\underline{g}) : P_\lambda({}^t vau) = 0, \text{ for all } u, v \in U(\underline{g})\}$. For each ideal $K \subset S(\underline{h})$; let $\mathcal{V}(K) \subset \underline{h}^*$ denote its zero variety. Given I a two-sided ideal of $U(\underline{g})$, we define its characteristic variety $\mathcal{V}(I) \subset \underline{h}^*$, through $\mathcal{V}(I) := \mathcal{V}(P(I)) + \rho$. In particular we set $\mathcal{V}(I_\lambda) = \mathcal{V}_\lambda$. One has $\mathcal{V}_\lambda = \{\nu \in \underline{h}^* : I_\lambda e_\nu = 0\}$.

For each $\lambda \in \underline{h}^*$, set $R_\lambda = \{\alpha \in R : (\lambda, \alpha) \in \mathbb{Z}\}$, $R^+_\lambda = R_\lambda \cap R^+$, $B_\lambda \subset R^+_\lambda$ a $\mathbb{Z}$ basis for R_λ, W_λ the subgroup of W generated by the s_α : $\alpha \in B_\lambda$ and w_λ the unique element of W_λ taking B_λ to $-B_\lambda$. Call λ <u>dominant</u> if $(\lambda, \alpha) \notin \mathbb{N}^-$, for all $\lambda \in R^+$ and <u>regular</u> if $(\lambda, \alpha) \neq 0$, for all $\alpha \in R$. Let $\hat{\lambda}$ denote the orbit of λ under W. Set $\underline{X}_{\hat{\lambda}} = \{I_\mu : \mu \in \hat{\lambda}\}$ and recalling [4], 7.4.7, set $Z_{\hat{\lambda}} = I_\lambda \cap Z(\underline{g})$ and $I_{\hat{\lambda}} = U(\underline{g})\, Z_{\hat{\lambda}}$. After Duflo [5], $\underline{X}_{\hat{\lambda}}$ is just the fibre of primitive ideals with central character defined by $Z_{\hat{\lambda}}$. Furthermore $\underline{X}_{\hat{\lambda}}$ is ordered by inclusion and has $I_{\hat{\lambda}}$ as its unique minimal element [4], 8.4.3. Given $\Omega \subset \underline{h}^*$, let $\bar{\Omega}$ denote its Zariski closure.

LEMMA - <u>For all</u> $\mu, \nu \in \underline{h}^*$,

(i) $\nu \in \mathcal{V}_\mu \Leftrightarrow I_\mu \subset I_\nu$.

(ii) $\{\mu\} \subset \mathcal{V}_\mu \subset \{\hat{\mu}\}$.

(iii) $\mathcal{V}_\mu = \{\hat{\mu}\} \Leftrightarrow I_\mu = I_{\hat{\mu}}$.

(iv) <u>If</u> codim $I_\mu < \infty$, <u>then</u> $\mathcal{V}_\mu = \{\mu\}$.

(v) $\mathcal{V}(\bigcap_{\lambda \in \Omega} I_\lambda) \supset \overline{(\bigcup_{\lambda \in \Omega} \mathcal{V}_\lambda)}$, <u>with equality if</u> Ω <u>is finite</u>.

(vi) <u>For any two-sided ideal</u> I, <u>one has</u> $\mathcal{V}(\sqrt{I}) = \mathcal{V}(I)$.

(i) is clear. Since $I_\mu \supset I_{\hat{\mu}}$, one has $\mathcal{V}(I_\mu) \subset \mathcal{V}(\theta(I_{\hat{\mu}})) = \{\hat{\mu}\}$, by [4], 7.4.5. Combined with (i), this proves (ii) and (iii). Let $\underline{m}_\lambda : \lambda \in \underline{h}^*$, denote the maximal ideal of $S(\underline{h})$ with zero variety $\{\lambda\}$. Let Ω_μ denote the set of weights of $L(\mu)$. This is finite if codim $I_\mu < \infty$, and then furthermore $I_\mu \supset \cap\{\underline{m}_\lambda : \lambda \in \Omega_\mu\}$, which combined with (ii) gives

$\mathcal{V}_\mu \subset (\Omega_\mu + \rho) \cap \{\hat{\mu}\} = \{\mu\}$. Hence (iv). Clearly

$P(\bigcap_{\lambda \in \Omega} I_\lambda) \subset \bigcap_{\lambda \in \Omega} P(I_\lambda) \subset \bigcap_{\lambda \in \Omega} \bigcap_{\mu \in \mathcal{V}_\lambda} \underline{m}_\lambda$, and so $\mathcal{V}(\bigcap_{\lambda \in \Omega} I_\lambda) \supset \overline{(\bigcup_{\lambda \in \Omega} \mathcal{V}_\lambda)}$.

Set $J_\lambda = I_\lambda^{\underline{h}}$. Then $(\bigcap_{\lambda\in\Omega} I_\lambda)^{\underline{h}} = (\bigcap_{\lambda\in\Omega} I_\lambda) \cap U(\underline{g})^{\underline{h}} = \bigcap_{\lambda\in\Omega} J_\lambda$. Given card $\Omega < \infty$, we have $\prod_{\lambda\in\Omega} \theta(J_\lambda) \subset \theta(\bigcap_{\lambda\in\Omega} J_\lambda)$, since θ is a homomorphism

and so $\bigcup_{\lambda\in\Omega} \mathcal{V}(I_\lambda) \supset \mathcal{V}(\bigcap_{\lambda\in\Omega} I_\lambda)$, which combined with the opposite inclusion gives (v). Finally set $J = \sqrt{I}$. Obviously $\mathcal{V}(J) \subset \mathcal{V}(I)$. Conversely there exists $n \in \mathbb{N}^+$ such that $J^n \subset I$ and then $(\theta(J^{\underline{h}}))^n \subset \theta((J^{\underline{h}})^n) \subset \theta(((J^n)^{\underline{h}}) \subset \theta(I^{\underline{h}})$, which establishes the reverse inclusion.

Remark The inclusion in (v) is generally strict even in $\underline{g}$ simple of type A_2.

2. Let $\underline{p}$ be a subalgebra of $\underline{g}$ containing $\underline{h} := \underline{n}^+ \oplus \underline{h}$. Let $\underline{r}$ (resp. $\underline{m}$) denote the reductive part (resp. nilradical) of $\underline{p}$ and set $\underline{m}^- = {}^t\underline{m}$. Let $P^{\underline{r}}$ denote the projection of $U(\underline{g})$ onto $U(\underline{r})$ defined by the decomposition $U(\underline{g}) = U(\underline{r}) \oplus \underline{m}^- U(\underline{g}) \oplus U(\underline{g})\underline{m}$. Given I a two-sided ideal of $U(\underline{g})$, then obviously $P^{\underline{r}}(I)$ is a two-sided ideal of $U(\underline{r})$. In particular given $\alpha \in B$, we set $\underline{P}_{-\alpha} = \underline{b} \oplus \underline{k} X_{-\alpha}$, with $\underline{r}_\alpha$ the reductive part of $\underline{P}_{-\alpha}$ and P^α the corresponding projection onto $U(\underline{r}_\alpha)$. Recall that $z_\alpha := 4X_{-\alpha}X_\alpha + H_\alpha(H_\alpha + 2) \in Z(\underline{r}_\alpha)$ and let A_α denote the subalgebra of $U(\underline{r}_\alpha)$ generated by Z_α and the orthogonal complement of $\underline{k} H_\alpha$ in $\underline{h}$.

LEMMA — Suppose $\alpha \in B$, $\lambda \in \underline{h}^*$ satisfy $(\alpha, \lambda) \notin \mathbb{N}^+$. Then $s_\alpha \lambda \in \mathcal{V}_\lambda$.

Set $J = P^\alpha(I_\lambda)$. Then J is generated as an $\underline{r}_\alpha$ module by $J^{X_\alpha} := J \cap U(\underline{r}_\alpha)^{X_\alpha}$ and each $a \in J^{X_\alpha}$ can be written as a sum of terms of the form $X_\alpha^k b_k \in J^{X_\alpha} : k \in \mathbb{N}$, $b_k \in A_\alpha$. Then $X_\alpha^k X_{-\alpha}^k b_k \in J^{\underline{h}}$ and

$\theta(X_\alpha^k X_{-\alpha}^k b_k) = H_\alpha(H_\alpha - 1)(H_\alpha - 2)\ldots(H_\alpha - k + 1)\,\theta(b_k)$. Now $\lambda - \rho$ is a zero of $\theta(X_\alpha^k X_{-\alpha}^k b_k)$ and so under the hypothesis of the lemma it is a zero of $\theta(b_k)$. Recalling the definition of A_α it follows that $s_\alpha \lambda - \rho$ is a zero of $\theta(b_k)$ and so $s_\alpha \lambda \in \mathcal{V}_\lambda$, as required.

3. COROLLARY - Suppose $\lambda \in \underline{h}^*$ is regular. Then $\mathcal{V}_\lambda = \{\lambda\} \Leftrightarrow$ codim $I_\lambda < \infty$.

Given λ regular then $s_\alpha \lambda \neq \lambda$ for all $\alpha \in B$. Then $\mathcal{V}_\lambda = \{\lambda\}$ implies by 2 that λ is a dominant integral weight. By [4], 7.2.6., dim $L(\lambda) < \infty$ and so codim $I_\lambda < \infty$, which proves necessity. Sufficiency follows from 1 (iv).

Remark. It suffices to take $\mu = 0$ to see that the converse to 1 (iv) fails in general. Yet if the semisimple part of $\underline{g}$ is simple this case is probably exceptional.

4. For each $w \in W$, set $S(w) = \{ \alpha \in R^+ : w\alpha \in R^- \}$, $\ell(w) = \text{card}\, S(w)$, $\gamma(w) = S(w) \cap B$. Given $\lambda \in \underline{h}^*$, set $S_\lambda(w) = S(w) \cap R_\lambda$;

$D_\lambda = \{ w \in W : wR^+_\lambda \subset R^+ \}$ (which identifies with W/W_λ) and given $w \in W_\lambda$,

set $\ell_\lambda(w) = \text{card}\, S_\lambda(w)$. If $B_\lambda \subset B$, then $S(w_\lambda) = R^+_\lambda$.

LEMMA - For all $w, w' \in W$, $\alpha \in B$, $\lambda \in \underline{h}^*$,

(i) $S(w^{-1}) = -w\, S(w)$, so $\ell(w) = \ell(w^{-1})$.

(ii) $\ell(ww') = \ell(w) + \ell(w') \Leftrightarrow S(ww') \supset S(w') \Leftrightarrow S(w) \cap S(w'^{-1}) = \emptyset$

(iii) Suppose $w, w' \in W_\lambda$, then $\ell(ww') = \ell(w) + \ell(w')$ implies $\ell_\lambda(ww') = \ell_\lambda(w) + \ell_\lambda(w')$ and if $B_\lambda \subset B$, then the reverse implication holds also.

(iv) $\alpha \in \gamma(w) \Leftrightarrow \ell(ws_\alpha) + 1 = \ell(w)$.

(v) If $B_\lambda \subset B$, then $D_\lambda = \{ w \in W : \ell(w) + \ell(w_\lambda) = \ell(ww_\lambda) \}$.

$S(w^{-1}) = \{\alpha \in R^+ : w^{-1}\alpha \in R^-\} = \{ -w\alpha \in R^+ : -\alpha \in R^-\} = -wS(w)$. Hence (i). Suppose $\alpha \in S(w')$. Then $-w'\alpha \in -w'S(w') \cap R^+$ and so $S(w) \cap -w'S(w') = \emptyset \Leftrightarrow -w'\alpha \notin S(w) \Leftrightarrow S(ww') \supset S(w')$. Combined with (i) this gives the second assertion in (ii). Since $w'(R^+ \setminus S(w')) \subset R^+$, it follows that card $(ww'(R^+ \setminus S(w')) \cap R^-) \leqslant$ card $S(w)$ with equality iff $S(w) \subset w'(R^+ \setminus S(w')) = (w'R^+ \setminus w'S(w')) \cap R^+ = w'R^+ \cap R^+ = R^+ \setminus S(w'^{-1})$

On the other hand, card $(ww'S(w') \cap R^-) \leqslant$ card $S(w')$, with equality iff

$w(-w'S(w')) \subset R^+$, which by (i) holds iff $S(w) \cap S(w'^{-1}) = \emptyset$. Combined with the previous assertion this gives the first equivalence relation in (ii). If $B_\lambda \subset B$, then $S(w) = S_\lambda(w)$ and so (iii) follows from (ii). Since $s_\alpha(R^+ \setminus \{\alpha\}) \subset R^+$, it follows that $\ell(s_\alpha w^{-1}) + 1 = \ell(w^{-1})$ if $w\alpha \in R^-$ and then (iv) obtains from (i).

By (ii), $\{w \in W : \ell(w) + \ell(w_\lambda) = \ell(ww_\lambda)\} = \{w \in W : S(w) \cap S(w_\lambda) = \emptyset\} = \{w \in W : S(w) \cap R^+_\lambda = \emptyset\} = \{w \in W : wR^+_\lambda \subset R^+\} = D_\lambda$. Hence (v).

Remarks. (i) and (iv) are well-known. In (iii) the reverse implication generally fails.

5. Given $w \in W$, let $w = s_{\alpha_1} s_{\alpha_2} \ldots s_{\alpha_n} : \alpha_i \in B$, be a reduced decomposition for w. One has $n = \ell(w)$, [3], Thm. 2.2.2.

Set $w_n = 1$, $w_k = s_{\alpha_n} s_{\alpha_{n-1}} \ldots s_{\alpha_{k+1}}$; $w'_k = s_{\alpha_1} s_{\alpha_2} \ldots s_{\alpha_k}$,
$\gamma_k = s_{\alpha_{k+1}} s_{\alpha_{k+2}} \ldots s_{\alpha_n} \alpha$.

Obviously $ww_k = w'_k$.

LEMMA -

(i) For each $k \in \{1, 2, \ldots n\}$, one has $w_k\alpha_k \in R^+$, $ww_k\alpha_k \in R^-$.

(ii) Suppose $w = s_\alpha$ for some $\alpha \in R^+$. Then there is exactly one element $t \in \{1, 2, \ldots n\}$, for which $w_t\alpha_t = \alpha$.

The above expressions for w_k, w'_k are evidently reduced decompositions and so (i) follows from 4 (iv). Since $s_\alpha \alpha = -\alpha \in R^-$, there exists $t \in \{1, 2, \ldots n\}$ such that $\gamma_t \in R^+$ and $s_{\alpha_t} \gamma_t \in R^-$. Then $\gamma_t = \alpha_t$ and so $w_t\alpha_t = \alpha$, proving existence in (ii). If this occurs at two distinct values, there exists $\ell \in \{1, 2, \ldots n\}$ such that $\gamma_\ell \in R^-$ and $s_{\alpha_\ell} \gamma_\ell \in R^-$. Then $\gamma_\ell = -\alpha_\ell$ and so $w_\ell \alpha_\ell = -\alpha_\ell$, which contradicts (i). This proves uniqueness.

6. LEMMA - For all $\lambda \in \underline{h}^*$, $w \in D_\lambda$, $\alpha \in B_\lambda$

(i) $\mathcal{V}_{w\lambda} = \mathcal{V}_\lambda$.

(ii) If $(\alpha, \lambda) \notin \mathbb{N}^+$, then $\mathcal{V}_{s_\alpha \lambda} \subset \mathcal{V}_\lambda$.

Given $w \in W$, define n, $w_k : k = 1, 2, \dots n$, as in 5 and set $\beta_k = w_k \alpha_k$, $\lambda_n = \lambda$, $\lambda_k = s_{\alpha_k} s_{\alpha_{k+1}} \dots s_{\alpha_n}$, $\mathcal{V}_{\lambda_k} = \mathcal{W}_k$. Evidently, $-(\alpha_k, \lambda_k) = (\alpha_k, \lambda_{k+1}) = (\beta_k, \lambda)$. Thus if $(\beta_k, \lambda) \notin \mathbb{Z}$, it follows from 2, that $\lambda_{k+1} = s_{\alpha_k} \lambda_k \in \mathcal{W}_k$ and $\lambda_k = s_{\alpha_k} \lambda_{k+1} \in \mathcal{W}_{k+1}$. Hence $\mathcal{W}_k = \mathcal{W}_{k+1}$, by 1 (i). Suppose $(\beta_t, \lambda) \in \mathbb{Z}$. Then by 5 (i) and the definition of R_λ, we obtain $\beta_t \in R_\lambda \cap R^+ = R_\lambda^+$ and $w\beta_t = ww_t\alpha_t \in R^-$. Taking $w \in D_\lambda$ gives (i).
Taking $w = s_\alpha : \alpha \in B$, gives $s_\alpha \beta_t \in R^-$ and so $\alpha = \beta_t$. Then the hypothesis $(\alpha, \lambda) \notin \mathbb{N}^+$ gives $(\alpha_t, \lambda_{t+1}) \notin \mathbb{N}^+$ and so $\lambda_t = s_{\alpha_t} \lambda_{t+1} \in \mathcal{W}_{t+1}$ by 2. Then by 1 (i) we obtain $\mathcal{W}_t \subset \mathcal{W}_{t+1}$ and by 5 (ii) this gives

$$s_\alpha \lambda = \lambda_1 \in \mathcal{W}_1 = \mathcal{W}_2 = \dots = \mathcal{W}_t \subset \mathcal{W}_{t+1} = \mathcal{W}_{t+2} = \dots = \mathcal{W}_n = \mathcal{V}_\lambda .$$

Hence (ii).

7. The above analysis can be used to give an elementary proof of the following result of Duflo [5], Sect. 3, Cor. 1.

LEMMA - Take $-\lambda \in \underline{h}^*$, dominant and $w, w' \in W_\lambda$ satisfying $\ell_\lambda(ww') = \ell_\lambda(w) + \ell_\lambda(w')$. Then $I_{ww'\lambda} \supset I_{w'\lambda}$.

It suffices to prove the assertion with $w = s_\alpha : \alpha \in B_\lambda$.

Set $\lambda' = w'\lambda$. By 1 (i), it is enough to show that $s_\alpha\lambda' \in \mathcal{V}_{\lambda'}$. By 4 (i) and the hypothesis, we have $\ell_\lambda(w'^{-1}s) = 1 + \ell_\lambda(w'^{-1})$ and so by 4 (iv), $\alpha \notin \tau_\lambda(w'^{-1})$. Hence $w'^{-1}\alpha \in R^+$ and since $-\lambda$ is dominant, we obtain $(\alpha, \lambda') = (\alpha, w'\lambda) = (w'^{-1}\alpha, \lambda) \notin \mathbb{N}^+$. Then by 6 (ii), $s_\alpha\lambda' \in \mathcal{V}_{\lambda'}$, as required.

8. Take $-\lambda \in \underline{h}^*$ dominant and define a map $\tau : \underline{X}_\lambda \to \underline{P}(B_\lambda)$ through $\tau(I_{w\lambda}) = \{\alpha \in B_\lambda : I_{w\lambda} \supset I_{s_\alpha\lambda}\}$. Given $w \in W_\lambda$, let us set $\tau_\lambda(w) = S_\lambda(w) \cap B_\lambda$.

LEMMA - Let $-\lambda \in \underline{h}^*$ be dominant and regular. Then the following three statements are equivalent :

(i) $\text{card}\, \mathcal{V}_{s_\alpha\lambda} = 1/2\ \text{card}\, W$, for all $\alpha \in B_\lambda$.

(ii) $\tau(I_{w\lambda}) = \tau_\lambda(w)$, for all $w \in W_\lambda$.

(iii) $\text{card}\, \mathcal{V}_{w_\mu\lambda} = \text{card}\,(W/W_\mu)$; for all $\mu \in \underline{h}^*$ satisfying $B_\mu \subset B_\lambda$.

Take $w \in W_\lambda$. By 4 (iii) and 7, $\alpha \in \tau_\lambda(w) \Rightarrow \ell_\lambda(ws_\alpha) = \ell_\lambda(w) + 1$ $\Rightarrow I_{w\lambda} \supset I_{s_\alpha\lambda}$. Hence $\tau(I_{w\lambda}) \supset \tau_\lambda(w)$.

Given $w \in W$, write $w = w_1 w_2 : w_1 \in D_\lambda,\ w_2 \in W_\lambda$. By 5 (i), $I_{ww_\mu\lambda} = I_{w_2 w_\mu\lambda}$ and by 7, $I_{w_2w_\mu\lambda} \supset I_{w_\mu\lambda}$ if $\ell_\lambda(w_2) + \ell_\lambda(w_\mu) = \ell_\lambda(w_2w_\mu)$. Then by 4 (v) and 1 (i), $\mathcal{V}_{w_\mu\lambda} \supset \{w_1w_2w_\mu\lambda : w_1 \in D_\lambda,\ w_2 \in D_\mu \cap W_\lambda\}$.

Since $\text{card}\, D_\lambda\ (D_\mu \cap W_\lambda) = \text{card}\,(W/W_\lambda)\ \ \text{card}\,(W_\lambda/W_\mu), = \text{card}\,(W/W_\mu)$, we have shown that

(*) $\text{card}\, \mathcal{V}_{w_\mu\lambda} = \text{card}\,(W/W_\mu)$ iff for each $w \in W_\lambda$, $I_{ww_\mu\lambda} \supset I_{w_\mu\lambda}$ implies $\ell_\lambda(w) + \ell_\lambda(w_\mu) = \ell_\lambda(ww_\mu)$.

(ii) $\Rightarrow$ (iii). Choose $w \in W_\lambda$ such that $I_{ww_\mu\lambda} \supset I_{w_\mu\lambda}$. By 7,

$I_{w_\mu \lambda} \supset I_{s_\alpha \lambda}$, for all $\alpha \in B_\mu$ and so $B_\mu \subset \tau(I_{ww_\mu \lambda}) = \tau_\lambda(ww_\mu)$, by (ii).

Then $S_\lambda(w_\mu) = R^+_\mu \subset S_\lambda(ww_\mu)$, and so $\ell_\lambda(w) + \ell_\lambda(w_\mu) = \ell_\lambda(ww_\mu)$ by 4 (ii). By (*) this gives (iii).

(iii) $\Rightarrow$ (i). For each $\alpha \in B_\lambda$, it suffices to take $\mu \in \underline{h}^*$ such that $B_\mu = \{\alpha\}$.

(i) $\Rightarrow$ (ii). Choose $w' \in W_\lambda$. By (i), 4 (iv) and (*), $I_{w's_\alpha \lambda} \supset I_{s_\alpha \lambda} \Leftrightarrow \ell_\lambda(w') + 1 = \ell_\lambda(w's_\alpha) \Leftrightarrow \alpha \in \tau_\lambda(w's_\alpha)$. Setting $w = w's_\alpha$, gives $\tau(I_{w\lambda}) \subset \tau_\lambda(w)$, which combined with the opposite inclusion above gives (ii).

9. Duflo [5], Sect. 3, Cor. 3, has shown that 8 (ii) always holds and so with the help of 8, his result can be rather elegantly formulated as follows :

PROPOSITION - _Let_ $-\lambda \in \underline{h}^*$ _be dominant and regular_. _Then_

(i) $\tau(I_{w\lambda}) = S(w) \cap B_\lambda$, _for all_ $w \in W$.

(ii) _For all_ $\mu \in \underline{h}^*$, _satisfying_ $B_\mu \subset B_\lambda$, _we have_

$$\mathcal{U}_{w_\mu \lambda} = \{w_1 w_2 w_\mu \lambda \ : \ w_1 \in D_\lambda,\ w_2 \in W_\lambda \ : \ S_\lambda(w_2) \cap B_\mu = \emptyset\}.$$

Given $w \in W$, write $w = w_1 w_2 \ : \ w_1 \in D_\lambda$, $w_2 \in W_\lambda$. Then by 1 (i), 5 (i), [5], Sect. 3, Cor. 3 and the definition of D_λ we have

$$\tau(I_{w\lambda}) = \tau(I_{w_2\lambda}) = \tau_\lambda(w_2) = w_2^{-1} R^-_\lambda \cap B_\lambda = w^{-1} R^- \cap B_\lambda = S(w) \cap B_\lambda .$$

Hence (i). Again given [5], Sect. 3, Cor. 3 ; (ii) follows from 4 (ii), 4 (v), 7 and 8 (iii).

Remarks. Since λ is dominant for R^-, it follows that the restriction of τ to regular λ coincides with the map defined in [1], 2.14, which is equivalent to (i). We remark that [1], 2.17 follows from 1 (i) and 9 (ii).

10. Set $C = \{\lambda \in \underline{h}^* : (\lambda,\alpha) > 0, \text{ for all } \alpha \in R^+\}$, and given $\alpha \in R^+$, set $C_\alpha = \{\lambda \in -C : (\lambda,\alpha) \in \mathbb{N}^-\}$, $C^\circ_\alpha = \{\lambda \in C_\alpha : (\lambda,\beta) \notin \mathbb{Z}, \beta \neq \pm\alpha\}$. Clearly C°_α is Zariski open in C_α. By 4 (v) and 7, $\text{card}\, \mathcal{V}_{s_\alpha\lambda} \geq 1/2 \text{ card } W : \lambda \in C_\alpha$ and by 5 (i) equality holds if $\lambda \in C^\circ_\alpha$.

Thus 8 (i) is equivalent to saying that card $\mathcal{V}_{s_\alpha\lambda}$ is a constant for all $\lambda \in C_\alpha$.

This suggests an alternative proof of 9. Moreover $L(s_\alpha\lambda)$ for $\lambda \in C_\alpha$ is just (after Jantzen [6], Satz 3) the module induced from a suitable finite dimensional representation of the minimal parabolic defined by α. Yet we were not able to prove 8 (i) without using the weak version [1], Cor. 2.13, of the Borho-Jantzen translation principle which by 1 (i) implies the constancy of card $\mathcal{V}_{s_\alpha\lambda}$ on Zariski dense sets in C_α. Though it is not worthwhile to reproduce the argument in full we do give one step which is of independent interest.

For each $\lambda \in \underline{h}^*$, set $K_\lambda = P(I_\lambda)$, which is an ideal of $S(\underline{h})$.

LEMMA -

(i) codim $K_\lambda \geq$ card $\mathcal{V}_\lambda$, <u>with equality iff</u> K_λ <u>is a semiprime ideal.</u>

(ii) <u>If</u> λ <u>is regular, then</u> codim K_λ = card $\mathcal{V}_\lambda$.

(i) is clear. If λ is regular, card $\hat{\lambda}$ = card W = codim $\theta(Z_{\hat{\lambda}})$.

Then by (i), $K_\lambda \supset P(S(\underline{h})(I_\lambda \cap Z(\underline{g})) = S(\underline{h})\,\theta(Z_{\hat{\lambda}}) = \bigcap_{\mu\in\hat{\lambda}} \underline{m}_\mu$ (notation 1).

Set $A_\lambda = K_\lambda / (\bigcap_{\mu\in\hat{\lambda}} \underline{m}_\mu)$. Then A_λ embeds in $S(\underline{h})/(\bigcap_{\mu\in\hat{\lambda}} \underline{m}_\mu)$ which is isomorphic to $\prod_{\mu\in\hat{\lambda}} (S(\underline{h})/\underline{m}_\mu)$. Thus A_λ is isomorphic to $\prod_{\mu\in\hat{\lambda}} A_\lambda/(A_\lambda \cap \underline{m}_\mu)$. since

dim $A_\lambda/(A_\lambda \cap \underline{m}_\mu) \leq 1$, with equality iff $\mu \notin \mathcal{V}_\lambda$, we obtain

dim A_λ = card W - card $\mathcal{V}_\lambda$ and hence (ii).

11. Let $P(R)$ denote the lattice of weights. Given $-\lambda \in \underline{h}^*$ dominant and integral, set $\tilde{\lambda} = \hat{\lambda} + P(R)$ (which is a union of W orbits). For each $w \in W_\lambda$, define a subset $\Omega'_{w,\lambda}$ of W through

$\Omega'_{w,\lambda} = \{w' \in W : w'w\lambda \in \mathcal{V}_{w\lambda}\}$ and set $\Omega_{w,\lambda} = \Omega'_{w,\lambda} \cap W_\lambda$. By

[1], 2.13., $\Omega'_{w,\lambda}$ depends only on $\tilde{\lambda}$ and by 5 (i), we have $\Omega'_{w,\lambda} = D_\lambda \Omega_{w,\lambda}$.

It is then a natural and in fact well-known conjecture that $\Omega_{w,\lambda}$ should

depend only on w and W_λ (and not even on W). For example, if $\mu \in \underline{h}^*$ is such that $B_\mu \subset B_\lambda$, then by 9 (ii), we have $\Omega_{w_\mu,\lambda} = \{w \in W_\lambda : S_\lambda(w) \cap B_\mu = \emptyset\}$.

Clearly we wish to characterize $\{\Omega_{w,\lambda} : w \in W_\lambda\}$ through constraints defined in terms of only W_λ (considered as an abstract group). For example, by 7 we have $\Omega_{ww',\lambda} \subset \Omega_{w',\lambda}$ if $\ell_\lambda(w) + \ell_\lambda(w') = \ell_\lambda(ww')$. This is equivalent to defining a cellular decomposition of W_λ so that $\mathcal{V}_{w\lambda}$ depends only on the cell to which w belongs. In this we may omit λ remembering that this decomposition describes $\Omega_{w,\lambda}$.

Consider W as an (ordered) graph $\mathcal{W}$ by taking the elements of W to be the points of $\mathcal{W}$ and writing $w' \to w$ given $\alpha \in B$ (necessarily unique) such that $w' = s_\alpha w$ and $\ell(w') = \ell(w) - 1$. Write $w \geqslant w'$, if there exist elements $w_1 = w, w_2, \dots, w_n = w'$ such that $w_1 \leftarrow w_2 \leftarrow \dots \leftarrow w_n$. Obviously $w \geqslant w'$ iff $\ell(w) = \ell(ww'^{-1}) + \ell(w')$. Again by 4 (i), (iv), we have for each $w \in W$, that $\tau(w^{-1}) = \{\alpha \in B : s_\alpha w \to w\}$. We describe a decomposition of W into a disjoint union of subsets (cells) with an order relation $\leqslant$, through the graph $\mathcal{W}_0$ defined as follows. The points and lines in $\mathcal{W}_0$ coincide with those in $\mathcal{W}$ except that for each $w \in W$, $\alpha \in \tau(w^{-1})$

such that $\tau((s_\alpha w)^{-1}) \subset \tau(w^{-1})$ we omit the line $s_\alpha w \to w$. The cells of W are just the connected components of $\mathcal{W}_o$ with the order relation $\leqslant$ induced by that of $\mathcal{W}$ (and obviously well-defined). Let n(W) denote the number of cells of W. Call $w \in W$ minimal if $\tau((s_\alpha w)^{-1}) \subset \tau(w^{-1})$ for each $\alpha \in \tau(w^{-1})$. Obviously each cell of W has at least one minimal element though it may have more. For example if W is the symmetrical group S_4, on four elements, then there is just one cell with two minimal elements.

12. For each $\alpha \in B$, set $N_\alpha = \{\beta \in B \setminus \{\alpha\} : (\alpha, \beta) < 0\}$. For each $\beta \in R^+$, let $|\beta|$ denote the sum of the coefficients of β with respect to B.

LEMMA - <u>For each</u> $w \in W$, $\alpha \in \tau(w^{-1})$, <u>one has</u> (<u>notation 4</u>)

(i) $S(s_\alpha w) = S(w) \setminus \{-w^{-1}\alpha\}$.

(ii) $S((s_\alpha w)^{-1}) = s_\alpha S(w^{-1}) \setminus \{-\alpha\}$.

(iii) $\tau(w^{-1}) \setminus \{\alpha\} \subset \tau((s_\alpha w)^{-1}) \subset (\tau(w^{-1}) \setminus \{\alpha\}) \cup N_\alpha$.

(iv) <u>Given</u> $\tau(s_\alpha w) \not\subseteq \tau(w)$, <u>then</u> $\tau((s_\alpha w)^{-1}) = \tau(w^{-1}) \setminus \{\alpha\}$.

(i) is immediate and (ii) follows from (i) and 4 (i). By (ii), $\tau((s_\alpha w)^{-1}) = (B \cap s_\alpha S(w^{-1}))$. Given $\beta \in \tau(w^{-1}) \setminus \{\alpha\}$, we have $s_\alpha \beta \in R^+$ and $w^{-1}(s_\alpha \beta) \in R^-$. Hence $s_\alpha \beta \in S(w^{-1})$ and so $\beta = s_\alpha(s_\alpha \beta) \in B \cap s_\alpha S(w^{-1})$ which gives the first inclusion in (iii). Given $\beta \in \tau((s_\alpha w)^{-1})$, $\beta \notin (w^{-1})$, then $s_\alpha \beta \in R^+$, $w^{-1}\beta \in R^+$ and $w^{-1}s_\alpha \beta \in R^-$.

It follows that $(\alpha,\beta)<0$, which gives (iii) and $|w^{-1}\beta| < -(\alpha,\beta)\ |-w^{-1}\alpha|$

Yet, the hypothesis of (iv) and (i) gives $-w^{-1}\alpha \in B$ and so $|-w^{-1}\alpha| = 1$. Hence (iv).

Remark. (iv) shows that $\tau(w)$ depends only on the connected component (cell) of $\mathcal{W}_o$ to which w belongs. Thus the cellular decomposition defined in 9 is finer than that defined by τ (Sect. 9) (after Borho-Jantzen-Duflo [1,5]). In particular, $n(W) \geqslant 2^{\mathrm{card}\, B}$. This inequality is generally strict.

13. Fix $w \in W$, $\alpha \in \tau(w^{-1})$ such that $\tau((s_\alpha w)^{-1}) \not\subset \tau(w^{-1})$.

Choose $\beta \in \tau((s_\alpha w)^{-1})$, $\beta \notin \tau(w^{-1})$ and set $B' = \{\alpha,\beta\}$, $R'^+ = \mathbb{N}B' \cap R^+$, $W_{B'}$, the subgroup of W defined by B' and $w_{B'}$ the longest element of $W_{B'}$.

By 12 (iii), B' is of type A_2, B_2 or G_2. Consider the subset $\{W_{B'}w\}$ of $\mathcal{W}$.

LEMMA - The subset $\{W_{B'}w\}$ of $\mathcal{W}$ has exactly one smallest element w' and one largest element w''. Furthermore $\{w, s_\alpha w\} \cap \{w', w''\} \neq \emptyset$.

Since $W_{B'}w$ is a cycle in $\mathcal{W}$, it must have at least one smallest element w'. By definition of the order in $\mathcal{W}$, we have $B' \cap \tau(w'^{-1}) = \emptyset$ and so $S(w_{B'}) \cap S(w'^{-1}) = R^{+'} \cap S(w'^{-1}) = \emptyset$. Then by 4 (ii), $\ell(w_{B'}w') = \ell(w_{B'}) + \ell(w') = \mathrm{card}\, R^{+'} + \ell(w')$. Since the value of ℓ changes by at most one between neighbouring points of $\mathcal{W}$, it follows easily that w' (resp. $w'' := w_{B'}w'$) is the unique smallest (resp. largest) element of $\{W_{B'}w\}$. Now $\ell(s_\beta s_\alpha w) = \ell(s_\alpha w) - 1$, since $\beta \in \tau((s_\alpha w)^{-1})$,

$\ell(s_\alpha w) = \ell(w) - 1$, since $\alpha \in \tau(w^{-1})$ and $\ell(w) = \ell(s_\beta w) - 1$, since $\beta \notin \tau(w^{-1})$.

This establishes the last assertion of the lemma.

14. (Notation 1, 2). Choose $-\lambda \in \underline{h}^*$ dominant regular and $I \in \underline{X}_{\hat{\lambda}}$. Let B' be any subset of B, and $\underline{p}$ the corresponding parabolic subalgebra of $\underline{g}$ with reductive part $\underline{r}$. Set $J = \sqrt{P^{\underline{r}}(I)}$ considered as a (semiprime) ideal of $U(\underline{r})$. By 1 (vi), $\mathcal{V}(J) = \mathcal{V}(I) + \rho_{\underline{r}} - \rho$ and hence by 1 (ii) it is of finite cardinality. By [4], 3.1.15, J is a (possibly infinite) intersection of primitive ideals of $U(\underline{r})$. By Duflo's theorem [5], II, Thm. 1, and 1 (v), it follows that J is a finite intersection of primitive ideals of $U(\underline{r})$, say $J_1, J_2, \ldots\ldots\ldots J_m$ and $\mathcal{V}(J) = \cup\{\mathcal{V}(J_i) : i = 1, 2.. m\}$.

Let $\hat{\lambda} = \cup\{\hat{\mu}_i : i = 1, 2, \ldots . s\}$ denote the decomposition of $\hat{\lambda}$ into a disjoint union of $W_{B'}$ orbits.

LEMMA -

(i) Each $\mathcal{V}(J_i)$ lies in some $\hat{\mu}_j$.

(ii) $w\lambda : w \in W$, is dominant with respect to B' iff $B' \subset \tau(w^{-1})$.

(i) follows from 1 (ii). For (ii) observe that $B' \subset \tau(w^{-1}) \Leftrightarrow w^{-1} B' \subset R^- \Leftrightarrow (\alpha, w\lambda) > 0$, for all $\alpha \in B'$.

15. Take $-\lambda \in \underline{h}^*$ dominant and regular. To simplify matters we shall also assume that $\lambda \in P(R)$ though probably the general case can be handled as in 5, 6.

THEOREM - Fix $w \in W$ and $\alpha \in \tau(w^{-1})$ (so then $\ell(s_\alpha w) = \ell(w)-1$ and $I_{s_\alpha w\lambda} \subset I_{w\lambda}$ by 7). Suppose $\tau((s_\alpha w)^{-1}) \not\subset \tau(w^{-1})$, then $I_{s_\alpha w\lambda} = I_{w\lambda}$.

Define β, B' as in 13, and let w', w'' be defined by the conclusion of lemma 13. Let $\underline{p}$ be the parabolic subalgebra of $\underline{g}$ defined by B', set $I = I_{w\lambda}$ and define J, J_i, $\hat{\mu}_j$ as in 14. One has $w\lambda \in \mathcal{V}_{w\lambda}$ by 1(ii) and so $w''\lambda \in \mathcal{V}_{w\lambda}$ by 6 (ii). Yet $\tau(w''^{-1}) \supset B'$ by construction and so by 14 (ii) $w''\lambda$ is a B' dominant element of some $W_{B'}$ orbit $\hat{\mu}_j$. By 14, we can choose a J_i such that $\{w''\lambda, w\lambda\} \subset \mathcal{V}(J_i) \subset \hat{\mu}_j$. Yet $\mathcal{V}(J_i)$ is the characteristic variety of a primitive ideal of a rank 2 reductive Lie algebra. Through the Borho-Jantzen classification [1], 2.20, of the primitive spectrum for the rank 2 case, it follows that $\mathcal{V}(J_i)$ either reduces to a single point or it contains one (or possibly both) of the two sets $\{s_\alpha w'\lambda, s_\beta s_\alpha w'\lambda, \ldots, w''\lambda\}$, $\{s_\beta w'\lambda, s_\alpha s_\beta w'\lambda, \ldots, w''\lambda\}$. By 13, the path containing $\{w\lambda\}$ also contains $\{s_\alpha w\lambda\}$ and hence $s_\alpha w\lambda \in \mathcal{V}(J_i) \subset \mathcal{V}(J) = \mathcal{V}_{w\lambda}$, (up to the additive factor $\rho_{\underline{r}} - \rho$ which is orthogonal to the $\alpha \in B'$ and so can be ignored). Then by 1 (i), $I_{s_\alpha w\lambda} \supset I_{w\lambda}$, as required.

Remarks. The theorem of course exactly states (for λ integral) that the points in a given cell of W all define the same primitive ideal. In particular card $\underline{X}_\lambda \leqslant n(W)$. Given $w \in W$, $\alpha \in \tau(w^{-1})$ such that

$\tau((s_\alpha w)^{-1}) \subset \tau(w^{-1})$, it does not necessarily follow that $I_{s_\alpha w\lambda} \neq I_{w\lambda}$. In fact it can happen that $s_\alpha w$ and w are in the same cell. This occurs for example for W of type A_4.

16. Take $-\lambda \in \underline{h}^*$ dominant and regular. We have verified for W of type $A_1 - A_4$, B_2, G_2 (Cartan classification) that every cell contains at least one involution of W (but generally more than one). This is probably generally true and combined with 15 such a result would prove a refined version of [5], II, 2, namely that $\underline{X}_{\hat{\lambda}} = \{I_{w\lambda} : w \in W, w^2 = 1\}$. Let $\hat{W}$ denote the set of equivalence classes of irreducible representations of W and recall that the number of involutions of W is just $\sum_{\sigma \in \hat{W}} \dim \sigma$. Now let W be of type A_n. We have verified up to n = 4, that every cell contains exactly one involution and this is probably generally true. Now recall that $\hat{W}$ is in bijection with the partitions of (n+1) and observe that any subset B' of B defines a partition of (n+1) in the obvious fashion (Jordan-Holder canonical form). We have verified (up to n = 4) that in a given cell the $\tau(w^{-1})$: w minimal (see 11) though not necessarily all the same, nevertheless define the same partition. Furthermore the number of cells associated in this fashion with a given partition (and hence with a given $\sigma \in \hat{W}$) is just dim σ and each such cell has dim σ points. Now $\tau(w^{-1})$ is just the set of all $\alpha \in B$ such that $X_{-\alpha}^k e_{w\lambda-\rho} = 0$, for some $k \in \mathbb{N}$

(assuming λ integral). Let gr denote the gradation functor for the canonical filtration of $U(\underline{g})$ and recall that $gr(U(\underline{g}))$ identifies with $S(\underline{g})$. As noted in [2], Sect. 7, when $\underline{g}$ is semisimple the zero variety $\mathcal{V}(gr\, I_{w\lambda})$ of $gr\, I_{w\lambda}$ is a finite union of nilpotent orbits in $\underline{g}^*$. Through Jordan-Holder canonical form the set of all such orbits is in bijection with the set of partitions of $(n+1)$. Thus it is natural to suggest that $\mathcal{V}(gr\, I_{w\lambda})$ admits a dense nilpotent orbit defined by the partition associated with a minimal element in the cell containing α. In particular the classical dimension of $S(\underline{g})/grI_w$ can be computed from the partition which coincides with card $(R \setminus R') : R' = \mathbb{Z}\, \tau(w^{-1}) \cap R$, w minimal. From the above we easily see that this classical dimension has card $(R \setminus R')$ as an upper bound (c. f. [1], 4. 4).

W. Borho has privately informed me that J. C. Jantzen through explicit computations (up to A_4) has also conjectured for $\underline{g}$ simple of type A_n, that the fibre over a regular integral point has exactly $\sum_{\sigma \in \hat{W}} \dim \sigma$ elements with $\dim \sigma$ ideals associated with σ and each such ideal associated with $\dim \sigma$ points of $W\lambda$ and that they had a similar conjecture for the classical dimension of $S(\underline{g})/gr\, I_{w\lambda}$.

Finally recall that $S(\underline{h})^W$ is a polynomial algebra on rank $\underline{g}$ generators and set S_+ denote the subspace spanned by homogeneous invariants of positive degree. Then $\mathcal{R} := S(\underline{h})/S_+S(\underline{h})$ is isomorphic as a W module to the regular representation of W. Given $\lambda \in \underline{h}^*$, we have $gr\, \theta(Z_{\hat{\lambda}}) = S_+$ (notation 1) and so $gr\, P(I_\lambda) \supset S_+S(\underline{h})$. Set $\hat{K}_\lambda = gr\, P(I_\lambda)/S_+S(\underline{h})$ which is a homogeneous ideal of $\mathcal{R}$. Discussions with I. G. Macdonald of the results [1] of Borho-Jantzen for A_3 had led me to conjecture that $\hat{K}_\lambda$ is always a W module. Actually this fails if λ is not integral ; but can be modified in an obvious fashion through 9 and then can probably be established from 15. In any case this was the main motivation of this paper and I would like to thank I. G. Macdonald for discussions. I should also like to thank

W. Borho, M. Duflo and R. Rentschler for discussions.

Part of this work was effected during May 1976 at the mathematics department of Leeds university. I should like to thank J.C. Mc Connell for arranging my visit and Leeds university for their hospitality.

REFERENCES.

[1]. W. Borho and J.C. Jantzen, Über primitive ideale in der Einhüllenden einer halbeinfacher Lie-algebra, preprint, Bonn, 1976.

[2]. W. Borho and H. Kraft, Über die Gelfand-Kirillov-Dimension; Math. Annalen, 22 , 1976, pp. 1-24.

[3]. R.W. Carter, Simple groups of Lie type, Monographs in pure and applied mathematics, XXVIII, John Wiley, London, 1972.

[4]. J. Dixmier, Algèbres enveloppantes, cahiers scientifiques, XXXVII, Gauthier-Villars, Paris, 1974.

[5]. M. Duflo, Sur la classification des idéaux primitifs dans l'algèbre enveloppante d'une algèbre de Lie semi-simple, preprint, Paris, 1976.

[6]. J.C. Jantzen, Kontravariante Formen auf induzierte Darstellungen, halbeinfacher Lie-algebren, preprint, Bonn, 1975.

Department of Mathematics
TEL-AVIV University
RAMAT-AVIV
ISRAEL

REMARQUE SUR LA COVARIANCE DE CERTAINS OPERATEURS DIFFERENTIELS

Masaki KASHIWARA et Michèle VERGNE

INTRODUCTION

Certaines propriétés d'invariance sous le groupe conforme de l'équation des ondes, des équations de Maxwell, de Dirac, etc... ont été remarquées depuis longtemps ([1],[2]). Suivant B. Kostant[5] nous en donnons ici une démonstration simple en utilisant la relation entre opérateurs différentiels covariants sur un espace homogène et homomorphismes de "modules de Verma" (Lemme 1.3).

Notre méthode consiste en deux étapes :

a) Soient G un groupe semi-simple d'algèbre de Lie $\mathfrak{g}$, P =M A N un sous-groupe parabolique de G tel que N soit commutative d'algèbre de Lie $\mathfrak{n}$, $\mathfrak{n}_-$ l'algèbre de Lie opposée à $\mathfrak{n}$. Soit u un élément de l'algèbre enveloppante de $\mathfrak{n}_-$ semi-invariant sous l'action de M A, alors u considéré comme opérateur différentiel sur G/P est covariant sous l'action de G, c.à.d. produit un opérateur d'entrelacement entre deux représentations de G de la série principale associée à deux caractères de P. Ce résultat a aussi été obtenu par Birgit Speh [7]. Ceci implique donc les relations de covariance pour l'opérateur des ondes $\square$ et ses puissances ([4] ,[5]).

b) On démontre que les relations de covariance des opérateurs de Dirac se déduisent naturellement de celles de $\square$ en tensorisant un module de Verma par des $\mathfrak{g}$ modules de dimension finie appropriés.

Nous remercions I.E. Segal d'avoir attiré notre attention sur ces questions, Hans Jacobsen dont les résultats [3] ont motivé cette remarque, et J. Lepowsky.

1- Homomorphisme de modules de Verma et opérateurs différentiels covariants

Soient G un groupe de Lie réel, $\mathfrak{g}$ son algèbre de Lie, $U(\mathfrak{g}^{\mathbb{C}})$ l'algèbre enveloppante de la complexifié $\mathfrak{g}^{\mathbb{C}}$ de $\mathfrak{g}$. On définit si $X \in \mathfrak{g}$ et si φ est une fonction sur G, le champ de vecteurs $(X\varphi)(g) = \frac{d}{dt}\varphi(g \exp(tX))\big|_{t=o}$, et on étend cette action à $U(\mathfrak{g}^{\mathbb{C}})$.

Soit H un sous-groupe de Lie de G et $\mathfrak{h}$ l'algèbre de Lie de H. Soit λ une représentation de H dans un espace vectoriel V_λ de dimension finie; on notera aussi λ la représentation correspondante de $\mathfrak{h}$.

On définit

1.1 $\mathcal{B}(\lambda) = \{\varphi$:fonctions sur G à valeurs dans V satisfaisant $\varphi(gh) = \lambda(h)^{-1}\varphi(g), g \in G, h \in H\}$. ($\mathcal{B}(\lambda)$ s'identifie à l'espace des sections du fibré $G \underset{H}{\times} V$ sur G/H).

On a donc que si $\varphi \in \mathcal{B}(\lambda)$, $(H\varphi)(g) = -\lambda(H)\varphi(g)$ quel que soit $H \in \mathfrak{h}$. Si H est connexe, ces conditions sont équivalentes. Le groupe G agit sur $\mathcal{B}(\lambda)$ par translation à gauche.

Soit $V_{\lambda'} = V'_\lambda$ l'espace vectoriel dual de V_λ où H agit par la représentation contragrediente λ' ; on note (f,x) la forme bilinéaire canonique sur $V_{\lambda'} \times V_\lambda$. Si φ est une fonction sur G à valeur dans V_λ, u un élément de $U(\mathfrak{g}^{\mathbb{C}})$ et f un élément de $V_{\lambda'}$, on définit la fonction scalaire $(u \otimes f).\varphi$ par $(u \otimes f).\varphi = u\,(f, \varphi(g))$.

Si $\varphi \in \mathcal{B}(\lambda)$, on voit immédiatement que $\{(u\,H \otimes f) - (u \otimes H\,f)\}\varphi = 0$ si $u \in U(\mathfrak{g}^{\mathbb{C}})$, $H \in \mathfrak{h}$ et $f \in V_{\lambda'}$.

On définit le module de Verma (défini pour n'importe quelle représentation de l'algèbre de Lie).

1.2 $V(\lambda') = U(\mathfrak{g}^{\mathbb{C}}) \underset{U(\mathfrak{h}^{\mathbb{C}})}{\otimes} V_{\lambda'}$, i.e. $V(\lambda')$ est le quotient de $U(\mathfrak{g}^{\mathbb{C}}) \underset{\mathbb{C}}{\otimes} V_{\lambda'}$ par les combinaisons linéaires d'éléments de la forme $u\,H \otimes f - u \otimes H\,f$. Par conséquent, quels que soient $u \in V(\lambda')$ et $\varphi \in \mathcal{B}(\lambda)$ la fonction scalaire $u.\varphi$ est bien définie.

1.3 Lemme

Supposons H connexe et soient λ, μ deux représentations de H, α un homomorphisme $\mathfrak{g}$- linéaire: $V(\mu') \longrightarrow V(\lambda')$. Alors il existe un opérateur différentiel $D(\alpha) : \mathcal{B}(\lambda) \longrightarrow \mathcal{B}(\mu)$ commutant à l'action de G et tel que $v(D(\alpha)\varphi) = \alpha(v)\varphi$, pour tout $v \in V(\mu')$.

Démonstration : soit $f \in V'_{\mu}$ alors $\alpha(1 \otimes f) \in V(\lambda')$; on définit donc $D(\alpha)\varphi$ à valeurs dans V_{μ} par les conditions $(f, D(\alpha)\varphi) = \alpha(1 \otimes f).\varphi$. La relation $\alpha(1 \otimes Hf) = \alpha(H \otimes f) = H\alpha(1 \otimes f)$, $H \in \mathfrak{h}$ entraîne que $D(\alpha)\varphi \in \mathcal{B}(\mu)$, et le lemme suit.

Soit τ une représentation de $\mathfrak{g}$ dans un espace vectoriel V_{τ} , λ une représentation de $\mathfrak{h}$.

Formons le produit tensoriel

$$V_{\tau} \otimes_{\mathbb{C}} V(\lambda) = V_{\tau} \otimes_{\mathbb{C}} U(\mathfrak{g}^{\mathbb{C}}) \otimes_{U(\mathfrak{h})} V_{\lambda} .$$

Considérant τ comme une représentation de $\mathfrak{h}$ par restriction et la représentation $\tau \otimes \lambda$ de $\mathfrak{h}$, nous pouvons aussi former le $\mathfrak{g}$-module

$$V(\tau \otimes \lambda) = U(\mathfrak{g}^{\mathbb{C}}) \otimes_{U(\mathfrak{h}^{\mathbb{C}})} (V_{\tau} \otimes_{\mathbb{C}} V_{\lambda}).$$

Notons $\Delta : U(\mathfrak{g}^{\mathbb{C}}) \longrightarrow U(\mathfrak{g}^{\mathbb{C}}) \otimes_{\mathbb{C}} U(\mathfrak{g}^{\mathbb{C}})$ l'homorphisme d'algèbres prolongeant l'application diagonale $X \mapsto X \otimes 1 + 1 \otimes X$ de $\mathfrak{g}^{\mathbb{C}}$ dans $U(\mathfrak{g}^{\mathbb{C}}) \otimes_{\mathbb{C}} U(\mathfrak{g}^{\mathbb{C}})$. Si M_1 et M_2 sont deux $U(\mathfrak{g}^{\mathbb{C}})$-modules, on considère $M_1 \otimes M_2$ comme un

$U(\mathfrak{g}^{\mathbb{C}}) \otimes_{\mathbb{C}} U(\mathfrak{g}^{\mathbb{C}})$ -module par $(u_1 \otimes u_2)(m_1 \otimes m_2) = u_1m_1 \otimes u_2m_2$ et

comme un $U(\mathfrak{g}^{\mathbb{C}})$ module par $u(m_1 \otimes m_2) = \Delta(u)(m_1 \otimes m_2)$. On note par a l'anti-automorphisme de $U(\mathfrak{g}^{\mathbb{C}})$ qui prolonge l'anti-automorphisme $X \mapsto -X$ de $\mathfrak{g}^{\mathbb{C}}$, et on définit $\Delta^a : U(\mathfrak{g}^{\mathbb{C}}) \longrightarrow U(\mathfrak{g}^{\mathbb{C}}) \otimes_{\mathbb{C}} U(\mathfrak{g}^{\mathbb{C}})$ par la composition de $\Delta : U(\mathfrak{g}^{\mathbb{C}}) \longrightarrow U(\mathfrak{g}^{\mathbb{C}}) \otimes_{\mathbb{C}} U(\mathfrak{g}^{\mathbb{C}})$

et $1 \otimes a : U(\mathfrak{g}^{\mathbb{C}}) \otimes_{\mathbb{C}} U(\mathfrak{g}^{\mathbb{C}}) \longrightarrow U(\mathfrak{g}^{\mathbb{C}}) \otimes_{\mathbb{C}} U(\mathfrak{g}^{\mathbb{C}})$.

On a

1.4 $\quad \Delta^a(Xu) = (X \otimes 1)\Delta^a(u) - \Delta^a(u)(1 \otimes X)$ pour $X \in \mathfrak{g}^{\mathbb{C}}$ et $u \in U(\mathfrak{g}^{\mathbb{C}})$, comme on le calcule immédiatement. Nous aurons besoin du lemme suivant, que J. Lepowsky nous a fait remarquer :

1.5 Lemme

L'application $\alpha : U(\mathfrak{g}^{\mathbb{C}}) \otimes_{\mathbb{C}} V_\tau \otimes_{\mathbb{C}} V_\lambda \longrightarrow V_\tau \otimes V(\lambda)$ définie par $\alpha(u \otimes m \otimes n) = \Delta(u)(m \otimes (1 \otimes n))$

et l'application $\beta : V_\tau \otimes_{\mathbb{C}} U(\mathfrak{g}^{\mathbb{C}}) \otimes_{\mathbb{C}} V_\lambda \longrightarrow U(\mathfrak{g}^{\mathbb{C}}) \otimes V_\tau \otimes V_\lambda$ définie par $\beta(m \otimes u \otimes n) = (\Delta^a(u)(1 \otimes m)) \otimes n$ donnent par passage au quotient des $\mathfrak{g}$-isomorphismes

$\alpha : V(\tau \otimes \lambda) \longrightarrow V_\tau \otimes_{\mathbb{C}} V(\lambda)$ et

$\beta : V_\tau \otimes_{\mathbb{C}} V(\lambda) \to V(\tau \otimes \lambda)$

inverses l'un de l'autre.

Démonstration : Il est immédiat de vérifier que $\alpha(uH \otimes m \otimes n) = \alpha(u \otimes H(m \otimes n))$ et donc α définit par passage au quotient un homomorphisme de $V(\tau \otimes \lambda)$ dans $V_\tau \otimes V(\lambda)$.

Considérons tout d'abord β comme une application de $V_\tau \otimes U(\mathfrak{g}^{\mathbb{C}}) \otimes V_\lambda$ dans le $\mathfrak{g}$-module $V(\tau \otimes \lambda)$; on vérifie (1.4) que $\beta(Xm \otimes u \otimes n + m \otimes Xu \otimes n) = X\beta(m \otimes u \otimes n)$. Pour montrer que β passe au quotient, il faut montrer que $\beta(m \otimes uH \otimes n) = \beta(m \otimes u \otimes Hn)$; d'après ce qui précède, par récurrence sur le degré de u, il suffit de le démontrer pour $u = 1$ ce qui est immédiat. Donc par passage au quotient β définit un $\mathfrak{g}$-homomorphisme de $V_\tau \otimes V(\lambda)$ dans $V(\tau \otimes \lambda)$. Il reste à démontrer que α et β sont l'inverse l'un de l'autre; il est facile de voir que $1 \otimes (m \otimes n)$ (resp. $m \otimes (1 \otimes n)$) engendrent $V(\tau \otimes \lambda)$ (resp. $V_\tau \otimes V(\lambda)$) comme $U(\mathfrak{g}^{\mathbb{C}})$ modules et comme $\beta\alpha(1 \otimes m \otimes n) = 1 \otimes m \otimes n$ (resp. $\alpha\beta(m \otimes 1 \otimes n) = m \otimes 1 \otimes n$) ceci achève la démonstration.

Nous utiliserons dans la suite le procédé suivant : soient λ et μ deux représentations de H et supposons donné un $\mathfrak{g}$-homomorphisme $\alpha : V(\mu') \longrightarrow V(\lambda')$, alors quelle que soit la représentation τ de G, $id_\tau \otimes \alpha$

est un $\mathfrak{g}$- homomorphisme de $V_\tau \otimes_{\mathbb{C}} V(\mu') \longrightarrow V_\tau \otimes_{\mathbb{C}} V(\lambda')$.
Nous obtenons donc un $\mathfrak{g}$-homomorphisme de $V(\tau \otimes \mu')$ dans $V(\tau \otimes \lambda')$ et par conséquent un opérateur différentiel $D_\tau(\alpha)$ commutant à l'action de G, transformant les sections du fibré $G \times_H V_{\tau' \otimes \lambda}$ dans des sections du fibré $G \otimes_H V_{\tau' \otimes \mu}$.

Nous montrerons en application au paragraphe 3 comment les relations de covariance pourles opérateurs de Dirac se déduisent de celles de l'opérateur des ondes.

2 - Un cas particulier

Soit $\mathfrak{g}$ une algèbre de Lie réelle et on suppose que

$\mathfrak{g} = \mathfrak{g}_{-1} \oplus \mathfrak{g}_0 \oplus \mathfrak{g}_1$ avec $[\mathfrak{g}_i , \mathfrak{g}_j] \subset \mathfrak{g}_{i+j}$

(on pose $\mathfrak{g}_i = o$, si $i \neq o, 1, -1$)

En particulier $\mathfrak{g}_0$ est une sous-algèbre, ainsi que $\mathfrak{p} = \mathfrak{g}_0 \oplus \mathfrak{g}_1$.

Soit λ un caractère de $\mathfrak{g}_0$, i.e. $\lambda([\mathfrak{g}_0, \mathfrak{g}_0]) = 0$

On considère λ comme un caractère de $\mathfrak{p}$ par $\lambda(\mathfrak{g}_1) = 0$ et $\mathbb{C}\, 1_\lambda$ la représentation de dimension un de $U(\mathfrak{p}^{\mathbb{C}})$ correspondante; on forme $V(\lambda) = U(\mathfrak{g}^{\mathbb{C}}) \otimes_{U(\mathfrak{p}^{\mathbb{C}})} \mathbb{C}\, 1_\lambda$; on note encore 1_λ le générateur canonique de $V(\lambda)$.

On considère l'action adjointe de $\mathfrak{g}_0$ dans la sous-algèbre abèlienne $\mathfrak{g}_{-1}$; on définit $\rho(A) = -\frac{1}{2} \operatorname{Tr}_{\mathfrak{g}_{-1}} \operatorname{ad} A$.

<u>2.1 Proposition</u> : <u>Soit</u> d <u>un élément de</u> $\underline{\underline{S}}(\mathfrak{g}_{-1})$ <u>semi-invariant de poids</u> μ <u>sous l'action de</u> $\mathfrak{g}_0$, <u>alors l'application</u> $1_{\frac{\mu}{2}-\rho} \longmapsto d.1_{-\frac{\mu}{2}-\rho}$ <u>définit un homomorphisme du module de Verma</u> $V(\frac{1}{2}\mu - \rho)$ dans $V(-\frac{1}{2}\mu - \rho)$.

<u>Démonstration</u> : Il est immédiat que $d.\, 1_{-\mu/2-\rho}$ est de poids $\frac{1}{2}\mu - \rho$ par rapport à $\mathfrak{g}_0$; il s'agit donc de montrer que si $X \in \mathfrak{g}_1$, $X.d.\,1_{-\mu/2-\rho} = 0$.

Soit $X \in \mathfrak{g}_1$ fixé, on considère l'application $\varphi : \underline{\underline{S}}(\mathfrak{g}_{-1}) \longrightarrow U(\mathfrak{g})$ définie par $\varphi(u) = [X,u]$ pour $u \in \underline{\underline{S}}(\mathfrak{g}_{-1})$; on a évidemment $\varphi(uv) = \varphi(u)\, v + u\, \varphi(v)$.

On considère $(e_1, e_2, \ldots, e_n)$ une base de $\mathfrak{g}_{-1}$ et les dérivations $\delta_i : \underline{\underline{S}}(\mathfrak{g}_{-1}) \longrightarrow \underline{\underline{S}}(\mathfrak{g}_{-1})$ définies par $\delta_i(e_j) = \delta_{ij}$. Pour toute dérivation $D : \underline{\underline{S}}(\mathfrak{g}_{-1}) \longrightarrow \underline{\underline{S}}(\mathfrak{g}_{-1})$ on a donc $D(u) = \sum_i \delta_i(u)\, D(e_i)$. Nous allons exprimer φ en fonction des applications δ_i.

2.2 Lemme :

Soient $X \in \mathfrak{g}_1$, $u \in \underline{\underline{S}}(\mathfrak{g}_{-1})$, alors

$$[X,u] = \sum_i \delta_i(u)\,([X,e_i] + \rho[X,e_i]) + \frac{1}{2}\,\delta_i[[X,e_i],u]$$

Supposons démontré ce lemme ; puisque d est semi-invariant de poids μ et $[X,e_i] \subset \mathfrak{g}_o$, nous avons $[[X,e_i],d] = \mu([X,e_i])\,d$ et par conséquent

$$X.\,d\,.\,1_{-\mu/2-\rho} = [X,d].\,1_{-\mu/2-\rho}$$

$$= \sum_i \delta_i(d)\,(-\frac{1}{2}\mu[X,e_i] - \rho[X,e_i] + \rho[X,e_i] + \frac{1}{2}\mu[X,e_i]).1_{-\mu/2-\rho}$$

$= 0.$

Il nous reste à démontrer le lemme ; appelons $\varphi'(u)$ le deuxième membre; vérifions tout d'abord que $\varphi(e_k) = \varphi'(e_k)$; c.à.d. que

$$\rho[X,e_k] = -\frac{1}{2}\sum_i \delta_i\,[[X,e_i],e_k];$$

mais $[[X,e_i],e_k] = [[X,e_k],e_i]$ et il est clair que $\sum_i \delta_i([A,e_i]) = \mathrm{Tr\,ad}_{\mathfrak{g}_{-1}} A$, si $A \in \mathfrak{g}_o$ d'où $\varphi(e_k) = \varphi'(e_k)$.

Il nous reste à vérifier que $\varphi'(uv) = \varphi'(u)\,v + u\,\varphi'(v)$. Notons D_i la dérivation de $\underline{\underline{S}}(\mathfrak{g}_{-1})$ définie par $D_i(v) = [[X,e_i],v]$.
Remarquons que si $u \in \underline{\underline{S}}(\mathfrak{g}_{-1})$ et $v \in \underline{\underline{S}}(\mathfrak{g}_{-1})$, $[[X,u],v] \in \underline{\underline{S}}(\mathfrak{g}_{-1})$.
Donc l'application $v \mapsto [[X,u],v]$ étant une dérivation, on a $[[X,u],v] = \sum_i \delta_i(v)\,[[X,u],e_i] = \sum_i \delta_i(v)\,D_i(u)$ car $\mathfrak{g}_{-1}$ est commutative.
Comme $[[X,u],v] = [[X,v],u]$ on voit donc que $\sum_i \delta_i(v)\,D_i(u) = \sum_i \delta_i(u) D_i(v)$.
Nous avons

$\varphi'(u) = \sum_i \rho[X,e_i]\,\delta_i(u) + \sum_i \delta_i(u)\,[X,e_i] + \frac{1}{2}\sum_i \delta_i\,D_i(u)$ et il vient donc

$\varphi'(uv) - \varphi'(u)v - u\,\varphi'(v) = \sum_i (\delta_i(uv)\,[X,e_i] - \delta_i(u)\,[X,e_i]\,v -$
$u\,\delta_i(v)\,[X,e_i]) + \frac{1}{2} \sum_i ((\delta_i\, D_i)\,(uv) - (\delta_i\, D_i)\,(u)\,v - u\,(\delta_i\, D_i)(v))$

$= \sum_i \delta_i(u)\,[v,[X,e_i]] + \frac{1}{2} \sum_i (\delta_i\,(u)\, D_i(v) + \delta_i\,(v)\, D_i(u))$

$= \frac{1}{2} \sum_i (\delta_i\,(v)\, D_i\,(u) - \delta_i(u)\, D_i\,(v)) = 0$

C.Q.F.D.

(Nous n'utilisons pas ici la propriété que $\mathfrak{g}_1$ soit commutative)

Soit G un groupe de Lie réel d'algèbre de Lie $\mathfrak{g}$. Soit G_o un sous-groupe non nécessairement connexe de G d'algèbre de Lie $\mathfrak{g}_o$ normalisant $\mathfrak{g}_1$ et $\mathfrak{g}_{-1}$. Soient G_1 et G_{-1} les sous-groupes connexes de G d'algèbres de Lie $\mathfrak{g}_1$ et $\mathfrak{g}_{-1}$. On forme $P = G_o\, G_1$, considère λ une représentation de dimension 1 de G_o, on étend λ en une représentation de P triviale sur G_1. On considère le caractère de G_o défini par $\delta(g) = |\det(\mathrm{Ad}g\ ;\ \mathfrak{g}_{-1})|$. On forme les espaces $\mathcal{B}(\lambda)$ et $\mathcal{B}(\lambda^{-1} \otimes \delta^{-1})$ de sections des fibrés linéaires sur G/P associés à λ et à $\lambda^{-1} \otimes \delta^{-1}$.

2.3. Proposition :

Soit $u \in \underline{S}(\mathfrak{g}_{-1})$ semi-invariant sous l'action de G_o, tel que $g_o.u = \lambda^2(g_o)\,\delta(g_o)\,u$. L'opérateur $D(u)\varphi = u.\varphi$ envoie $\mathcal{B}(\lambda)$ dans $\mathcal{B}(\lambda^{+1} \otimes \delta^{-1})$ et commute à l'action de G.

Démonstration : Il est clair que $\varphi \mapsto u.\varphi$ commute à l'action de G. D'autre part les conditions de covariance de la fonction $D(u).\varphi$ par rapport à G_o se déduisent immédiatement des hypothèses. Celles par rapport à G_1 sont équivalentes aux conditions infinitésimales $X.u.\varphi = 0$ ($X \in \mathfrak{g}_1$) et se déduisent donc de la proposition 2.1.

3 - Applications

a) Le groupe U(2,2) et les équations de Dirac.

Nous écrivons toute matrice t complexe 4 x 4 par blocs $t = \begin{pmatrix} a & b \\ c & d \end{pmatrix}$, où a, b, c, et d sont des matrices 2 x 2 à coefficients complexes.

On considère la matrice hermitienne $p = \begin{pmatrix} o & -i \\ i & o \end{pmatrix}$; la signature de la forme hermitienne associée est (2,2).

On définit $G = SU(2,2) = \{ g \ ; \ g^* pg = p \text{ et } \det g = 1 \}$ et $\mathfrak{g}$ son algèbre de Lie.

Soient $\mathfrak{g}_o = \left\{ \begin{pmatrix} A & o \\ o & -A^* \end{pmatrix} ; A \in gl(2, \mathbb{C}), \text{Tr } A \text{ réelle} \right\}$,

$\mathfrak{g}_1 = \left\{ \begin{pmatrix} o & o \\ x & o \end{pmatrix} ; x = x^* \right\}$ et $\mathfrak{g}_{-1} = \left\{ \begin{pmatrix} o & x \\ o & o \end{pmatrix} ; x = x^* \right\}$; alors on a

$\mathfrak{g} = \mathfrak{g}_{-1} \oplus \mathfrak{g}_o \oplus \mathfrak{g}_1$ avec $[\mathfrak{g}_i, \mathfrak{g}_j] \subset \mathfrak{g}_{i+j}$.

On considère les sous-groupes correspondants :

$G_o = \left\{ g(a) = \begin{pmatrix} a & o \\ o & a^{*-1} \end{pmatrix} : a \in GL(2, \mathbb{C}), \det a \text{ réel} \right\}$,

$G_1 = \left\{ v(y) = \begin{pmatrix} 1 & o \\ y & 1 \end{pmatrix} ; y = y^* \right\}$ et

$G_{-1} = \left\{ u(x) = \begin{pmatrix} 1 & x \\ o & 1 \end{pmatrix} ; x = x^* \right\}$; posons $P = G_o \, G_1$.

On écrit tout élément x de l'espace H(2) des matrices 2x2 hermitiennes sous la forme $x = \begin{pmatrix} t + x_1 & x_2 + ix_3 \\ x_2 - ix_3 & t - x_1 \end{pmatrix}$ et on considère le polynôme

$\det x = t^2 - x_1^2 - x_2^2 - x_3^2$ sur H (2) ; ce polynôme est semi-invariant pour l'action $a. x = axa^*$ du group $GL(2, \mathbb{C})$ dans H(2).

On identifie H(2) à l'espace de Minkowski et on plonge H(2) comme un sous-ensemble ouvert dense de G/P par $x \mapsto u(x)$. Le groupe G = SU (2,2) agit dans $H(2) \subset G/P$ par $g.x = (ax + b)(cx + d)^{-1}$ avec $g = \begin{pmatrix} a & b \\ c & d \end{pmatrix}$.

On considère les opérateurs : $\square = \partial^2/\partial t^2 - \sum_{i=1}^{3} \partial^2/\partial x_i^2$,

$$\frac{\partial}{\partial x} = \begin{pmatrix} \frac{\partial}{\partial t}+\frac{\partial}{\partial x_1} & \frac{\partial}{\partial x_2}+i\frac{\partial}{\partial x_3} \\ \frac{\partial}{\partial x_2}-i\frac{\partial}{\partial x_3} & \frac{\partial}{\partial t}-\frac{\partial}{\partial x_1} \end{pmatrix},$$

et nous allons démontrer les relations classiques de covariance de ces opérateurs et des opérateurs de Dirac généraux par rapport à l'action du groupe G sur H(2).

Soit e_{ij} la base canonique des matrices 2 x 2 (c.à.d., les composantes de e_{ij} sont zéro sauf à (i,j) et 1 à (i,j); donc $e_{ij}\, e_{re} = \delta_{jr} e_{ie}$
Considérons $E_{ij} = \begin{pmatrix} 0 & e_{ij} \\ 0 & 0 \end{pmatrix}$; les E_{ij} forment une base de $\mathfrak{g}_{-1}$.

On considère $\square \in \underline{\underline{S}}(\mathfrak{g}_{-1}^{\mathbb{C}})$, $\square = E_{11}\, E_{22} - E_{12}\, E_{21}$. Par l'identification des éléments de S ($\mathfrak{g}_{-1}^{\mathbb{C}}$) aux opérateurs invariants sur G_{-1} , ou bien aux opérateurs à coefficients constants sur H(2), $\square$ correspond à l'opérateur des ondes.

On vérifie immédiatement que

$g(a)\square = (\det a)^2 \square$

$\delta(g(a)) = (\det a)^4$

Soit $\mathbb{C}1_\lambda$ l'espace vectoriel de dimension 1 muni de la représentation $\begin{pmatrix} A & 0 \\ 0 & -A^* \end{pmatrix} 1_\lambda = (\lambda \,\mathrm{Tr} A)\, 1_\lambda$ de $\mathfrak{g}_o$; notons $V(\lambda) = U(\mathfrak{g}^{\mathbb{C}}) \otimes_{U(\mathfrak{p}^{\mathbb{C}})} \mathbb{C}1_\lambda$

Alors on déduit de laProposition 2.1., 2.3 la proposition suivante .

3.1. Proposition

a) L'application $1 \otimes_{U(\mathfrak{p}^{\mathbb{C}})} 1_{2+p} \mapsto \square^p \otimes_{U(\mathfrak{p}^{\mathbb{C}})} 1_{2-p}$ se prolonge une inclusion $i(\square^p)$ du module de Verma $V(2+p) \to V(2-p)$.

b) Soit λ_p un caractère de G_o tel que $\lambda_p(g(a)) = (\det a)^p$ ou bien

$\lambda_p(g(a)) = (\det a)^p \operatorname{sgn}(\det a)$, <u>alors l'opérateur</u> $\square^p$ <u>envoie</u> $\mathcal{B}(\lambda_{p-2})$ <u>dans</u> $\mathcal{B}(\lambda_{p-2}^{-1} \otimes \delta^{-1}) = \mathcal{B}(\lambda_{-p-2})$ <u>commutant avec l'action du groupe</u> G.

On peut expliciter le b) de cette proposition comme une relation de covariance pour l'opérateur

$\square = \frac{\partial^2}{\partial t} - \sum_{i=1}^{3} \frac{\partial^2}{\partial x_i^2}$ et ses puissances entre des représentations du groupr SU(2,2) agissant sur l'espace de Minkowski ;

En effet si λ est une représentation de G_o (on écrit $\lambda(a) = \lambda(g(a))$) on identifie $\mathcal{B}(\lambda)$ à un sous-espace $S(\lambda)$ de fonctions sur $\mathbb{R}^4$ à valeurs dans V_λ par $(R_\lambda \varphi)(x) = \varphi(u(x))$.
La représentation de G par translations à gauche dans $\mathcal{B}(\lambda)$ devient la représentation T_λ de G dans $S(\lambda)$ donnée par :

$(T_\lambda(g)\, f)\,(x) = \lambda(c\,x + d)^* \, f\,((ax + b)\,(cx + d)^{-1})$ pour $g^{-1} = \begin{pmatrix} a & b \\ c & d \end{pmatrix}$.

Pour $\lambda_p(g(a)) = (\det a)^p$ ou $\operatorname{sgn}(\det a)\,(\det a)^p$ le diagramme suivant :

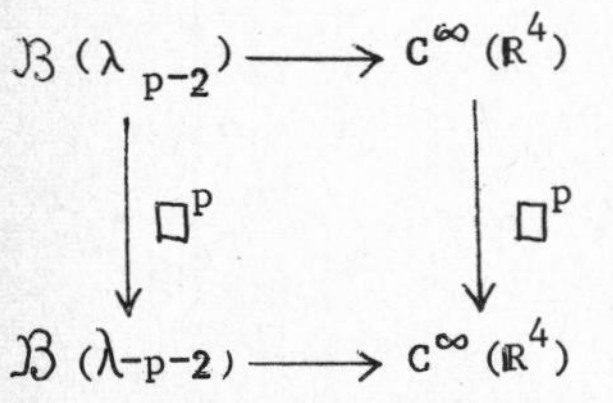

$$\begin{array}{ccc} \mathcal{B}(\lambda_{p-2}) & \longrightarrow & C^\infty(\mathbb{R}^4) \\ \downarrow \square^p & & \downarrow \square^p \\ \mathcal{B}(\lambda_{-p-2}) & \longrightarrow & C^\infty(\mathbb{R}^4) \end{array}$$

est évidemment commutatif et on en déduit la relation ([5])

$\square^p \circ T_{\lambda_{p-2}}(g) = T_{\lambda_{-p-2}}(g) \circ \square^p$

sur le sous-espace des fonctions C^∞ sur $\mathbb{R}^4$ se prolongeant en des sections C^∞ du fibré $G \times_P \mathbb{C}_{\lambda p-2}$ sur la compactification G/P de $\mathbb{R}^4$.

On voit en particulier que la représentation de $SU(2,2)$: $(T_{p-2}(g)f)(x) = \det(cx+d)^{p-2} f((ax+b)(cx+d)^{-1})$ avec $g^{-1} = \begin{pmatrix} a & b \\ c & d \end{pmatrix}$ laisse stable l'espace des f vérifiant $\Box^p f = 0$, puisque $\Box^p T_{p-2}(g) = T_{-p-2}(g)\Box^p$. ([5]).

En tensorisant l'inclusion $i(\Box)$ des modules de Verma $V(3) \longrightarrow V(1)$ par des représentations de dimension finies bien choisies de $\mathfrak{g}$, nous allons en déduire les relations de covariance vérifiées par les opérateurs de Dirac.

Soit $S = \mathbb{C}e_1^+ \oplus \mathbb{C}e_2^+ \oplus \mathbb{C}e_1^- \oplus \mathbb{C}e_2^- = S^+ \oplus S^-$.

$S^{\pm} = \mathbb{C}e_1^{\pm} \oplus \mathbb{C}e_2^{\pm}$ et (S,τ) la représentation naturelle de $\mathfrak{g}$ dans S ;

S_- est stable par l'action de $\mathfrak{p}$.

Considérons l'opérateur :

$$\frac{\partial}{\partial x} = \begin{pmatrix} \frac{\partial}{\partial t} + \frac{\partial}{\partial x_1} & \frac{\partial}{\partial x_2} + i\frac{\partial}{\partial x_3} \\ \frac{\partial}{\partial x_2} - i\frac{\partial}{\partial x_3} & \frac{\partial}{\partial t} - \frac{\partial}{\partial x_1} \end{pmatrix}$$ comme un opérateur

$\frac{\partial}{\partial x}$: $C^{\infty}(H(2), S^+) \longrightarrow C^{\infty}(H(2), S^-)$ qui transforme une fonction φ sur $H(2)$ à valeurs dans $\mathbb{C}^2$ identifié à S^+, en la fonction $\frac{\partial}{\partial x}\varphi$ à valeurs dans $\mathbb{C}^2$ identifié à S^-.

Soit U^+ (resp. U^-) la représentation de $SU(2,2)$ dans l'espace des fonctions sur $H(2)$ à valeurs dans S^+ (resp. dans S^-) identifié à $\mathbb{C}^2$, définie par

$(U^+(g)f)(x) = (cx+d)^* \det(cx+d)^{-2} f((ax+b)(cx+d)^{-1})$

$(U^-(g)f)(x) = (cx+d)^{-1} \det(cx+d)^{-2} f((ax+b)(cx+d)^{-1})$ pour

$g^{-1} = \begin{pmatrix} a & b \\ c & d \end{pmatrix}$.

Nous allons montrer la relation : [5]

$$\frac{\partial}{\partial x} U^+(g) = U^-(g) \frac{\partial}{\partial x}$$

et des relations similaires pour des opérateurs de Dirac généreux.

On considère le produit tensoriel $\otimes^n S$ et le sous-espace symétrique S_n des tenseurs symmétriques.

En particulier, S_n admet une filtration stable par $\mathfrak{p}$.

$0 \subset (S^-)^n \subset (S^-)^{n-1} S \subset \ldots \subset S^- S^{n-1} \subset S_n$. et une graduation

$S_n = \bigoplus_{i+j=n} (S^-)^i (S^+)^j$ stable par $\mathfrak{g}_o$. $(S^-)^i S^j / (S^-)^{i+1} S^{j-1}$ s'identifie

à $(S^-)^i (S^+)^j$ en tant que représentation de $\mathfrak{p}$ sur laquelle $\mathfrak{g}_1$ opère trivialement.

Considérons $i(\square) : V(3) \longrightarrow V(1)$

Formons

$$i(\square, S_n) : S_n \otimes V(3) \xrightarrow{id \otimes i(\square)} S_n \otimes V(1)$$

et considérons l'isomorphisme

$$\beta \ (1.4) \ S_n \otimes V(\lambda) \longrightarrow V(S_n \otimes \mathbb{C}_\lambda).$$

Nous obtenons donc un opérateur $i_n(\square) : V(S_n \otimes \mathbb{C} 1_3) \rightarrow V(S_n \otimes \mathbb{C} 1_1)$ avec $i_n(\square)(f \otimes 1_3) = \beta(f \otimes \square 1_1)$

$$= \Delta^a(\square)(1 \otimes f) \otimes 1_1$$

Nous avons

$$\Delta^a(\square) = \square \otimes 1 - D + 1 \otimes \square$$

dans $U(\mathfrak{g}^{\mathbb{C}}) \otimes U(\mathfrak{g}^{\mathbb{C}})$ où

$$D = E_{11} \otimes E_{22} + E_{22} \otimes E_{11} - E_{12} \otimes E_{21} - E_{21} \otimes E_{12} .$$

Comme $\mathfrak{g}_{-1} S^+ = 0$ et $\mathfrak{g}_{-1} S^- \subset S^+$, $\square$ transforme $(S^-)^i (S^+)^j$ dans $(S^-)^{i-2}(S^+)^{j+2}$. D'autre part $\square$ commute avec l'action de $\mathfrak{g}_o^o = \left\{ \begin{pmatrix} A & 0 \\ 0 & -A^* \end{pmatrix} ; \mathrm{Tr} A = 0 \right\}$.

Cependant, $(S^+)^i (S^-)^i$ et $(S^+)^{i+2}(S^-)^{i-2}$ sont deux représentations irréductibles non isomorphes de $\mathfrak{g}_o^o = sl(2 : \mathbb{C})$, on a donc $\square = 0$ sur $(S^+)^j (S^-)^i$ et par conséquent $\square$ est un opérateur identique nul sur S_n (Ce fait peut se démontrer aussi directement).

On a donc

On a donc

$(f \otimes \square 1_1)$

$= \square \otimes f \otimes 1_1 - (E_{11} \otimes E_{22} f + E_{22} \otimes E_{11} f - E_{12} \otimes E_{21} f - E_{21} \otimes E_{12} f) \otimes 1_1 .$

Considérons la filtration

$$U(\mathfrak{g}^{\mathbb{C}}) \underset{U(\mathfrak{p}^{\mathbb{C}})}{\otimes} ((S^-)^n \otimes \mathbb{C} 1_\lambda) \subset U(\mathfrak{g}^{\mathbb{C}}) \underset{U(\mathfrak{p}^{\mathbb{C}})}{\otimes} ((S^-)^{n-1} S \otimes \mathbb{C} 1_\lambda)$$

$$\subset \ldots\ldots \subset U(\mathfrak{g}^{\mathbb{C}}) \underset{U(\mathfrak{p}^{\mathbb{C}})}{\otimes} (S_n \otimes \mathbb{C} 1_\lambda).$$

on a alors par la formule précédente

$$i_n(\square)\ (U(\mathfrak{g}^{\mathbb{C}}) \underset{U(\mathfrak{p}^{\mathbb{C}})}{\otimes} ((S^-)^i S^j \otimes \mathbb{C} 1_3)) \subset U(\mathfrak{g}^{\mathbb{C}}) \underset{U(\mathfrak{p}^{\mathbb{C}})}{\otimes} ((S^-)^{i-1} S^{j+1} \otimes \mathbb{C} 1_1)).$$

Par passage au quotient, on obtient des homomorphismes :

$$D_{ij} : U(\mathfrak{g}^{\mathbb{C}}) \underset{U(\mathfrak{p}^{\mathbb{C}})}{\otimes} ((S^-)^i (S^+)^j \otimes \mathbb{C} 1_3) \longrightarrow U(\mathfrak{g}^{\mathbb{C}}) \underset{U(\mathfrak{p}^{\mathbb{C}})}{\otimes} ((S^-)^{i-1} (S^+)^{j+1} \otimes \mathbb{C} 1_1).$$

Ils sont donnés par

$$-D_{ij}\ (1 \otimes f \otimes 1_3) = E_{11} \otimes E_{22} f \otimes 1_1 + E_{22} \otimes E_{11} f \otimes 1_1 - E_{12} \otimes E_{21} f \otimes 1_1$$

$$-E_{21} \otimes E_{12} f \otimes 1_1$$

Donc on obtient :

$$D(D_{ij}) : \mathcal{B}(((S^-)^{i-1} (S^+)^{j+1})' \otimes \mathbb{C} 1_{-1}) \longrightarrow \mathcal{B}(((S^-)^i (S^+)^j)' \otimes \mathbb{C} 1_{-3})$$

Comme si $g \in GL(2; \mathbb{C})$, on a ${}^t g^{-1} = \begin{pmatrix} 0 & 1 \\ -1 & 0 \end{pmatrix} g \begin{pmatrix} 0 & -1 \\ 1 & 0 \end{pmatrix} (\det g)^{-1}$
la représentation $(S^+)'$ est équivalente à $S^+ \otimes \mathbb{C}_{-1}$ et $(S^-)'$ est équivalente à $S^- \otimes \mathbb{C}_1$.

On obtient donc un opérateur

$$D(D_{ij}) : \mathcal{B}((S^-)^{i-1} (S^+)^{j+1} \otimes \mathbb{C}_{i-j-3}) \longrightarrow \mathcal{B}((S^-)^i (S^+)^j \otimes \mathbb{C}_{i-j-3})$$

commutant à l'action de G.

Cet opérateur est donné explicitement par

$$D(D_{ij})\,(\varphi(x)\, v_1^- \otimes \cdots \otimes v_{i-1}^- \otimes v_1^+ \otimes \cdots \otimes v_{j+1}^+)$$

$$= v_1^- \otimes \cdots \otimes v_{i-1}^- \otimes \frac{\partial}{\partial x}(\varphi(x)\, v_1^+) \otimes \cdots \otimes v_{j+1}^+$$

$$+ \cdots + v_1^- \otimes \cdots \otimes v_{i-1}^- \otimes v_1^+ \otimes \cdots \otimes v_j^+ \otimes \frac{\partial}{\partial x}(\varphi(x)\, v_{j+1}^+)$$

pour $v_1^-, \ldots, v_{i-1}^- \in S^-$ et $v_1^+, \ldots, v_{j+1}^+ \in S^+$, quand on identifie

$\mathcal{B}((S^-)^{i-1}\,(S^+)^{j+1} \otimes \mathbb{C}_{i-j-3})$ l'espace des fonctions sur $\mathbb{R}^4$ à valeurs dans $(S^-)^{i-1}(S^+)^{j+1}$ et entrelace les représentations correspondantes de SU(2,2).

Pour i = 1, nous obtenons les relations de covariance conforme pour les opérateurs de Dirac D_n (correspondant au spin $\frac{n}{2}$) démontrées dans [4]. En particulier la représentation U_n de G dans l'espace des fonctions sur H (2) à valeurs dans $(S^+)^n$ définie par :

$$(T_n(g)\, f)\,(x) = \tau_n(cx+d)^* \det(cx+d)^{-(n+1)}\, f(ax+b)\,(cx+d)^{-1} \quad \text{pour}$$

$g^{-1} = \begin{pmatrix} a & b \\ c & d \end{pmatrix}$ laisse stable l'espace des solutions de $D_n\varphi = 0$ (pour n = 2, ces équations coïncident avec les équations de Maxwell). Dans [4], il est montré que ces espaces de solutions sont unitarisables, pour les représentations T_n. Il serait intéressant d'étudier cette question pour l'espace des solutions des équations $D(D_{ij})\varphi = 0$ pour $i > 1$. On peut démontrer par ce procédé les relations de covariance pour certains opérateurs différentiels similaires pour les groupes Sp (n,R) ou SU(n,n) établies dans [3].

Considérons par exemple le groupe SU (n,n). On écrit les matrices (2n x 2n) en blocs $\begin{pmatrix} a & b \\ c & d \end{pmatrix}$; on pose:

$$S = \mathbb{C}^{2n} = \mathbb{C}^n \oplus \mathbb{C}^n = S^+ \oplus S^-,$$

$$G = \left\{ g \in GL(2n,\mathbb{C}) \;;\; g^* \begin{pmatrix} o & i \\ -i & o \end{pmatrix} g = \begin{pmatrix} o & i \\ -i & o \end{pmatrix},\ \det g = 1 \right\}$$

$$G_o = \left\{ g(a) = \begin{pmatrix} a & o \\ o & a^{*-1} \end{pmatrix} \;;\; a \in GL(n,\mathbb{C}),\ \det a \text{ réel} \right\}$$

$G_1 = \left\{ v(y) = \begin{pmatrix} 1 & 0 \\ y & 1 \end{pmatrix} ; \ y = y^* \right\}$

$G_{-1} = \left\{ u(z) = \begin{pmatrix} 1 & z \\ 0 & 0 \end{pmatrix} ; \ z = z^* \right\}$

$P = G_o G_1$ et $\mathfrak{g}, \mathfrak{g}_o, \mathfrak{g}_1, \mathfrak{g}_{-1}$, les algèbres de Lie correspondantes. Alors G/P contient l'espace $H(n)$ des matrices hermitiennes comme un sous-ensemble ouvert et dense par $z \mapsto u(z)$.

On note $\mathbb{C}_\lambda = \mathbb{C} 1_\lambda$ la représentation de $\mathfrak{g}_o$ définie par $\begin{pmatrix} a & o \\ o & -a^* \end{pmatrix} . 1_\lambda = \lambda(\mathrm{tr}\, a) 1_\lambda$

On définit la base E_{ij} $(1 \leqslant i,j \leqslant n)$ de $\mathfrak{g}_{-1}^{\mathbb{C}}$ de la même façon que SU(2,2) et on considère $\square = \det(E_{ij})$. Alors $\square$ est semi-invariant par rapport à G_o, et donc on obtient $\square = V(n+1) \longrightarrow V(n-1)$;

donc $\det(\partial/\partial z_{ij}) : \mathcal{B}(\mathbb{C}_{1-n}) \longrightarrow \mathcal{B}(\mathbb{C}_{-1-n})$ entrelace les représentations correspondantes de G.

On considère par exemple :

$\overset{n-1}{\wedge} S \otimes \square : \overset{n-1}{\wedge} S \otimes V(n+1) \longrightarrow \overset{n-1}{\wedge} S \otimes V(n-1)$

et la composition :

$$U(\mathfrak{g}^{\mathbb{C}}) \underset{U(\mathfrak{p}^{\mathbb{C}})}{\otimes} \left(\overset{n-1}{\wedge} S^- \otimes \mathbb{C}_{n+1} \right) \longrightarrow U(\mathfrak{g}^{\mathbb{C}}) \underset{U(\mathfrak{p}^{\mathbb{C}})}{\otimes} \left(\overset{n-1}{\wedge} S \otimes \mathbb{C}_{n+1} \right)$$

$$\cong \overset{n-1}{\wedge} S \otimes V(n+1) \xrightarrow{\mathrm{id} \otimes \square} \overset{n-1}{\wedge} S \otimes V(n-1)$$

$$\cong U(\mathfrak{g}^{\mathbb{C}}) \underset{U(\mathfrak{p}^{\mathbb{C}})}{\otimes} \left(\overset{n-1}{\wedge} S \otimes \mathbb{C}\, n-1 \right)$$

$$\longrightarrow U(\mathfrak{g}^{\mathbb{C}}) \underset{U(\mathfrak{p}^{\mathbb{C}})}{\otimes} \left(\overset{n-1}{\wedge} S^+ \otimes \mathbb{C}\, n-1 \right).$$

En identifiant $\wedge^{n-1} S^{\pm}$ à $(S^{\pm})' \otimes \mathbb{C}_{\pm 1}$, on obtient

$$D : U(\mathfrak{g}^{\mathbb{C}}) \underset{U(\mathfrak{p}^{\mathbb{C}})}{\otimes} (S^{-'} \otimes \mathbb{C}_n) \longrightarrow U(\mathfrak{g}^{\mathbb{C}}) \underset{U(\mathfrak{p}^{\mathbb{C}})}{\otimes} (S^{+'} \otimes \mathbb{C}_n)$$

qui est donné par $1 \otimes f \otimes 1_n \longmapsto \sum_{i,j} E_{ij} \otimes E_{ij} f \otimes 1_n$

par le même raisonnement que SU (2,2).

L'opérateur différentiel correspondant :

$\mathcal{B}(S^+ \otimes \mathbb{C}_{-n}) \longrightarrow \mathcal{B}(S^- \otimes \mathbb{C}_{-n})$

est explicitement donné par la matrice $\left(\frac{\partial}{\partial z_{ji}}\right)$ lorsque on identifie $\mathcal{B}(S^{\pm} \otimes \mathbb{C}_{-n})$ à un sous-espace de fonction sur $H(n) = \{(z_{ij})\}$ à valeur dans $\mathbb{C}^n$.

c) Le groupe O(2,n) et l'équation des ondes .

Considérons l'espace vectoriel $\mathbb{R}^{n+1} = \sum_{i=o}^{n} \mathbb{R}e_i$. On écrit un élément x de $\mathbb{R}^{n+1}$ sous la forme $x = (t,\vec{x}) = (t,x_1,\ldots,x_n)$. On définit la forme quadratique $d(x) = t^2 - x_1^2 - \ldots - x_n^2$, l'inversion du temps $r(t,\vec{x}) = (-t,\vec{x})$ l'inversion conforme $\sigma(x) = d(x)^{-1}\, r(x)$.

On démontrera que l'opérateur des ondes $\Box = \frac{\partial^2}{\partial t^2} - \sum_{i=1}^{n} \frac{\partial^2}{\partial x_i^2}$ et ses puissances sont covariants par rapport à l'action du groupe conforme.

Considérons l'espace vectoriel $V = \mathbb{R}^2 \oplus \mathbb{R}^{n+1} = \mathbb{R} f_1 \oplus \mathbb{R} f_2 \oplus \sum_{i=o}^{n} \mathbb{R}e_i$.
Nous considérons la forme quadratique sur V définie par

$Q(v) = y_1 y_2 + d(x) \quad (v = y_1 f_1 + y_2 f_2 + x)$.Cette forme est de signature $(2,n+1)$. On écrit $Q(v,v')$ pour la forme bilinéaire symétrique associée (donc $Q(f_1, f_2) = 1/2$).

Nous définissons $G = O(2,n+1) = \{g \in GL(V) \; ; \; Q(gv) = Q(v) \; (v \in V)\}$.
Le groupe $O(1,n)$ de transformations de $\mathbb{R}^{n+1}$ laissant stable la forme d, est inclus naturellement dans le groupe G. Soit $A = \{a(t) \; ; \; t \in \mathbb{R} - \{0\}\}$ le sous-groupe de $O(2,n+1)$ défini par

$a(t) f_1 = tf_1$, $a(t) f_2 = t^{-1} f_2$, $a(t) e_i = e_i$. Il est immédiat (en considérant les valeurs propres de la transformation a(t)) que le commutant de A est le groupe $G_o = A \times O(1,n)$. On considère le sous-groupe P de G conservant le sous-espace totalement isotrope $\mathbb{R}f_1$. Soit χ le caractère du P défini par

$\chi(p)f_1 = pf_1$ pour $p \in P$.

Si $v \in \mathbb{R}^{n+1}$, on introduit les transformations de V:

$X_+(v)\, f_1 = f_1$ $\qquad$ $X_-(v)\, f_1 = f_1 - d(v)\, f_2 + v$

$X_+(v) f_2 = f_2 - d(v) f_1 + v$ $\qquad$ $X_-(v)\, f_2 = f_2$

$X_+(v)\, e_i = e_i - 2\, Q(v,e_i) f_1$ $\qquad$ $X_-(v)\, e_i = e_i - 2\, Q(v,e_i)\, f_2$

On voit que $G_{+1} = \{X_+(v)\ ;\ v \in \mathbb{R}^{n+1}\}$ est un sous-groupe commutatif de G et que tout élément de $\bar{P}$ s'écrit d'une manière unique

$g_o\, X_+(v)\ ;\ g_o \in G_o,\ v \in \mathbb{R}^{n+1}$.

Soit $g \in G$, on écrit si $v \in V$

$g.v = d_1(g,v)\, f_1 + d_2(g,v)\, f_2 + x(g,v)$.

On voit donc que tout élément g de G tel que $d_1(g,f_1) \neq 0$ s'écrit d'une seule manière $g = X_-(v(g))\, p(g)$ avec $v(g) = d_1(g,f_1)^{-1}\, x(g,f_1)$, $p(g) \in P$ tel que $\chi(p(g)) = d_1(g,f_1)$.

On peut donc plonger $\mathbb{R}^{n+1}$ dans G/P par $v \longmapsto X_-(v)$ et l'image est un ouvert dense de la variété compacte G/P.

La transformation $\sigma(f_1) = -f_2$, $\sigma(f_2) = -f_1$, $\sigma(e_o) = -e_o$ appartient à la composante connexe du groupe G, et produit sur G/P l'inversion conforme.

Soient $\mathfrak{g}, \mathfrak{g}_{-1}, \mathfrak{g}_o, \mathfrak{g}_1$ les algèbres de Lie de $G = O(2,n+1), G_{-1}, G_o, G_1$;

alors $\mathfrak{g} = \mathfrak{g}_{-1} \oplus \mathfrak{g}_o \oplus \mathfrak{g}_1$ et nous sommes dans la situation du § 2.

Nous identifions G_{-1} à $\mathbb{R}^{n+1}$ par $\mathrm{Exp}(v) = X_-(v)$, et considérons

$\square = e_o^2 - \sum_{i=1} e_i^2$ dans $U(\mathfrak{g}_{-1})$.

On a donc si $g_o \in G_o$, $g_o \square = \chi(g_o)^{-2} \square$ et d'autre part $\delta(g_o) = |\chi|^{-(n+1)}$

Soit ν un entier ≥ 0; on déduit de la proposition 2.3 que l'opérateur $\square^\nu$ envoie $\mathcal{B}(\lambda_\nu)$ dans $\mathcal{B}(\lambda_\nu^{-1} \otimes \delta^{-1})$ à condition que $\lambda_\nu^2 = |\chi|^{n+1-2\nu}$.

On identifie $\mathcal{B}(\lambda)$ à un sous-espase $\mathcal{S}(\lambda)$ de fonction C^∞ sur R^{n+1} par $(R_\lambda\varphi)(v)=\varphi(X_-(v))$. Alors la représentation T_λ s'écrit:

$$(T_\lambda(X_-(v_o))\varphi)(v) = \varphi(v-v_o)$$

$$(T_\lambda(a(t))\varphi)(v) = \lambda(a(t))\varphi(tv)$$

$$(T_\lambda(g')\varphi)(v) = \lambda(g')\varphi(g'^{-1}v), g' \in O(1,n)$$

$$(T_\lambda(\sigma)\varphi)(v) = \lambda(a(d(v)))^{-1}\varphi(\sigma(v))$$

Si donc $\lambda_\nu^2 = |\chi|^{n+1-2\nu}$, l'opérateur $\square^\nu$ vérifie $\square^\nu \circ T_{\lambda_\nu}(g)=T_{\delta^{-1}\otimes\lambda_\nu^{-1}}(g)\circ\square^\nu$.

En particulier la représentation T_{λ_ν} laisse invariante l'espace des solutions $\square^\nu\varphi=0$. (On a montré dans ([6] ,[8]) que pour $\nu=1$ et pour un choix particulier d'une des deux racines (sur le revêtement de $O(2,n+1)$) de $|x|^{n-1}$ que les solutions $\square\varphi=0$ est un espace de représentation unitaire pour G).

B I B L I O G R A P H I E

1 - H.BATEMAN : a) The transformation of the electrodynamical equations ; Proc. London Math. Soc. 8, Second Series (1910),223-264
b) The transformation of coordinates which can be used to transform one physical problem into another, proc. London Math. Soc 8, second series, 1910 469-488

2 - E.CUNNINGHAM : The principle of relativity in electrodynamics and an extension thereof; Proc. London, Math Soc. 8, Second Series, 1910 77-98

3 - H.P. JAKOBSEN On intertwining relation for differentiel operators Preprint 1976

4 - H.P. JAKOBSEN AND M.VERGNE
"Wave and Dirac operators, and representations of the conformal group".
To appear in Journal of Functional Analysis.

5 - B.KOSTANT "Verma modules and the existence of quasi-invariant differential operators"; in "non-commutative harmonic analysis" Springer Lecture notes 466

6 - H.ROSSI AND M.VERGNE
"Analytic continuation of the holomorphic discrete series" Acta Mathematica, 1976

7 - B. SPEH Communication personnelle.

8 - N.WALLACH a)"Analytic continuation of the discrete series II " to appear
b) On the unitarizability of representations with highest weights",
In "Non-commutative harmonic analysis" Springer Lecture Notes 466

Université de PARIS VII
U.E.R. de Mathématiques
2 Place Jussieu
75221 PARIS CEDEX 05 FRANCE

CLASSIFICATION THEOREMS FOR REPRESENTATIONS OF SEMISIMPLE LIE GROUPS

A. W. KNAPP * and Gregg ZUCKERMAN *

Let G be a connected linear real semisimple Lie group with maximal compact subgroup K . We shall discuss progress on three classification problems for irreducible representations of G :

a) Irreducible quasisimple representations. A representation of the Lie algebra $\mathfrak{g}$ of G is quasisimple if it is finitely-generated over the universal enveloping algebra, if the action of K is well-defined and every vector is K-finite, and if the representation has an infinitesimal character. Such representations have global characters, defined as distributions on $C^{\infty}_{com}(G)$. The irreducible quasisimple representations have been classified by Langlands [14], modulo a classification of the irreducible tempered representations.

b) Irreducible tempered representations. A tempered representation is one whose global character extends to Harish-Chandra's Schwartz space [3] on G. The authors gave a classification of the irreducible tempered representations in [11]. The present paper includes a more intrinsic classification, based on a criterion for equivalence of two irreducible tempered representations. (See Theorem 4.)

c) Irreducible unitary representations. Progress in classifying the irreducible unitary representations is limited. We shall give in §4 a theorem that at least tells what the problem is. (See Theorem 7.) Then we show how the theorem relates to the known examples. Finally in §5 we give a technique for fitting known unitary representations into a classification.

It turns out, for irreducible representations, that tempered implies unitary and unitary implies quasisimple. We now consider the three classifica-

---

* Supported by the National Science Foundation. The first author was supported also by the Institute for Advanced Study.

tions in turn.

1. The Langlands classification

Following [14] , we first construct a list of the irreducible quasisimple representations. There are three parameters :

(a) a parabolic subgroup $P = MAN$ containing a fixed minimal parabolic subgroup P_0 ,

(b) an equivalence class of irreducible tempered representations of M , with π as a representative, and

(c) a complex-valued linear functional ν_A on the Lie algebra $\mathfrak{a}$ of A such that $\mathrm{Re}\,\nu_A$ is strictly in the positive Weyl chamber.

We construct the Langlands representation $J_P(\pi:\nu_A)$ as a particular nonzero irreducible quotient of the quasisimple representation.

$$U_P(\pi:\nu_A) = \mathrm{ind}_{MAN}^{G}(\pi \otimes e^{\nu_A}) ,$$

where the induced representation is defined in such a way that G acts on the left and that the representation is unitary if ν_A is imaginary. If $A(\bar{P}:P:\pi:\nu_A)$ is the intertwining operator from $U_P(\pi:\nu_A)$ to $U_{\bar{P}}(\pi:\nu_A)$ given by a convergent integral on K-finite functions as

$$A(\bar{P}:P:\pi:\nu_A)f(x) = \int_{\bar{N}} f(x\bar{n})\,d\bar{n} ,$$

then we define

$$J_P(\pi:\nu_A) = U_P(\pi:\nu_A)/\mathrm{kernel}\, A(\bar{P}:P:\pi:\nu_A)$$
$$\cong \mathrm{image}\, A(\bar{P}:P:\pi:\nu_A) .$$

Théorème 1. (Langlands [14]) .

The representations $J_P(\pi:\nu_A)$ are irreducible quasisimple, are infinitesimally inequivalent, and exhaust the irreducible quasisimple representations of G .

Thus, unless $P = G$, $J_P(\pi:\nu_A)$ is nontempered.

If we do not insist that P contain P_0 , then $J_P(\pi:\nu_A)$ and $J_{P'}(\pi':\nu'_A)$ are infinitesimally equivalent if and only if there is an element g of G carrying P to P' , π to π' (up to equivalence), and ν_A to ν'_A . In any event, the theorem explicitly reduces the classification of irreducible quasisimple representations of semisimple groups to the classification of irreducible tempered representations of a certain class of reductive groups.

2. Irreducible tempered representations

The group M need not be connected or semisimple, but it falls into a class of groups to which the theories of [14] and [11] apply. Motivated by Theorem 1, we now regard M as the total group in question and write G for it. We examine tempered representations of G.

Examples. Suppose MAN is a parabolic subgroup in G such that M has a compact Cartan subgroup T. (Such a parabolic subgroup is called cuspidal.) In this case, and only in this case, M possesses discrete series representations. By results of Harish-Chandra, such a representation is determined by a nonsingular linear form on $i\mathfrak{t}$, where $\mathfrak{t}$ is the Lie algebra of T, and a character η on the center Z_M of M. (The conditions on λ and η are that $\lambda - \rho$ be integral ant that $e^{\lambda-\rho}$ agree with η on $T \cap Z_M$, and two pairs (λ, η) and (λ', η') of parameters lead to equivalent discrete series if and only if $\eta = \eta'$ and λ is equivalent to λ' under the Weyl group $W(T:M)$.) We can write $\Theta^M(\lambda, C, \eta)$ for the character, where C is the (unique) Weyl chamber of $i\mathfrak{t}$ with respect to which λ is dominant. For ν imaginary on $\mathfrak{a}$, set

$$\Theta^{MA}(\lambda, C, \eta, \nu) = \Theta^M(\lambda, C, \eta) \otimes e^{\nu} .$$

Then

$$\Theta = \operatorname{ind}_{MAN}^{G} \Theta^{MA}(\lambda, C, \eta, \nu)$$

is tempered and is the character of a unitary representation, which we say is induced from discrete series. This representation is quasisimple but is not necessarily irreducible.

Theorem 2 (Trombi [16], Langlands [14], Harish-Chandra).

Every irreducible tempered representation is infinitesimally equivalent with a constituent of some representation induced from discrete series.

More examples. In the definition of $\Theta^M(\lambda, C, \eta)$ it is possible to allow λ to become singular but still dominant with respect to C, and the result is still a unitary character. The formula for the character is of the same general nature as for discrete series characters except that λ has become a singular parameter . C is now nonunique, and distinct C's may give different characters. The more general kind of representation of M, with λ regular or singular, is called a <u>limit of discrete series</u>. See [22] . If ν is imaginary, we can again form $\Theta^{MA}(\lambda, C, \eta, \nu)$ and $\Theta = \operatorname{ind}_{MAN}^{G} \Theta^{MA}(\lambda, C, \eta, \nu)$.

Again Θ is tempered and is the character of a unitary quasisimple representation, which we call <u>a basic representation</u>.

The same basic character may arise from completely different sets of data, or it may even be 0 . The ambiguity arises already when we consider $SL(2, \mathbb{R})$ and the group $SL^{\pm}(2, \mathbb{R})$ of real 2-by-2 matrices of determinant ± 1 . In $G = SL(2, \mathbb{R})$, consider the principal series character with M-parameter $\begin{pmatrix} \varepsilon_1 & 0 \\ 0 & \varepsilon_2 \end{pmatrix} \to \varepsilon_1$ and with A-parameter 0 . This decomposes as the sum of limits of discrete series characters

$$\Theta^G(0, +, \operatorname{sgn}) + \Theta^G(0, -, \operatorname{sgn}) ,$$

and there is no ambiguity. However, if we pass to $G = SL^{\pm}(2, \mathbb{R})$, we find that the principal series character for the same M and A parameters is equal to $\Theta^G(0, +, \operatorname{sgn})$ and also to $\Theta^G(0, -, \operatorname{sgn})$. So in $SL^{\pm}(2, \mathbb{R})$ a basic character can arise from data attached to two totally different parabolic subgroups. This degeneracy arises because of the existence of the element $\begin{pmatrix} 1 & 0 \\ 0 & -1 \end{pmatrix}$ in $SL^{\pm}(2, \mathbb{R})$; this element is a representative of the nontrivial element of the Weyl group of the compact Cartan subgroup $\begin{pmatrix} \cos x & \sin x \\ -\sin x & \cos x \end{pmatrix}$.

Another degeneracy occurs if a basic character is 0 . In fact, $\Theta^M(\lambda, C, \eta)$ is 0 if and only if λ is singular with respect to a C-simple compact root α of $(\mathfrak{m}^{\mathbb{C}}, \mathfrak{t}^{\mathbb{C}})$. (See [4] for a proof of the "if" direction.) Again the degeneracy arises because reflection in the root α exists as a member of the Weyl group $W(T:M)$.

We say that the data $\Theta^{MA}(\lambda, C, \eta, \nu)$ for a basic character are <u>nondegenerate</u> if, for each root α of $(\mathfrak{m}^{\mathbb{C}}, \mathfrak{t}^{\mathbb{C}})$ with $\langle \lambda, \alpha \rangle = 0$, the reflection p_α is not in the Weyl group $W(T:M)$.

As noted in [11] , any degeneracy allows us to rewrite a nonzero basic character in terms of a more noncompact Cartan subgroup of G . Consequently each nonzero basic character can be given in terms of nondegenerate data.

Our new classification of irreducible tempered representations will be given in terms of basic characters with nondegenerate data. The classification results from our having an irreducibility criterion, an equivalence criterion, and a completeness theorem.

Irreducibility is given in terms of the R-group, which is described fully in [11]. We give the flavor of the definition here without recalling the details.

Let $\Theta = \text{ind}_{MAN}^{G}\, \Theta^{MA}(\lambda, C, \eta, \nu)$ be induced from nondegenerate data, and let

$$W_{\Theta^{MA}} = \{ w \in W(A:G) \mid (\Theta^{MA})^{w} = \Theta^{MA} \}$$

be the stability subgroup within the Weyl group of A. Let

$$\Delta' = \{\alpha \text{ useful root of } (\mathfrak{g}, \mathfrak{a}) \mid \mu_{\Theta^{M},\alpha}(\nu) = 0\} .$$

Here "useful" is defined in [6], and μ is the Plancherel factor described in [11] and built from a maximal parabolic subgroup within a subgroup of G that is defined in terms of α. Then Δ' is a root system, $W_{\Theta^{MA}}$ leaves Δ' stable, and the Weyl group $W(\Delta')$ of Δ' is contained in $W_{\Theta^{MA}}$. It follows that if we define R by

$$R = \{ w \in W_{\Theta^{MA}} \mid w\alpha > 0 \text{ for } \alpha > 0 \text{ in } \Delta' \} ,$$

then $W_{\Theta^{MA}}$ splits as a semidirect product $W_{\Theta^{MA}} = W(\Delta')R$ with $W(\Delta')$ normal.

From the results of [11], we can read off an irreducibility criterion and completeness theorem.

Theorem 3. *Let $\Theta = \text{ind}_{MAN}^{G}\, \Theta^{MA}(\lambda, C, \eta, \nu)$ be induced from nondegenerate data. Then Θ is the sum of exactly $|R|$ irreducible basic characters, and these are distinct. Moreover, the R-group tells how to write Θ as the sum of irreducible basic characters with nondegenerate data. Consequently*

(i) Θ is irreducible if and only if $|R| = 1$, and

(ii) every irreducible tempered character is basic (and can be written with nondegenerate data).

The classification results by combining Theorem 3 with the following equivalence criterion.

Theorem 4. For two basic characters with nondegenerate data, an equality

$$\mathrm{ind}_{MAN}^{G}\,\Theta^{MA}(\lambda, C, \eta, \nu) = \mathrm{ind}_{M'A'N'}^{G}\,\Theta^{M'A'}(\lambda', C', \eta', \nu')$$

holds if and only if there is an element w in G carrying M to M', A to A', t to t', and (λ, C, η, ν) to $(\lambda', C', \eta', \nu')$.

3. Irreducible quasisimple representations.

We can now insert the information provided in § 2 in the Langlands result, Theorem 1, to obtain a new listing of irreducible quasisimple representations. After all, Theorem 1 gives a classification in terms of induction from tempered representations, and § 2 shows that a tempered representation is itself induced. By the double induction formula, one expects a classification of irreducible quasisimple representations in terms of induction from a cuspidal parabolic subgroup MAN, with a limit of discrete series on M and a parameter ν on $\mathfrak{a}$ with $\mathrm{Re}\,\nu$ in the closure of the positive Weyl chamber.

We shall formulate such a result more precisely as Theorem 5. It has two features worth noting: (1) Under the isomorphism given by the double induction formula, the kernels of appropriate intertwining operators correspond, so that the Langlands quotient representation can be defined without reference to the intermediate parabolic subgroup. (2) The equivalences in Theorem 4 with tempered representations come from mapping MA to $M'A'$, whereas the equivalences in Theorem 1 come from mapping MAN to $M'A'N'$; when the two stages of induction are combined, the equivalence condition can be expected to become messy. In fact, we shall not write down a combined equivalence theorem in general, contenting ourselves with completeness and irreducibility in the general case and an equivalence theorem in a special case.

In order to formulate these results precisely, we need notation that corresponds to the decomposition of the induction in stages into the two individual stages. Let ν be a parameter on $\mathfrak{a}$ with $\mathrm{Re}\,\nu$ dominant, and let

ξ be a limit of discrete series on M with nondegenerate data. Put

$$\mathfrak{a}_* = \sum_{\beta \perp \mathrm{Re}\,\nu} \mathbb{R} H_\beta \subseteq \mathfrak{a}$$

$$\mathfrak{a}_1 = \mathfrak{a}_*^\perp \subseteq \mathfrak{a} \qquad (3.1)$$

$$\mathfrak{n}_* = Z_{\mathfrak{n}}(\mathfrak{a})$$

$$\mathfrak{n}_1 = \mathfrak{n}_*^\perp \subseteq \mathfrak{n}$$

$$\mathfrak{m}_1 = \mathfrak{m} \oplus \mathfrak{a}_* \oplus \mathfrak{n}_* \oplus \overline{\mathfrak{n}}_* .$$

Then $\mathfrak{m}_1 \oplus \mathfrak{a}_1 \oplus \mathfrak{n}_1$ is a parabolic subalgebra with corresponding parabolic subgroup $M_1 A_1 N_1$, say. The Langlands parameters are the group $M_1 A_1 N_1$, the tempered representation

$$\pi = \mathrm{ind}_{MA_* N_*}^{M_1} (\xi \oplus \exp(\nu \,|\, \mathfrak{a}_*))$$

provided π is irreducible), and the linear functional $\nu | \mathfrak{a}_1$.

A member of the representation space of $\mathrm{ind}_{M_1 A_1 N_1}^{G} (\pi \oplus \exp(\nu | \mathfrak{a}_1))$ is a function on G whose value at x in G is a certain kind of function on M_1. The map sending F to $F(\,.\,)(1)$ exhibits the equivalence of

$$\mathrm{ind}_{M_1 A_1 N_1}^{G} (\pi \oplus \exp(\nu \,|\, \mathfrak{a}_1))$$

with

$$\mathrm{ind}_{MAN}^{G} (\xi \oplus \exp \nu)$$

and carries the intertwining operator $A(M_1 A_1 \overline{N}_1 : M_1 A_1 N_1 : \pi : \nu \,|\, \mathfrak{a}_1)$ to

$$A(MAN_* \overline{N}_1 : MAN_* N_1 : \xi : \nu) \qquad (3.2)$$

Finally we must ensure that π is irreducible. The condition translates as follows: If

$$\Delta' = \{\alpha \text{ useful root of } (\mathfrak{g}, \mathfrak{a}) \mid p_\alpha \nu = \nu \text{ and } \mu_{\xi,\alpha}(\nu) = 0\} ,$$

then $W(\Delta')$ is contained in

$$W_{\xi,\nu} = \{ w \in W(A:G) \mid w\xi \cong \xi \text{ and } w\nu = \nu \} .$$

The condition for the irreducibility of π is that $|W_{\xi,\nu}/W(\Delta')| = 1$. See the discussion that predeces Theorem 3 .

Fix a minimal parabolic subgroup P_0 . A <u>data point</u> is a triple (P, ξ, ν) such that

(i) $P = MAN$ is a cuspidal parabolic subgroup containing P_0

(ii) ξ is a limit of discrete series on M with nondegenerate data

(iii) ν is a linear functional on the Lie algebra $\mathfrak{a}$ of A with $\mathrm{Re}\,\nu$ in the closure of the positive Weyl chamber

(iv) $|W_{\xi,\nu}/W(\Delta')| = 1$.

<u>The representation associated</u> to the data point (P, ξ, ν) is the quotient of $\mathrm{ind}_{MAN}^{G}(\xi \oplus \exp\nu)$ by the kernel of the operator (3.2), where η_* and η_1 are defined in (3.1) .

<u>Theorem 5</u>. <u>The representations associated with data points (P, ξ, ν) are all irreducible, and they exhaust the irreducible quasisimple representations.</u>

To get an equivalence theorem, we investigate conditions under which two data points lead to the same Langlands parameters. The result will have a simple formulation only under an additional assumption. To indicate the problem, we make no special assumption yet. With P_0 fixed and $P_1 = M_1A_1N_1$ containing P_0, let π be tempered on M_1 . According to Theorem 4, π determines a Cartan subgroup of M_1 up to conjugacy. Choose a parabolic subgroup MA_*N_* of M_1 containing the minimal parabolic $P_0 \cap M_1$ and associated to the Cartan subgroup determined by π . It would be nice if any two choises of MA_*N_* were conjugate, but this need not be so. (See Example 3 at the end of the section) . <u>Let us assume that the Cartan subgroup of M_1 is as noncompact as possible</u>. Then it follows that MA_*N_* is minimal and $MA_*N_* = P_0 \cap M_1$. That is, MA_* and N_* are unique. Tracking down the ambiguity from Theorem 4 when $MA = M'A'$, we arrive at the following equivalence theorem.

<u>Theorem 6</u>. <u>If $P_0 = M_0A_0N_0$ is a fixed minimal parabolic subgroup, then the representations associated with data points (P_0, ξ, ν) and (P_0, ξ', ν') are infinitesimally equivalent if and only if there is an element w in $W(A_0:G)$ such that $w\xi \cong \xi'$ and $w\nu = \nu'$</u>.

<u>Remark</u>. If G has only one conjugacy class of Cartan subgroups, then only P_0 can occur as the first item in a data point, and Theorem 6 therefore gives all infinitesimal equivalences for the representations associated with data points. Moreover, condition (iv) in the definition of data point is redundant, as was first shown by Wallach in unpublished work (cf. [19]).

<u>Examples</u>:

(1) G complex semisimple. Theorems 5 and 6, interpreted in the light of the remark, in this case are due to Želobenko [20, 21]. An exposition of these results is given by Duflo [1].

(2) G of real-rank one. The parabolic in Theorem 5 can always be P_0, and it can be G itself if rank G = rank K. In the latter case we are led to limits of discrete series with nondegenerate data, with equivalences given as in Theorem 4. When the parabolic is $P_0 = M_0A_0N_0$, ξ is a finite-dimensional representation of the compact group M_0 and ν is $z\rho$ with $\operatorname{Re} z \geq 0$. The irreducibility condition, given as (iv) in the definition of data point, excludes points with $w\xi \cong \xi$ and $z = 0$, where w is the nontrivial element of $W(A_0:G)$, if $U_{P_0}(\xi:0)$ is reducible. All other points with $\operatorname{Re} z \geq 0$ are retained, and Theorem 6 says that (ξ, iy) and $(w\xi, -iy)$ lead to infinitesimally equivalent representations and there are no other equivalences.

(3) $G = SL(4, \mathbb{R})$ as an example with a complicated equivalence between data points. Let P_0 be the upper triangular subgroup, and let

$$P_1 = \begin{pmatrix} \cdot & \cdot & \cdot & \cdot \\ \cdot & \cdot & \cdot & \cdot \\ \cdot & \cdot & \cdot & \cdot \\ 0 & 0 & 0 & \cdot \end{pmatrix} .$$

In the description preceding Theorem 6, M_1 is $SL^{\pm}(3,\mathbb{R})$. We can arrange that a tempered representation π on M_1 leads to a Cartan subgroup with one compact dimension and one noncompact dimension. In this case, MA_*N_* can be chosen as either

$$\begin{pmatrix} \cdot & \cdot & \cdot & 0 \\ \cdot & \cdot & \cdot & 0 \\ 0 & 0 & \cdot & 0 \\ 0 & 0 & 0 & \cdot \end{pmatrix} \qquad \text{or} \qquad \begin{pmatrix} \cdot & \cdot & \cdot & 0 \\ 0 & \cdot & \cdot & 0 \\ 0 & \cdot & \cdot & 0 \\ 0 & 0 & 0 & \cdot \end{pmatrix}$$

and the corresponding groups $P = MAN$ are

$$\begin{pmatrix} \cdot & \cdot & \cdot & \cdot \\ \cdot & \cdot & \cdot & \cdot \\ 0 & 0 & \cdot & \cdot \\ 0 & 0 & 0 & \cdot \end{pmatrix} \qquad \text{and} \qquad \begin{pmatrix} \cdot & \cdot & \cdot & \cdot \\ 0 & \cdot & \cdot & \cdot \\ 0 & \cdot & \cdot & \cdot \\ 0 & 0 & 0 & \cdot \end{pmatrix},$$

which are not conjugate in G. Data points corresponding to these two choices of P can lead to infinitesimally equivalent representations, and the corresponding mapping on the data will partly conjugate only the (ξ,ν) and partly affect the whole triple (P,ξ,ν).

4. Irreducible unitary representations.

Classification of the irreducible unitary representations amounts to deciding which Langlands representations are infinitesimally unitary.

Theorem 7. *$J_P(\pi:\nu_A)$ is infinitesimally unitary if and only if*

(i) the formal symmetry conditions hold: there exists w in K normalizing $\mathfrak{a}$ with $wPw^{-1} = \bar{P}$, $w\pi \cong \pi$, and $w\nu_A = -\bar{\nu}_A$, and

(ii) the Hermitian intertwining operator

$$B = \pi(w)R(w)A(\bar{P}:P:\pi:\nu_A), \tag{4.1}$$

where $R(w)$ is right translation by w, is positive or negative semidefinite.

Remark. For Theorem 7 in the case of complex G, see Duflo [2].

Proof. We shall show below that the representations $J_P(\pi:\nu_A:x^{-1})^*$ and $J_{\bar{P}}(\pi:-\bar{\nu}_A:x)$ are infinitesimally equivalent. (Take the adjoint here to be defined just on K-finite vectors). If $J_P(\pi:\nu_A)$ is infinitesimally unitary, then $J_P(\pi:\nu_A:x^{-1})^*$ and $J_P(\pi:\nu_A:x)$ are infinitesimally equivalent. Hence

$$J_P(\pi:\nu_A:x) \quad \text{and} \quad J_{\bar{P}}(\pi:-\bar{\nu}_A:x)$$

are infinitesimally equivalent. By Theorem 1, condition (i) must hold. Since w exists and $w\pi \cong \pi$, the operator B given in (4.1) is defined. B is Hermitian and satisfies

$$U_P(\pi:-\bar{\nu}_A)B = BU_P(\pi:\nu_A) \ . \tag{4.2}$$

(Cf. [10] and [8], Lemma 62.) Define a Hermitian form on the space of $U_P(\pi:\nu_A)$ by

$$\langle u,v\rangle = (Bu,v)_{L^2(K)} \ . \tag{4.3}$$

A simple computation that is indicated in [7] shows that

$$U_P(\pi:\nu_A:X)^* = U_P(\pi:-\bar{\nu}_A:-X) \tag{4.4}$$

on the Lie algebra level, and (4.2) and (4.4) imply that

$$\langle U_P(\pi:\nu_A:X)u,v\rangle + \langle u,U_P(\pi:\nu_A:X)v\rangle = 0 \tag{4.5}$$

Since the kernel of $A(\bar{P}:P:\pi:\nu_A)$ is equal to the kernel of B, $\langle .,.\rangle$ descends to a Hermitian form on the space for $J_P(\pi:\nu_A)$, and (4.5) holds for $J_P(\pi:\nu_A)$. Now $J_P(\pi:\nu_A)$ is assumed infinitesimally unitary, and we let $\langle\langle .,.\rangle\rangle$ be an invariant Hermitian inner product. Then

$$\langle u,v\rangle = \langle\langle Lu,v\rangle\rangle$$

for a Hermitian operator L that is a self-intertwining operator for $J_P(\pi:\nu_A)$, by (4.5). Since $J_P(\pi:\nu_A)$ is irreducible, L is scalar.
Say $L = cI$ with c real and $\neq 0$. Then

$$\langle\langle u,v\rangle\rangle = c^{-1}\langle u,v\rangle = c^{-1}(Bu,v) \ ,$$

and $c^{-1}B$ must be positive semidefinite.

Conversely if (i) and (ii) hold with B positive semidefinite, we define an inner product by (4.3), and $J_P(\pi:\nu_A)$ is infinitesimally unitary by (4.5) for $J_P(\pi:\nu_A)$.

To complete the proof, we are to show that $J_P(\pi:\nu_A:-X)^*$ and $J_{\bar{P}}(\pi:-\bar{\nu}_A:X)$ are infinitesimally equivalent. Let

$$V = (\ker A(\bar{P}:P:\pi:\nu_A))^\perp = \text{image } A(\bar{P}:P:\pi:\nu_A)^* = \text{image } A(P:\bar{P}:\pi:-\bar{\nu}_A).$$

(The last equality is given in [9].) Let E be the orthogonal projection (relative to $L^2(K)$) on V. Then $J_P(\pi:\nu_A:X)$ acts in V as $EU_P(\pi:\nu_A:X)E$. By (4.4), $J_P(\pi:\nu_A:-X)^*$ acts in V as

$$EU_P(\pi:\nu_A:-X)^*E = EU_P(\pi:-\bar{\nu}_A:X)E \quad .$$

Now $A(P:\bar{P}:\pi:-\bar{\nu}_A)$ is a linear isomorphism from $\tilde{V} = (\ker A(P:\bar{P}:\pi:-\bar{\nu}_A))^\perp$ onto $V = \text{image } A(P:\bar{P}:\pi:-\bar{\nu}_A)$. Therefore $J_P(\pi:\nu_A:-X)^*$ pulls back from V to a unique operator $S(X)$ on $\tilde{V}$ satisfying

$$J_P(\pi:\nu_A:-X)^* A(P:\bar{P}:\pi:-\bar{\nu}_A) = A(P:\bar{P}:\pi:-\bar{\nu}_A)S(X). \tag{4.6}$$

The left side of (4.6) is

$$= EU_P(\pi:-\bar{\nu}_A:X)EA(P:\bar{P}:\pi:-\bar{\nu}_A)$$

$$= EU_P(\pi:-\bar{\nu}_A:X)A(P:\bar{P}:\pi:-\bar{\nu}_A)\tilde{E} \qquad (\tilde{E} = \text{projection on } \tilde{V})$$

$$= EA(P:\bar{P}:\pi:-\bar{\nu}_A)U_{\bar{P}}(\pi:-\bar{\nu}_A:X)\tilde{E} \qquad \text{by [9]}$$

$$= A(P:\bar{P}:\pi:-\bar{\nu}_A)\tilde{E}U_{\bar{P}}(\pi:-\bar{\nu}_A:X)\tilde{E} \ .$$

We conclude that

$$S(X) = \tilde{E}U_{\bar{P}}(\pi:-\bar{\nu}_A:X)\tilde{E}$$

$$= J_{\bar{P}}(\pi:-\bar{\nu}_A:X) \ .$$

Thus the linear isomorphism $A(P:\bar{P}:\pi:-\bar{\nu}_A)$ from $\tilde{V}$ to V exhibits the required infinitesimal equivalence. The proof of Theorem 7 is complete.

Corollary. Let P be minimal and let ρ_A be half the sum of the positive $\mathfrak{a}$-roots, repeated with multiplicities. If $\mathrm{Re}\,\nu_A - \rho_A$ is dominant, then $J_P(\pi:\nu_A)$ cannot be infinitesimally unitary unless π is trivial and $\nu_A = \rho_A$.

Proof. Let B be as in (4.1). The same computation as in Lemma 56 of [8] shows that

$$Bf(k_0) = \int_K e^{(\nu_A - \rho_A)\log a(w^{-1}k)} \pi(w)\pi(m(w^{-1}k))f(k_0 k)\,dk \ ,$$

apart from a positive constant depending on normalizations of Haar measures. Here $\bar{N}NAM$ is dense in G and we are decomposing elements in the dense set as $g = \bar{n}na(g)m(g)$.

If $J_P(\pi:\nu_A)$ is unitary, then Theorem 7 and the considerations in the proof of Proposition 45 of [8] show that one of

$$\pm e^{(\nu_A - \rho_A)\log a(w^{-1}k)} \pi(w)\pi(m(w^{-1}k)) \tag{4.6}$$

is a positive definite function on K.

If λ is the highest $\mathfrak{a}$-weight of a finite-dimensional irreducible representation π_λ of G, if φ_λ is a unit highest weight vector, and if P_λ is the projection on the λ weight space, then

$$e^{\lambda \log a(g)} = |P_\lambda \pi_\lambda(g)\varphi_\lambda| \ , \tag{4.7}$$

and the left side thereby extends to a continuous function on all of G.

Hence it follows from our hypothesis on $\mathrm{Re}\,\nu_A$ that the function (4.6) is bounded, as well as positive definite. Therefore it is continuous and its absolute value attains its maximum at the identity of K. However, the value at the identity will be 0 by (4.7) unless $\nu_A - \rho_A$ is imaginary. In this case, the function will be discontinuous at the identity unless $\nu_A = \rho_A$ and $\pi = 1$.

Examples.

(1) $G = SL(3,\mathbb{C})$. The classification in this case is due to Tsuchikawa [17]. To obtain it from the results here, we use Theorem 7. If $P = G$, we are led to the unitary principal series. If P is a maximal proper parabolic subgroup, condition (i) fails in Theorem 7 and we obtain no unitary representations. Thus the only interesting case is that P is minimal parabolic. Take P to be the upper triangular group. In order for (i) to hold, the character ξ of M must be fixed by the transposition $(1\ 3)$ and ν must be of the form

$$\nu = a(e_1 - e_3) + bi(e_1 - 2e_2 + e_3) \tag{4.2}$$

with a and b real. The condition that $\operatorname{Re}\nu$ be in the positive Weyl chamber implies $a > 0$. The values $0 < a \leq 1$ and b arbitrary give unitary representations (the complementary series if $0 < a < 1$) by Theorem 9 of [8], and $a \leq 2$ is necessary for a unitary representation by the corollary to Theorem 7. Since $A(\bar{P}:P:\xi:\nu)$ is easily seen to be nonsingular for $1 < a < 2$ and for $a = 2$ if $b \neq 0$, it follows that for given ξ there are only three possibilities on the interval $1 < a \leq 2$:

$$J_P(\xi:\nu) \text{ unitary } \begin{cases} \text{when } 1 < a \leq 2 \\ \text{when } a = 2 \text{ and } b = 0 \\ \text{for no values of } a \text{ and } b. \end{cases}$$

For $a = 2$, the only possibility for a unitary representation is the trivial representation, by the corollary to Theorem 7, and we are led to the following classification:

Unitary principal series

Complementary series : ξ fixed by $(1\ 3)$ and
ν of the form (4.2) with $0 < a < 1$

End of complementary series : ξ fixed by $(1\ 3)$ and
ν of the form (4.2) with $a = 1$

Trivial representation : $\xi = 1$ and ν of the form (4.2) with
$a = 2$, $b = 0$.

It will follow from the style of argument in § 5 that the end of the complementary series is also obtained by inducing with $MA = GL(2, \mathbb{C})$, using the trivial representation on M and a unitary character on A.

(2) $G = Sp(2, \mathbb{C})$ and $G =$ complex G_2. Duflo [2] has given a classification in these cases starting from his version of Theorem 7 for complex groups.

(3) $G = SL(3, \mathbb{R})$. The classification in this case is due to Vahutinskii [18] It can be obtained also by computations similar to those in Example 1.

(4) $G = Spin(n, 1)$ and $G = SU(n, 1)$. The classification for $Spin(n, 1)$, the universal cover of $SO(n, 1)$, is due to Hirai [5]. The classification for $SU(n, 1)$ is substantially due to Kraljevič [13]. In view of Theorems 7 and 3, the Langlands representations for $P = G$ are the limits of discrete series and the irreducible unitary principal series. For P minimal, we are led by Theorem 7 to data points (ξ, ν) with $w\xi \cong \xi$ and $\nu = z\rho$ with $0 < z \leq 1$. The question of when (ii) holds is settled in [8] the answer being that $0 < z \leq z_c$, where z_c is the critical abscissa given in [8]. Thus the classification is

Limits of discrete series

Irreducible members of unitary principal series

Complementary series : $w\xi \cong \xi$ and $\nu = z\rho$, $0 < z < z_c$

End of complementary series : $w\xi \cong \xi$ and $\nu = z_c\rho$ if $z_c \neq 0$.

Note that $z_c = 0$ unless $(P, \xi, 0)$ satisfies the irreducibility condition (iv) in the definition of data point. Note also that the trivial representation is the end of the complementary series for ξ trivial.

5. Effect of induction on Langlands representations

A number of exceptional unitary representations arise as induced representations with a nontempered unitary representation on M. We shall give a theorem for locating some of these in the Langlands classification. Actually the proof is more useful than the statement of the theorem, since the proof will often apply when the statement does not. We shall illustrate the technique by locating in the Langlands classification the exceptional representations of $SL(4, \mathbb{C})$ produced by Stein [15].

Theorem 8. Let $P = MAN$ be a parabolic subgroup, and let ω be an irreducible representation of M with Langlands parameters $(M_* A_M N_M, \sigma, \lambda_M)$. Let λ be a linear functional on $\mathfrak{a}$ such that $\langle \operatorname{Re}\lambda, \alpha \rangle > 0$ for all positive $\mathfrak{a}$-roots α. Choose an ordering on $\mathfrak{a} + \mathfrak{a}_M$ so that $\operatorname{Re}(\lambda + \lambda_M)$ is dominant, and let N_λ be the nilpotent group built from the positive roots. If λ is sufficiently small, then $\pi_{\lambda, N} = \operatorname{ind}_{MAN}^{G}(\omega \otimes \exp\lambda)$ is irreducible and its Langlands paremeters are $(M_*(A A_M) N_\lambda, \sigma, \lambda + \lambda_M)$.

Proof: In writing down intertwining operators and induced representations, we shall drop the reductive factors in the parabolic subgroups. The induced representation

$$U_{N_M}(\sigma : \lambda_M) = \operatorname{ind}_{M_* A_M N_M}^{M}(\sigma \otimes \exp \lambda_M)$$

maps onto

$$\omega \subseteq \operatorname{ind}_{M_* A_M \bar{N}_M}^{M}(\sigma \otimes \exp \lambda_M) \qquad (5.1)$$

under the Langlands map

$$f \to A(\bar{N}_M : N_M : \sigma : \lambda_M) f \quad .$$

Here f is a suitable kind of function on M with values in H^σ. the relevant induction in stages formula is

$$U_{\lambda, N_M N} = \operatorname{ind}_{M_*(A_M A)(N_M N)}^{G}(\sigma \otimes \exp(\lambda_M + \lambda)) \qquad (5.2a)$$

$$= \operatorname{ind}_{MAN}^{G}\left[\operatorname{ind}_{M_* A_M N_M}^{M}(\sigma \otimes \exp \lambda_M) \otimes \exp \lambda\right]. \qquad (5.2b)$$

A function in the representation space of (5.2b) carries G to the representation space of $\operatorname{ind}_{M_* A_M N_M}^{M}(\sigma \otimes \exp \lambda_M)$. To $F(g)$, regarded as a function on M, we can apply the operator $A(\bar{N}_M : N_M : \sigma : \lambda_M)$, obtaining a member of the space for ω, by (5.1). By examining the integral formulas in [9], we see that

$$[A(\bar{N}_M : N_M : \sigma : \lambda_M)(F(g))](m)$$

$$= [A(\bar{N}_M N : N_M N : \sigma : \lambda_M + \lambda)(F(\cdot)(1))](gm). \quad (5.3)$$

Equations (5.3) and (5.1) allow us to interpret $A(\bar{N}_M : N_M : \sigma : \lambda_M)$ as a mapping that exhibits $\pi_{\lambda, N}$ as a quotient of $U_{\lambda, N_M N}$. Under this interpretation, the intertwining relations in [9] and [10] show that we have the following commutative diagram, apart form scalar factors (including poles !):

$$\begin{array}{ccccc}
U_{\lambda, N_\lambda} & \xrightarrow{A(N_M N : N_\lambda : \sigma : \lambda_M + \lambda)} & U_{\lambda, N_M N} & \xrightarrow{A(\bar{N}_M : N_M : \sigma : \lambda_M)} & \pi_{\lambda, N} \\
\Big\downarrow {\scriptstyle A(\bar{N}_\lambda : N_\lambda : \sigma : \lambda_M + \lambda)} & & \Big\downarrow {\scriptstyle A(N_M \bar{N} : N_M N : \sigma : \lambda_M + \lambda)} & & \Big\downarrow {\scriptstyle A(\bar{N} : N : \omega : \lambda)} \\
 & & U_{\lambda, N_M \bar{N}} & \xrightarrow{A(\bar{N}_M : N_M : \sigma : \lambda_M)} & \pi_{\lambda, \bar{N}} \\
 & & \Big\downarrow {\scriptstyle A(\bar{N}_M \bar{N} : N_M \bar{N} : \sigma : \lambda_M + \lambda)} & & \Big\downarrow {\scriptstyle I} \\
U_{\lambda, \bar{N}_\lambda} & \xleftarrow{A(\bar{N}_\lambda : \bar{N}_M \bar{N} : \sigma : \lambda_M + \lambda)} & U_{\lambda, \bar{N}_M \bar{N}} & \xleftarrow{\text{Inclusion from } (5.1)} & \pi_{\lambda, \bar{N}}
\end{array}$$

We shall prove for small λ that

(i) $A(N_M N : N_\lambda : \sigma : \lambda_M + \lambda)$ and $A(\bar{N}_\lambda : \bar{N}_M \bar{N} : \sigma : \lambda_M + \lambda)$ are isomorphisms, and

(ii) $A(\bar{N} : N : \omega : \lambda)$ is an isomorphism.

First we show that (i) and (ii) prove the theorem. In fact, the vertical map at the left is a Langlands map, and the image is irreducible. By (i) the image in $U_{\lambda, \bar{N}_M \bar{N}}$ is irreducible, and hence the image in $\pi_{\lambda, \bar{N}}$ at the lower right is irreducible. However, as we go from top left to bottom right first along the top and then down the right, each map is onto - by (i), by (5.3) and (5.1) and by (ii). Thus the image in $\pi_{\lambda,\bar{N}}$ is all of $\pi_{\lambda,\bar{N}'}$ and $\pi_{\lambda,\bar{N}}$ is irreducible. By (ii), $\pi_{\lambda,N}$ is irreducible. Also $\pi_{\lambda,N}$ is isomorphic with $\pi_{\lambda,\bar{N}'}$ which we have seen is isomorphic with the Langlands quotient. Hence $\pi_{\lambda,N}$ has the required Langlands parameters.

To prove that the appropriate operators are isomorphisms, we visualize decomposing each of them as a minimal product, as in §1 of [10]. Then for the operator $A(N_M N : N_\lambda : \sigma : \lambda_M + \lambda)$ it is enough to prove that $\langle \alpha, \lambda \rangle \neq 0$ for all $(\mathfrak{a} + \mathfrak{a}_M)$ - roots α that are positive for N_λ and negative for $N_M N$. (The point is that this condition produces a nontrivial dependence on λ for each operator in the minimal product, and each operator depends only on one complex variable $\langle \alpha, \lambda \rangle$. The poles of the operator are isolated, and the regularity follows for $A(N_M N : N_\lambda : \sigma : \lambda_M + \lambda)$. The same argument applies to $A(N_\lambda : N_M N : \sigma : \lambda_M + \lambda)$ to show it is regular. The product of these two operators is a scalar factor, and the scalar is not 0 for small λ by a third application of the minimal product decomposition. These facts prove $A(N_M N : N_\lambda : \sigma : \lambda_M + \lambda)$ is an isomorphism.)

We shall show that $\langle \alpha, \lambda \rangle \neq 0$ if α is positive for N_λ and negative for $N_M N$. Write $\alpha = \alpha_R + \alpha_I$ with α_R defined on $\mathfrak{a}$ and α_I defined on $\mathfrak{a}_M$. The condition that α be positive for N_λ means that

$$\langle \alpha, \lambda + \lambda_M \rangle > 0 . \tag{5.4}$$

The condition that α be negative for $N_M N$ means that $\alpha_R < 0$ or $\alpha_R = 0$ and $\alpha_I < 0$, i.e., that

$$\langle \alpha, \lambda \rangle < 0 \tag{5.5a}$$

or

$$\langle \alpha, \lambda \rangle = 0 \quad \text{and} \quad \langle \alpha, \lambda_M \rangle < 0 . \tag{5.5b}$$

If (5.5a) holds, then $\langle \alpha, \lambda \rangle \neq 0$, as required. If (5.5b) holds, we obtain a contradiction to (5.4). Hence $\langle \alpha, \lambda \rangle \neq 0$.

For the operator $A(\bar{N}_\lambda : \bar{N}_M \bar{N} : \sigma : \lambda_M + \lambda)$, it is enough to prove $<\alpha, \lambda> \neq 0$ when α is positive for $\bar{N}_M \bar{N}$ and negative for $\bar{N}_\lambda$. Then α is positive for N_λ and negative for $N_M N$, and we are reduced to the case of the previous paragraph.

Finally for $A(\bar{N} : N : \omega : \lambda)$, it is enough to prove $<\alpha, \lambda> \neq 0$ when α is an $\mathfrak{a}$ -root positive for N and negative for $\bar{N}$. This means that $<\alpha, \lambda> > 0$ holds, and so $<\alpha, \lambda> \neq 0$. The proof of Theorem 8 is complete.

<u>Example</u>: $SL(4, \mathbb{C})$. Let $P_0 = M_0 A_0 N_0$ be the minimal parabolic consisting of upper triangular matrices. We consider certain Langlands parameters $(P_0, 1, \nu)$.

In order for ν to be in the positive Weyl chamber and for (i) to hold in Theorem 7, we must have

$$\nu = u(e_1 - e_4) + v(e_2 - e_3) + wi(e_1 - e_2 - e_3 + e_4) \qquad (5.6)$$

with $u > v > 0$ and w real. The parameters that lead to ρ in the Corollary to Theorem 7 are $u = 3$, $v = 1$, $w = 0$. The complementary series occurs for $u < 1$, according to [12] or Theorem 9 of [8], and the parameters with $u = 1$ lead also to unitary representations (by a passage to the limit in (ii) of Theorem 7).

Let $P = MAN$ be given by

$$P = \begin{pmatrix} \cdot & \cdot & \cdot & \cdot \\ \cdot & \cdot & \cdot & \cdot \\ 0 & 0 & \cdot & \cdot \\ 0 & 0 & \cdot & \cdot \end{pmatrix}$$

and consider the representations

$$\pi_t = \mathrm{ind}_{MAN}^{G} (1 \otimes \exp t(e_1 + e_2 - e_3 - e_4))$$

with $0 < t < 1$. In [15] Stein showed that these representations are infinitesimally unitary. Now the trivial representation of this M is not tempered but has Langlands parameters $(1, (e_1 - e_2) + (e_3 - e_4))$. One checks that the proof of Theorem 8 remains valid for $0 < t < 1$. Consequently π_t has Langlands parameters

$$(1,\ s(e_1 - e_2 + e_3 - e_4 + t(e_1 + e_2 - e_3 - e_4)))$$

with s a member of the Weyl group chosen to make $s(-)$ dominant. The relevant element s is the transposition $(2\ 3)$, and the Langlands parameters are :

$$(1,\ (1+t)(e_1 - e_4) + (1-t)(e_2 - e_3)) \quad .$$

These parameters are the special case of (5.6) with $u = 1+t$, $v = 1-t$, and $w = 0$. In particular, these parameters have $u > 1$ and are outside the critical strip where the complementary series occur. Thus, Stein's exceptional unitary representations form a one-parameter family that extends from the edge of the three-parameter complementary series.

References.

[1] M. DUFLO, Représentations irréductibles des groupes semi-simples complexes, in Analyse Harmonique sur les Groupes de Lie, Lecture Notes in Mathematics 497 (1975), 26-88, Springer-Verlag, New-York.

[2] M. DUFLO, Représentations unitaires irréductibles des groupes simples complexes de rang deux, to appear.

[3] HARISH-CHANDRA, Discrete series for semisimple groups II, Acta Math. 116 (1966), 1-111.

[4] H. HECHT and W. SCHMID, A proof of Blattner's conjecture, Inventiones Math. 31 (1975), 129-154.

[5] T. HIRAI, On irreducible representations of the Lorentz group of n-th order, Proc. Japan Acad. 38 (1962), 83-87.

[6] A.W. KNAPP, Weyl group of a cuspidal parabolic, Ann. Sci. Ecole Norm. Sup. 8 (1975), 275-294.

[7] A.W. KNAPP and E.M. STEIN, The existence of complementary series, in Problems in Analysis, a Symposium in Honor of Salomon Bochner, R.C. Gunning (ed.), 249-259, Princeton University Press, Princeton, New Jersey, 1970.

[8] A.W. KNAPP and E.M. STEIN, Intertwining operators for semisimple groups, Ann. of Math. 93 (1971), 489-578.

[9] A.W. KNAPP and E.M. STEIN, Singular integrals and the principal series III, Proc. Nat. Acad. Sci. U.S.A. 71 (1974), 4622-4624.

[10] A.W. KNAPP and E.M. STEIN, Singular integrals and the principal series IV, Proc. Nat. Acad. Sci. U.S.A. 72 (1975), 2459-2461.

[11] A.W. KNAPP and G. ZUCKERMAN, Classification of irreducible tempered representations of semisimple Lie groups, Proc. Nat. Acad. Sci. U.S.A. 73 (1976), 2178-2180.

[12] B. KOSTANT, On the existence and irreducibility of certain series of representations, in Lie groups and their representations, Summer School of the Bolyai Janos Mathematical Society, I.M. Gelfand (ed.) 231-329, Wiley, New-York, 1975.

[13] H. KRALJEVIČ, Representations of the universal covering group of the group SU(n,1), Glasnik Mat. 8 (1973), 23-72.

[14] R.P. LANGLANDS, On the classification of irreducible representations of real algebraic groups, mimeographed notes, Institute for Advanced Study, Princeton, New Jersey, 1973.

[15] E.M. STEIN, Analysis in matrix spaces and some new representations of SL(N, C), Ann. of Math. 86 (1967), 461-490.

[16] P. TROMBI, The tempered spectrum of a real semisimple Lie group, Amer. J. Math., to appear.

[17] M. TSUCHIKAWA, On the representations of SL(3, C), III, Proc. Japan Acad. 44 (1968), 130-132.

[18] I.J. VAHUTINSKII, Unitary representations of GL(3,R), Math. Sbornik 75 (117) (1968), 303-320 (in Russian).

[19] N. WALLACH, Cyclic vectors and irreducibility for principal series representations, Trans. Amer. Math. Soc. 158 (1971), 107-113.

[20] D.P. ZELOBENKO, Harmonic analysis on semisimple complex Lie groups, Ed. Nauka, Moscow, 1975 (in Russian).

[21] D.P. ZELOBENKO and M.A. NAIMARK, A characterization of completely irreducible representations of a semisimple complex Lie group, Soviet Math. Dokl. 7 (1966), 1403-1406.

[22] G. ZUCKERMAN, Tensor products of finite and infinite dimensional representations of semisimple Lie groups, to appear.

Department of Mathematics
Cornell University
Ithaca, N.Y. 14853/USA

Department of Mathematics
Yale University
New Haven, Conn. 06520/USA

INTEGRALES D'ENTRELACEMENT SUR DES GROUPES DE LIE NILPOTENTS ET INDICES DE MASLOV

Gérard LION

INTRODUCTION ET NOTATION :

Dans ce qui suit, $\mathfrak{g}$ désignera une algèbre de Lie nilpotente réelle, et G le groupe simplement connexe qui lui correspond . D'après les travaux de Dixmier et Kirillov, l'ensemble des représentations unitaires irréductibles de G est en bijection avec l'ensemble des orbites de la représentation coadjointe de G . Au cours du développement de la théorie, on est amené à considérer la situation suivante : si $f \in \mathfrak{g}^*$, on appelle polarisation de $\mathfrak{g}$ en f une sous algèbre $\mathfrak{h}$ de $\mathfrak{g}$ qui est un sous espace vectoriel de $\mathfrak{g}$ isotrope pour la forme bilinéaire B_f , $B_f(U,V) = f([U,V])$, de dimension maximale .
L'application exponentielle est un difféomorphisme de $\mathfrak{g}$ sur G .
Si $g = \exp(X)$, on pose $\chi_f(g) = \exp(if(X))$. χ_f se restreint en un caractère unitaire de $H = \exp(\mathfrak{h})$. Les représentations unitaires irréductibles de G sont toutes induites à partir des caractères χ_f des sous groupes $H = \exp \mathfrak{h}$ associés à une polarisation $\mathfrak{h}$ de $\mathfrak{g}$ en f.
On a alors le résultat suivant : si $\mathfrak{h}_i$, i=1,2 , est une telle polarisation, les deux représentations obtenues, notées $\mathrm{Ind}_{H_i \uparrow G}(\chi_f)$, sont équivalentes . Elles se réalisent de la manière suivante :
Soit m_{G/H_i} une mesure sur G/H_i invariante à gauche par l'action de G , (avec i = 1 ou 2) . On note $H(f,\mathfrak{h}_i,G)$ le complété pour la norme $L^2(G/H_i)$ de l'ensemble des fonctions k sur G, à valeurs complexes, à support compact modulo H_i, continues, vérifiant pour tout g de G et h de H la relation : $k(gh) = \chi_f(h)^{-1}k(g)$. G agit dans cet espace par translation à gauche: $[\rho(f,\mathfrak{h}_i,G)(u).k](g) = k(u^{-1}g)$.

Nous montrons ici que l'on entrelace effectivement les représentations $\rho(f,\mathfrak{h}_i,G)$, i=1;2 , en donnant un sens à l'intégrale

$$T_{\mathfrak{h}_2\mathfrak{h}_1} k(g) = \int_{H_2/H_1\cap H_2} k(gh)\chi_f(h)\, dm_{H_2/H_1\cap H_2}(h) ,$$

où $m_{H_2/H_1\cap H_2}$ est une mesure sur $H_2/H_1\cap H_2$ invariante à gauche par H_2 .
A un scalaire réel strictement positif près provenant du choix des mesures , cette transformation est entièrement déterminée .

Formellement, cette intégrale commute bien à l'action de G , et si $k \in H(f, h_1, G)$, $T_{h_2 h_1} k$ vérifie la relation de covariance attendue dans $H(f, h_2, G)$.

Si h_1 , h_2 , h_3 sont trois polarisations quelconques de $\mathfrak{g}$ en f , la forme de Maslov introduite en (8) par Kashiwara est définie sur $h_1 \times h_2 \times h_3$ par la formule : $Q(X,X',X'') = f([X,X']) + f([X',X'']) + f([X'',X])$. Soient s_{321} la signature de Q , (nombre de signes "+" moins nombre de signes "-"), et $a_{321} = \exp(i\frac{\pi}{4}s_{321})$, nous obtenons la relation de phase : $T_{h_3 h_2} \circ T_{h_2 h_1} \circ T_{h_1 h_3} = a_{321}.c.Id$, où $c \in \mathbb{R}_+^*$. Ce résultat est connu pour des polarisations deux à deux transverses dans le groupe de Heisenberg où il est lié à la représentation de Segal-Shale-Weil, (cf. (2) et (7)) .

L. Pukanszky et M. Duflo ont simplifié de façon importante certains points de la démonstration et je les remercie. L'idée du problème vient de M. Vergne dont j'ai apprécié l'aide, les conseils et simplifications qu'elle m'a apportés .

-A- Soient h_1 et h_2 deux sous algèbres quelconques de $\mathfrak{g}$, et H_1 et H_2 les sous groupes de G associés .On note j l'application de $H_2/H_1 \cap H_2$ dans G/H_1 qui à la classe $h(H_1 \cap H_2)$ associe la classe hH_1 ; (h élément de H_2) . Si k est une fonction sur G/H_1 , on a besoin d'étudier la convergence d'intégrales sur $H_2/H_1 \cap H_2$ de $k_\circ j$.

1°) On montre d'abord que l'ensemble $H_1 H_2$ est fermé dans G par récurrence sur la dimension de $\mathfrak{g}$. Si $H_1 = G$, la propriété est bien vérifiée. Soit donc $\mathfrak{g}_o$ une sous algèbre de $\mathfrak{g}$ de codimension 1 telle que $h_1 \subset \mathfrak{g}_o \subset \mathfrak{g}$. Si $h_2 \subset \mathfrak{g}_o$ la conclusion désirée suit immédiatement de l'hypothèse. Sinon l'on pose $h_2' = h_2 \cap \mathfrak{g}_o$ .Soit $l \in h_2$, $l \notin \mathfrak{g}_o$. Il est bien connu que l'application de $G_o \times \mathbb{R}$ dans G définie par $f(g,t) = g.\exp(tl)$ est un difféomorphisme. Par hypothèse $H_1.\exp(h_2')$ est fermé dans G_o ; donc il en est bien de même de $f(H_1.\mathrm{Exp}(h_2') \times \mathbb{R}) = H_1 H_2$ dans G .

2°) On pose $\bar{h} = h_1 \cap h_2$ et $\bar{H} = \exp(\bar{h}) \subset G$. On construit alors des sections $s_1 : G/H_1 \longrightarrow G$ et $s_{12} : H_2/\bar{H} \longrightarrow H_2$, telles que $i \circ s_{12} = s_1 \circ j$:

$$\begin{array}{ccc} H_2 & \xrightarrow{\quad i \quad} & G \\ s_{12}\uparrow & & \uparrow s_1 \\ H_2/\bar{H} & \xrightarrow{\quad j \quad} & G/H_1 \end{array}$$

Dans ce but, si h est une sous algèbre de $\mathfrak{g}$,on dira simplement que la famille ordonnée $(l_i, i=1;\ldots;m)$ est une base supplémentaire à h dans $\mathfrak{g}$ si l'application de $\mathbb{R}^m \times h$ dans G définie par $F(T,h) = \exp(t_m l_m)\exp(t_{m-1} l_{m-1})\ldots\exp(t_1 l_1)\exp(h)$, où $T = (t_1, t_2, \ldots, t_m) \in \mathbb{R}^m$ et $h \in h$,est un difféomorphisme , polynomial ainsi que son inverse;(l'identification habituelle au moyen de l'application exponentielle munit G d'une structure d'espace vectoriel qui permet de parler de polynomes) .

Soit $S = F(\mathbb{R}^m, 0)$;on note respectivement q et p les projections de G sur S et G/H; il y a un homéomorphisme h de G/H sur S tel que :

$$\begin{array}{ccc} G & \xrightarrow{q} & \\ p\downarrow & \searrow & \\ G/H & \xrightarrow{h} & S \end{array}$$

Ceci étant, soit $m = \dim(h_2/\bar{h})$;il suffit de démontrer le :

<u>Lemme 1:</u> il existe une base supplémentaire $(l_i;\ i=1;\dots;n)$ à h_1 dans $\mathfrak{g}$ telle qu'en même temps $(l_i;\ i=1;\dots;m)$ soit de la même sorte à $\bar{h} = h_1 \cap h_2$ dans h_2.

Si $\mathfrak{g} = h_2$,alors $h_1 = \bar{h}$;soient $\bar{h} = \mathfrak{m}_0 \subset \mathfrak{m}_1 \subset \dots \subset \mathfrak{m}_m = h_2$ des sous algèbres de $\mathfrak{g}$, telles que $\dim(\mathfrak{m}_j/\mathfrak{m}_{j-1}) = 1$, $j=1;\dots;m$. Si $l_j \in \mathfrak{m}_j \setminus \mathfrak{m}_{j-1}$, la famille $(l_j;\ j=1;\dots;m)$ jouira de la propriété requise . Dans le cas général,on raisonne par récurrence sur la dimension de $\mathfrak{g}/h_2$. Soit $\mathfrak{g}_0$ un idéal de $\mathfrak{g}$ de codimension 1 contenant h_2 ,et Σ une base supplémentaire à $\mathfrak{g}_0 \cap h_1$ dans $\mathfrak{g}_0$ vérifiant les conditions du lemme 1 . Si $h_1 \not\subset \mathfrak{g}_0$, Σ convient .

Si $h_1 \subset \mathfrak{g}_0$, on ajoute à Σ comme dernier membre un élément de $\mathfrak{g}\setminus\mathfrak{g}_0$ quelconque.

3°) Pour conclure, l'application j , $j : H_2/\bar{H} \longrightarrow G/H_1$ est évidemment un homéomorphisme sur son image qui est fermée,donc si C est un compact de G/H_1 , il en est de même de $j^{-1}(C) \subset H_2/\bar{H}$.

Comme le montre le contre exemple suivant,la propriété précédente n'est pas vraie pour des groupes de Lie quelconques : on choisit $G = SL(2;\mathbb{R})$; B est le sous groupe des matrices de la forme : $\begin{pmatrix} a & u \\ 0 & a^{-1} \end{pmatrix}$, $a \in \mathbb{R}^*$, $u \in \mathbb{R}$.

N est le sous groupe des matrices de la forme : $\begin{pmatrix} 1 & 0 \\ v & 1 \end{pmatrix}$, $v \in \mathbb{R}$.

K est le sous groupe des rotations : $\begin{pmatrix} \cos(x) & -\sin(x) \\ \sin(x) & \cos(x) \end{pmatrix}$.

Comme $G = K.B$, toute fonction f continue sur G est à support compact dans G/B . Maintenant, $B \cap N = (id)$. Si la fonction f reste égale à 1 sur G, elle est bien à support compact dans G modulo B, mais ne l'est pas dans $N \equiv N/N \cap B$.

On rappelle maintenant quelques propriétés sur les mesures invariantes, (cf. Pukanszky, (5)) .

<u>Définition : On dira que la base supplémentaire</u> $(l_i;\ i=1;\dots;m)$ <u>à une sous algèbre</u> h de $\mathfrak{g}$ <u>est adaptée</u>,(<u>et l'on écrira</u> B.S.A.),<u>si pour tout</u> i, <u>le sous espace</u> $h \oplus (\bigoplus_{i \leq k} \mathbb{R} l_k)$ <u>est une sous algèbre de</u> $\mathfrak{g}$.

Propriété 1 : Si (l_i, i=1;...;p) est une B.S.A. à (0) dans $\mathfrak{g}$, on définit une mesure de Haar sur G en posant, pour toute fonction continue k sur G à support compact :

$$\int_G k(g)\, dm(g) = \int_{\mathbb{R}^p} k(e^{t_p l_p}.e^{t_{p-1} l_{p-1}}\ldots e^{t_1 l_1})dt_p dt_{p-1}\ldots dt_1 \quad .$$

Propriété 2 : Si (l_i, i=1;...;q) est une B.S.A. à la sous algèbre $\mathfrak{h}$ dans $\mathfrak{g}$, on définit une mesure sur G/H , $m_{G/H}$, invariante par l'action à gauche de G, en posant, pour toute fonction continue à support compact k :

$$\int_{G/H} k(gH)\, dm_{G/H}(gH) = \int_{\mathbb{R}^q} k(e^{t_q l_q}\ldots e^{t_1 l_1}.H)\, dt_q \ldots dt_1 \quad .$$

B - On suppose maitenant que $\mathfrak{h}$ est une polarisation de $\mathfrak{g}$ en f . Kirillov démontre dans (4) que si (l_i, i=1;...;n) est une B.S.A. à $\mathfrak{h}$ dans $\mathfrak{g}$, et si F est l'application de $\mathbb{R}^n$ dans G donnée par $F(t_1,\ldots,t_n) = e^{t_n l_n}\ldots e^{t_1 l_1}$, alors, l'ensemble S(f,$\mathfrak{h}$,G) des vecteurs C^∞ de $\rho(f,\mathfrak{h},G)$ est formé de l'ensemble des fonctions k de H(f,$\mathfrak{h}$,G) telles que $k \circ F \in S(\mathbb{R}^n)$, et l'image de $\mathcal{U}(\mathfrak{g})$ par $\rho(f,\mathfrak{h},G)$ est l'algèbre des opérateurs différentiels sur $\mathbb{R}^n$ à coefficients polynomiaux . S(f,$\mathfrak{h}$,G) est muni habituellement de la topologie définie par la famille de semi-normes $N_D(k) = \|\rho(D)k\|$, la double barre indiquant la norme d'espace de Hilbert de H(f,$\mathfrak{h}$,G) , et D décrivant $\mathcal{U}(\mathfrak{g})$. Ceci revient à dire que S(f,$\mathfrak{h}$,G) est homéomorphe à l'espace de Schwartz $S(\mathbb{R}^n)$, muni des semi-normes $P_D(k) = \|Dk\|_{L^2(\mathbb{R}^n)}$; où D décrit les opérateurs différentiels sur $\mathbb{R}^n$ à coefficients polynomiaux.

Or , on peut vérifier à l'aide d'arguments simples , que cette topologie coïncide avec la topologie de Schwartz donnée par les semi-normes $P_D(k) = \sup_{x\in\mathbb{R}^n}(|Dk(x)|)$. L'application $k \longrightarrow k \circ F$ est alors un homéomorphisme de H(f,$\mathfrak{h}$,G) sur $S(\mathbb{R}^n)$.

On considère maintenant deux bases supplémentaires (l_i, i=1;...;n) et (m_i, i=1;...;n) à $\mathfrak{h}$ dans $\mathfrak{g}$. Par définition , l'application de G dans $\mathbb{R}^n$ qui à $g = e^{t_n l_n}\ldots e^{t_1 l_1}.h$, $h\in H$, associe $(t_1,\ldots,t_n)$ est polynomiale; il en est de même de l'application $g = e^{u_n m_n}\ldots e^{u_1 m_1}.h \longrightarrow (u_1,\ldots,u_n)$. Le passage de $(t_1,\ldots,t_n)$ à $(u_1,\ldots,u_n)$ est donné par un polynome inversible dont l'inverse est un polynome . L'espace $S(\mathbb{R}^n)$ se conserve donc bien dans la suite d'homéomorphismes :

$S(\mathbb{R}^n) \ni k \circ F \longleftarrow k \in H(f, \ ,G) \longrightarrow k \circ F' \in S(\mathbb{R}^n)$, où

où $F'(u_1,\ldots,u_n) = e^{u_n m_n}\ldots e^{u_1 m_1}$.

Dans ces deux systèmes de coordonnées, la mesure $dm_{G/H}$ s'écrira comme une mesure de Lebesgue: en effet ceci est vrai pour une B.S.A. et le jacobien des transformations doit être un polynome réel , ainsi que la fraction inverse .

Soient $\mathfrak{h}_1$ et $\mathfrak{h}_2$ deux polarisations de $\mathfrak{g}$ en f , H_1 et H_2 les sous groupes associés; on suppose,(lemme 1),que (l_i, i=1;...;n) est une base supplémentaire à $\mathfrak{h}_1$ dans $\mathfrak{g}$, tandis que (l_i,i=1;...;m) est supplémentaire à $\mathfrak{h}_1 \cap \mathfrak{h}_2$ dans $\mathfrak{h}_2$. Le diagramme ci-dessous commute:

$$\begin{array}{ccccc} H_2 & \xleftarrow{s_{12}} & H_2/H_1 \cap H_2 & \xleftarrow{u} & \mathbb{R}^m \\ \downarrow{\scriptstyle id} & & \downarrow{\scriptstyle j} & & \downarrow{\scriptstyle i} \\ G & \xleftarrow{s_1} & G/H_1 & \xleftarrow{v} & \mathbb{R}^m \times \mathbb{R}^{n-m} \end{array}$$

où j est l'injection canonique de $H_2/H_1 \cap H_2$ dans G/H_1 ,

$j(h(H_1 \cap H_2)) = hH_1$,

$i(t_1;\ldots,t_m) = (t_1,\ldots,t_m,0,\ldots,0)$

$u(t_1,\ldots t_m) = e^{t_m l_m}\ldots e^{t_1 l_1}.(H_1 \cap H_2)$

$v(t_1,\ldots;t_m,\ldots,t_n) = e^{t_n l_n}\ldots e^{t_m l_m}\ldots e^{t_1 l_1}.H_1$

$s_{12} \circ u(t_1,\ldots,t_m) = e^{t_m l_m}\ldots e^{t_1 l_1}$

$s_1 \circ v\ (t_1,\ldots t_m,\ldots,t_n) = e^{t_n l_n}\ldots e^{t_m l_m}\ldots e^{t_1 l_1}$.

Si $k \in S(f,\mathfrak{h}_1,G)$, il en est de même de k_g , $g \in G$, donnée par $k_g(x) = k(gx)$.

Proposition : Pour tout $g \in G$, et toute fonction k de $S(f,\mathfrak{h}_1,G)$, l'intégrale : $\int_{H_2/H_1 \cap H_2} k(gh)\chi_f(h)dm_{H_2/H_1 \cap H_2}(h)$ converge .

En effet , $k(gh)\chi_f(h) = k_g(h)\chi_f(h)$, et , d'après le diagramme précédent , cette fonction s'écrit comme la restriction à $\mathbb{R}^m \times (0)$ d'une fonction de $S(\mathbb{R}^n)$.

C - Intégrales d'entrelacement :

Théorème 1 : Soient $\mathfrak{h}_1$ et $\mathfrak{h}_2$ deux polarisations de $\mathfrak{g}$ en $f \in \mathfrak{g}^*$, H_1 et H_2 les sous groupes de G associés ; pour toute fonction k de $S(f,\mathfrak{h}_1,G)$, l'intégrale convergente :

$$(T_{\mathfrak{h}_2,\mathfrak{h}_1}k)(g) = \int_{H_2/H_1 \cap H_2} k(gh)\chi_f(h)dm_{H_2/H_1 \cap H_2}(h) \quad , \quad g \in G ,$$

définit un homéomorphisme de $S(f,\mathfrak{h}_1,G)$ sur $S(f,\mathfrak{h}_2,G)$, qui se prolonge par continuité en un opérateur d'entrelacement entre $\rho(f,\mathfrak{h}_1,G)$ et $\rho(f,\mathfrak{h}_2,G)$. Si les mesures dm_{G/H_i} , i=1 ou 2 , sont convenablement normalisées, $T_{\mathfrak{h}_2,\mathfrak{h}_1}$ est une isométrie .

Démonstration : Si $v \in H_2$, on a bien la relation d'invariance attendue:

$$(T_{h_2 h_1} k)(gv) = \int_{H_2/H_1 \cap H_2} k(gvh)\chi_f(h)\,dm_{H_2/H_1\cap H_2}(h)$$
$$= \int_{H_2/H_1\cap H_2} k(gh')\chi_f(v^{-1}h')\,dm_{H_2/H_1\cap H_2}(h') = \chi_f(v)^{-1}.T_{h_2 h_1}k(g).$$

Pour démontrer que T_{h_2,h_1} est une isométrie, on s'appuie sur un résultat dont une démonstration, donnée par Poulsen, est reprise dans (9) par P. Cartier : "Si la représentation (r,V) est irréductible, tout opérateur T de l'ensemble V^o des vecteurs différentiables de (r,V) dans son dual $V^{o\prime}$ qui est faiblement continu et commute à l'action de G est un scalaire." On prendra $r = \rho(f,h_1,G)$, $V^o = S(f,h_1,G)$.

On remarque d'abord que l'application $k \longrightarrow Tk(0)$, $(T = T_{h_2 h_1})$, est une forme linéaire continue sur $S(f,h_1,G)$; en effet, si $(l_i,i=1;..;n)$ est une base supplémentaire à h_1 dans $\mathfrak{g}$ telle que $(l_i,i=1;...;m)$ soit supplémentaire à $h_1 \cap h_2$ dans h_2 , $Tk(0) = \int_{\mathbb{R}^m} k(e^{t_m l_m}\dots e^{t_1 l_1})dt_m\dots dt_1$, (cette formule est exacte si pour tout i, $f(l_i) = 0$, cas auquel on peut toujours se ramener par translation dans la direction de Z.

$$|Tk(o)| \leqslant \sup_{(t_1,\dots,t_n)\in\mathbb{R}^n}(|k(e^{t_n l_n}\dots e^{t_1 l_1})(1+\sum_{i=1}^m t_i^2)|).\int_{\mathbb{R}^m}\frac{dt_m\dots dt_1}{(1+\sum_{i=1}^m t_i^2)}$$

ce qui fait apparaitre une des semi norme définissant la topologie de $S(f,h_1,G)$.

<u>Lemme :</u> <u>Soit</u> $D\in\mathcal{U}(\mathfrak{g})$. <u>Il existe une famille finie</u> $(P_a,D_a)_{a\in A}$, <u>où</u> P_a <u>est un polynome sur</u> G, <u>et</u> $D_a\in\mathcal{U}(\mathfrak{g})$, <u>telle que</u>, <u>si</u> $g\in G$ <u>et si</u> k_g <u>désigne la fonction</u> $x \longrightarrow k(gx)$, $(Dk_g)(x) = \sum_{a\in A} P_a(g)(D_a k)_g(x)$, <u>pour tout</u> k .

<u>Démonstration</u>: On suppose que $D = X\in\mathfrak{g}$, et que $g = e^U$, $U\in\mathfrak{g}$.
$Xk_g(x) = \frac{d}{dt}k(ge^{-tX}x)_{t=0} = \frac{d}{dt}k(e^{-t\exp(adU).X}gx)_{t=0} = [(\exp(adU).X)k]_g(x)$.
exp(adU).X est bien un opérateur différentiel dont les coéfficients sur $\mathcal{U}(\mathfrak{g})$ sont des polynomes en g.Le lemme en découle par itération.

Si $D\in\mathcal{U}(\mathfrak{g})$, on note $p_D(k)$ la norme de Dk dans $H(f,h_1,G)$.On déduit du lemme l'inégalité: $p_D(k_g) \leqslant \sum_{a\ A}|P_a(g)|\,p_{D_a}(k)$.

La continuité de $k \longrightarrow Tk(0)$ s'écrit sous la forme :
$|Tk(0)| \leqslant \sum_{j=1}^r p_{D_j}(k)$, pour une certaine famille D_j, j=1;...;r, de $\mathcal{U}(\mathfrak{g})$.

On obtient alors la majoration :
$|T\,k_g(0)| \leqslant \sum_{b\in B}|P_b(g)|\,p_{D_b}(k) \leqslant (\sum_{b\in B} p_{D_b}(k)).Q(g)$, où B est un ensemble fini, P_b un polynome, $D_b\in\mathcal{U}(\mathfrak{g})$, et Q un polynome majorant les P_b .
$T_{h_2 h_1}$ est donc faiblement continu de $S(f,h_1,G)$ dans le dual de $S(f,h_2,G)$.
Puisque l'on sait que $\rho(f,h_1,G)$ et $\rho(f,h_2,G)$ sont équivalentes, le théorème s'en déduit immédiatement à condition de remarquer que $T_{h_2 h_1}$ n'est pas identiquement nulle .

-D- Exemples :

1) - G est le groupe de Heisenberg de dimension 3, d'algèbre de Lie $\mathfrak{g}$; on désigne par (P,Q,E) une base de $\mathfrak{g}$ vérifiant $[P,Q] = E$, les autres crochets étant soit nuls, soit donnés par antisymétrie.
La forme f est définie par les relations $f(P) = f(Q) = 0$, $f(E) = 1$.
On considère les trois polarisations de $\mathfrak{g}$ en f :

$$\mathfrak{h}_1 = \mathbb{R}P \oplus \mathbb{R}E \ , \quad \mathfrak{h}_2 = \mathbb{R}Q \oplus \mathbb{R}E \ , \quad \mathfrak{h}_3 = \mathbb{R}(Q-P) \oplus \mathbb{R}E \ .$$

Tout élément de G s'écrit de manière unique $g = e^{xQ}e^{uP}e^{zE}$.
Des calculs élémentaires donnent pour $k \in S(f,\mathfrak{h}_1,G)$:

$$(T_{\mathfrak{h}_3\mathfrak{h}_1}k)(e^{xQ}e^{uP}e^{zE}) = e^{ix^2/2}\int_{\mathbb{R}} k(e^{tQ}e^{zE})e^{it^2/2}e^{-it(u+x)}\,e^{iux}dt$$

$$= e^{iux}\,e^{ix^2/2}F_t[k(e^{tQ}e^{zE})e^{it^2/2}](u+x) \quad ,$$

où $F_t j(b)$ désigne la valeur en b de la transformée de Fourier d'une fonction j de la variable t.

$$T_{\mathfrak{h}_2\mathfrak{h}_3}\circ T_{\mathfrak{h}_3\mathfrak{h}_1}k(e^{x'Q}e^{vP}e^{zE}) = e^{ivx'}e^{iv^2/2}F_r\{e^{ir^2/2}F_t[k(e^{tQ}e^{zE})e^{it^2/2}](r)\}(v)$$

$$T_{\mathfrak{h}_2\mathfrak{h}_1}k(e^{x'Q}e^{vP}e^{zE}) = e^{ivx'}F_s[k(e^{sQ}e^{zE})](v) \quad .$$

On calcule le facteur de proportionalité a : $T_{\mathfrak{h}_2\mathfrak{h}_1} = aT_{\mathfrak{h}_2\mathfrak{h}_3}\circ T_{\mathfrak{h}_3\mathfrak{h}_1}$
Pour toute fonction $f \in S(\mathbb{R})$, celui-ci vérifie les relations :

$$\hat{f}(v) = ae^{iv^2/2}F_r\{e^{ir^2/2}F_t[e^{it^2/2}f(t)](r)\}(v)$$

$$= ae^{iv^2/2}F_r\left\{\int_{\mathbb{R}} e^{i(r-t)^2/2}f(t)dt\right\}(v)$$

$$= ae^{iv^2/2}F_r\{[e^{iu^2/2}*f(u)](r)\}(v)$$

$$= ae^{iv^2/2}\sqrt{2\pi}\,e^{i\pi/4}e^{-iv^2/2}\,\hat{f}(v) \;=\; a\sqrt{2\pi}\,e^{i\pi/4}\,\hat{f}(v) \quad .$$

D'où $a = (\sqrt{2\pi})^{-1}e^{-i\pi/4}$.
Ce facteur $e^{-i\pi/4}$ est lié à la représentation de Weil de $SL(2;\mathbb{R})$, qui agit par automorphismes dans G.
Dans (2),(7), on indique une méthode qui permet de composer exactement ces tranformations.

2) - $\mathfrak{g} = \mathfrak{g}_{5,3}$, (cf Godfrey,(3)). ($P_i$, i=1;...;5) désigne une base de $\mathfrak{g}$, les crochets non nuls se déduisant des relations :

$$[P_1,P_2] = P_4 \ , \quad [P_1,P_4] = P_5 \ , \quad [P_2,P_3] = P_5 \ .$$

On note (P_i', i=1;...;5) la base duale, et l'on choisit :

$$f = P_5' \ , \quad Y = P_4 \ , \quad \mathfrak{g}_Y' = \bigoplus_{i\geq 2}\mathbb{R}P_i \ ;$$

$$\mathfrak{h}_1 = \mathbb{R}P_1 \oplus \mathbb{R}P_3 \oplus \mathbb{R}P_5 \ , \quad \mathfrak{h}_2 = \mathbb{R}(P_1-P_2) \oplus \mathbb{R}(P_3+P_4) \oplus \mathbb{R}P_5 \ ,$$

$$\mathfrak{h}_1 \cap \mathfrak{h}_2 = \mathfrak{z} = \mathbb{R}P_5 \ .$$

$(P_1-P_2\ ,\ P_3+P_4)$ est une B.S.A. à $\mathfrak{h}_1\cap\mathfrak{h}_2$ dans $\mathfrak{h}_2$;c'est aussi une B.S.A. à $\mathfrak{h}_1$ dans $\mathfrak{g}$. $(P_1\ ,\ P_3)$ est une B.S.A. à $\mathfrak{h}_2$ dans $\mathfrak{g}$.
Si $k\in S(f,\mathfrak{h}_1,G)$, la transformation s'écrit : (on note $T = T_{\mathfrak{h}_2\mathfrak{h}_1}$) ;

$$Tk(e^{uP_1}e^{vP_3}) = \int_{\mathbb{R}^2} k(e^{uP_1}e^{vP_3}e^{a(P_1-P_2)}e^{b(P_3+P_4)})\ da\ db\ .$$

On pose $g = e^{uP_1}.e^{vP_3}.e^{a(P_1-P_2)}.e^{b(P_3+P_4)}$, alors :

$$g = e^{a(P_1-P_2)}.e^{(b-au)(P_3+P_4)}.e^{auP_3}.e^{uP_1+vP_3+(av+bu+\frac{-au^2+a^2u}{2})P_5}$$

k étant dans $H(f,\mathfrak{h}_1,G)$, les translations à droite par H_1 donnent :

$$Tk(e^{uP_1}e^{vP_3}) = \int_{\mathbb{R}^2} k(e^{a(P_1-P_2)}e^{(b-au)(P_3+P_4)}).e^{-i(av+bu)-\frac{i}{2}(a^2u-au^2)}dadb$$

le changement de variable $x = a\ ,\ y = b-au$, donne :

$$Tk(e^{uP_1}e^{vP_3}) = \int_{\mathbb{R}^2} k(e^{x(P_1-P_2)}.e^{y(P_3+P_4)})e^{-i(xv+yu)}e^{-\frac{i}{2}(xu^2+x^2u)}dx\ dy$$

Comparée à une transformation de Fourier ordinaire ,il intervient dans cette intégrale un polynome de degré 3 : xu^2+x^2u . Pour des groupes de cran 2 comme le groupe de Heisenberg , cette particularité n'apparait pas ; par contre , si l'algèbre de Lie est quelconque , il est vraissemblable que l'on peut obtenir des polynomes de degré arbitrairement élevé .

-E- Composés d'opérateurs :

Si $\mathfrak{h}_i$, i=1;2;3 , sont trois polarisations de $\mathfrak{g}$ en f,il résulte du lemme de Schur que :

$$T_{\mathfrak{h}_3\mathfrak{h}_2}\circ T_{\mathfrak{h}_2\mathfrak{h}_1}\circ T_{\mathfrak{h}_1\mathfrak{h}_3} = b.Id \qquad \text{sur } H(f,\mathfrak{h}_3,G)\ .$$

Le scalaire b est de la forme $b = c.a$, où $c\in\mathbb{R}_+^*$, $a\in\mathbb{C}$, $|a| = 1$.
On détermine maintenant a , (cf. le théorème 2) . La technique est essentiellement algébrique et consiste à ramener l'étude d'opérateurs donnés sur un groupe G de dimension n à celle d'opérateurs sur un groupe G' de dimension n-1 , puis à raisonner par récurrence .

Premier cas: $\mathfrak{h}_1$ et $\mathfrak{h}_2$ sont deux polarisations de $\mathfrak{g}$ en f, et,si $\mathfrak{z}$ désigne le centre de $\mathfrak{g}$, $Ker(f)\cap\mathfrak{z} \neq (0)$.
Dans ce cas,si $Z\in Ker(f)\cap\mathfrak{z}$, $Z \neq 0$, on pose $\mathfrak{g}' = \mathfrak{g}/\mathbb{R}Z$, $\mathfrak{h}_i' = \mathfrak{h}_i/\mathbb{R}Z$, i=1;2, et l'on note f' l'élément de $\mathfrak{g}'^*$ déduit de f par passage au quotient. On a alors des isomorphismes canoniques : $H(f,\mathfrak{h}_i,G) \simeq H(f',\mathfrak{h}_i',G')$, $S(f,\mathfrak{h}_i,G) \simeq S(f',\mathfrak{h}_i',G')$, i=1;2 , et $dm_{H_2/H_1\cap H_2}$ passe au quotient en $dm_{H_2'/H_1'\cap H_2'}$. Modulo ces isomorphismes $T_{\mathfrak{h}_2\mathfrak{h}_1}$ et $T_{\mathfrak{h}_2'\mathfrak{h}_1'}$ coïncident, et jouissent des mêmes propriétés .

Second cas : On suppose donc que $Ker(f)\cap\mathfrak{z} = (0)$. Il s'ensuit que $\mathfrak{z}$ est de dimension 1 . Soit Z un élément de $\mathfrak{z}$ tel que $f(Z) = 1$, et Y un élément de $Ker(f)$ vérifiant $[\mathfrak{g},Y] = \mathfrak{z}$. On définit une forme linéaire non nulle d en posant, pour $U\in\mathfrak{g}$, $[U,Y] = d(U).Z$, et l'on note $\mathfrak{g}'_Y = Ker(d)$. De l'identité de Jacobi , il résulte que $\mathfrak{g}'_Y$ est un idéal de codimension 1 de $\mathfrak{g}$. Si $\mathfrak{h}_i$ est une polarisation de $\mathfrak{g}$ en f qui n'est pas contenue dans $\mathfrak{g}'_Y$, on choisit un élément X_i de $\mathfrak{h}_i$ tel que : $[X_i,Y] = Z$, et $f(X_i) = 0$, (ce qui est possible car sinon $X_i-f(X_i)Z$ convient); alors , $\mathfrak{h}_i = \mathbb{R}X_i\oplus(\mathfrak{h}_i\cap\mathfrak{g}'_Y)$. Comme Y commute à $\mathfrak{g}'_Y$, qui est un idéal de $\mathfrak{g}$,on vérifie sans difficulté que $\mathfrak{h}'_i = (\mathfrak{h}_i\cap\mathfrak{g}'_Y)\oplus\mathbb{R}Y$ est une polarisation de $\mathfrak{g}$ en f ; (la dimension est bonne).

Lemme 2: Soient $\mathfrak{h}_1$ et $\mathfrak{h}_2$ deux polarisations de $\mathfrak{g}$ en f ; les deux conditions suivantes sont équivalentes : (i): $\mathfrak{h}_1\cap\mathfrak{h}_2\subset\mathfrak{g}'_Y$ (ii): $Y\in\mathfrak{h}_1+\mathfrak{h}_2$

Démonstration: On note $A^\wedge$ l'ensemble des éléments de $\mathfrak{g}$ orthogonaux à A pour la forme B , $B(U,V) = f([U,V])$. $\mathfrak{h}_1$ et $\mathfrak{h}_2$ sont des sous espaces isotropes maximaux,d'où : $\mathfrak{h}_i^\wedge = \mathfrak{h}_i$, $i=1;2$. On a donc : $(\mathfrak{h}_1+\mathfrak{h}_2)^\wedge = \mathfrak{h}_1\cap\mathfrak{h}_2$, $(\mathfrak{h}_1\cap\mathfrak{h}_2)^\wedge = \mathfrak{h}_1+\mathfrak{h}_2$. Alors :
(i) $\Leftrightarrow B(Y,\mathfrak{h}_1\cap\mathfrak{h}_2) = 0 \Leftrightarrow Y\in\mathfrak{h}_1+\mathfrak{h}_2 \Leftrightarrow$ (ii) , d'où le lemme .

On est amené à distinguer les cas suivants :

(i) $\mathfrak{h}_1\subset\mathfrak{g}'_Y$, $\mathfrak{h}_2\subset\mathfrak{g}'_Y$.

(ii) $\mathfrak{h}_1\not\subset\mathfrak{g}'_Y$, $\mathfrak{h}_2\subset\mathfrak{g}'_Y$.

(iii) $\mathfrak{h}_1\subset\mathfrak{g}'_Y$, $\mathfrak{h}_2\not\subset\mathfrak{g}'_Y$.

(iv) $\mathfrak{h}_1\not\subset\mathfrak{g}'_Y$, $\mathfrak{h}_2\not\subset\mathfrak{g}'_Y$, $\mathfrak{h}_1\cap\mathfrak{h}_2\not\subset\mathfrak{g}'_Y$.

(v) $\mathfrak{h}_1\not\subset\mathfrak{g}'_Y$, $\mathfrak{h}_2\not\subset\mathfrak{g}'_Y$, $\mathfrak{h}_1\cap\mathfrak{h}_2\subset\mathfrak{g}'_Y$, $Y\in(\mathfrak{h}_1\cap\mathfrak{g}'_Y)+(\mathfrak{h}_2\cap\mathfrak{g}'_Y)$.

(vi) $\mathfrak{h}_1\not\subset\mathfrak{g}'_Y$, $\mathfrak{h}_2\not\subset\mathfrak{g}'_Y$, $\mathfrak{h}_1\cap\mathfrak{h}_2\subset\mathfrak{g}'_Y$, $Y\notin(\mathfrak{h}_1\cap\mathfrak{g}'_Y)+(\mathfrak{h}_2\cap\mathfrak{g}'_Y)$.

Exemple 1 : $\mathfrak{g}$ est l'algèbre de Lie du groupe de Heisenberg de dimension 3,(cf plus haut); $[P,Q] = E$, $f = E'$, (base duale) . Soit $\mathfrak{h}_1 = \mathbb{R}P\oplus\mathbb{R}E$, $\mathfrak{h}_2 = \mathbb{R}Q\oplus\mathbb{R}E$; si l'on a choisi $Y = Q$, alors $\mathfrak{g}'_Y = \mathfrak{h}_2$, et l'on est dans le cas (ii) , alors que le choix $Y = P$ mène au cas (iii). Par contre, le choix $Y = Q-P$ donne le cas (vi) .

Exemple 2 : $\mathfrak{g} = \mathfrak{g}_{5,3}$, (cf plus haut) ;
$[P_1,P_2] = P_4$, $[P_1,P_4] = P_5$, $[P_2,P_3] = P_5$; on choisit $f = P'_5$,
$\mathfrak{h}_1 = \mathbb{R}P_1 + \mathbb{R}P_3 + \mathbb{R}P_5$, $\mathfrak{h}_2 = \mathbb{R}(P_1-P_2) + \mathbb{R}(P_3+P_4) + \mathbb{R}P_5$.
Pour $Y = P_4$, $\mathfrak{g}'_Y = \bigoplus_{i=2}^{5}\mathbb{R}P_i$ et $Y\in(\mathfrak{h}_1\cap\mathfrak{g}'_Y)+(\mathfrak{h}_2\cap\mathfrak{g}'_Y)$.
On est dans le cas (v) .

<u>Exemple 3 :</u> $\mathfrak{g}$ est une algèbre de Lie de base (P_1,P_2,Q_1,Q_2,E), les crochets non nuls se déduisant des relations :
$[P_1,Q_1] = E$, $[P_2,Q_2] = E$. Si l'on a choisi $Y = Q_1$, $f = E'$
$\mathfrak{g}'_Y = \mathbb{R}P_2 + \mathbb{R}Q_1 + \mathbb{R}Q_2 + \mathbb{R}E$. Les deux polarisations $\mathfrak{h}_1$, $\mathfrak{h}_2$,
$\mathfrak{h}_1 = \mathbb{R}P_1 + \mathbb{R}P_2 + \mathbb{R}E$ et $\mathfrak{h}_2 = \mathbb{R}P_1 + \mathbb{R}Q_2 + \mathbb{R}E$ satisfont (iv) .

On étudie maintenant les dispositions relatives de deux polarisations pour tous les cas envisagés ci-dessus , et l'on établit certaines formules simples de composition. Pour l'instant, on prend pour hypothèse de récurrence que pour toute algèbre de Lie de dimension n-1 (nilpotente réelle) , et tout couple $\mathfrak{h}_1$, $\mathfrak{h}_2$ de polarisations, $T_{\mathfrak{h}_1\mathfrak{h}_2} \circ T_{\mathfrak{h}_2\mathfrak{h}_1} = b.\mathrm{id}$, avec $b \in \mathbb{R}^*_+$, et l'on suppose $\mathfrak{g}$ de dimension n .

L'élément Y de $\mathfrak{g}$ est supposé fixé, et l'on note $\mathfrak{g}'$ au lieu de $\mathfrak{g}'_Y$; si $\mathfrak{h}_i$ est une polarisation de $\mathfrak{g}$ en f , on note $\mathfrak{h}'_i = (\mathfrak{h}_i \cap \mathfrak{g}') + \mathbb{R}Y$.

<u>Etude du cas (i) :</u> $\mathfrak{h}_1 \subset \mathfrak{g}'$, $\mathfrak{h}_2 \subset \mathfrak{g}'$.
Soit $X \in \mathfrak{g}$, $X \notin \mathfrak{g}'$. Tout élément g de G s'écrit de manière unique sous la forme $g = xg'$, avec $x = e^{tX}$, $t \in \mathbb{R}$, et $g' \in G' = \exp(\mathfrak{h}')$.
si $k \in S(f,\mathfrak{h}_1,G)$, k_x désignera la fonction $g' \longrightarrow k(xg')$ qui est dans $S(f',\mathfrak{h}_1,G')$, où f' est la restriction de f à $\mathfrak{g}'$; $T^G_{\mathfrak{h}_2\mathfrak{h}_1}$ sera la transformation dans G associée aux polarisations $\mathfrak{h}_1$ et $\mathfrak{h}_2$ de $\mathfrak{g}$, tandis que $T^{G'}_{\mathfrak{h}_2\mathfrak{h}_1}$ sera la transformation dans G' .
Des égalités $T^G_{\mathfrak{h}_2\mathfrak{h}_1} k(xg') = T^{G'}_{\mathfrak{h}_2\mathfrak{h}_1} k_x(g')$
$T^{G'}_{\mathfrak{h}_2\mathfrak{h}_1} \circ T^{G'}_{\mathfrak{h}_1\mathfrak{h}_2} = b\ \mathrm{id}$, on déduit la formule
analogue : $T^G_{\mathfrak{h}_2\mathfrak{h}_1} \circ T^G_{\mathfrak{h}_1\mathfrak{h}_2} = b\ \mathrm{id}$, avec $b>0$.

<u>Etude du cas (ii) :</u> $\mathfrak{h}_1 \not\subset \mathfrak{g}'$, $\mathfrak{h}_2 \subset \mathfrak{g}'$.
<u>Lemme 3 :</u> <u>Sous les conditions</u> (ii), $\mathfrak{h}'_1 \cap \mathfrak{h}_2 = (\mathfrak{h}_1 \cap \mathfrak{h}_2) \oplus \mathbb{R}Y$.
Démonstration : on rappelle que $\mathfrak{h}'_i = (\mathfrak{h}_i \cap \mathfrak{g}') + \mathbb{R}Y$; d'après le lemme 2 $Y \notin \mathfrak{h}_1$ et $Y \in \mathfrak{h}_2$; on montre d'abord que $(\mathfrak{h}_1 \cap \mathfrak{h}_2) \oplus \mathbb{R}Y \supset \mathfrak{h}'_1 \cap \mathfrak{h}_2$
Soit $X \in \mathfrak{h}'_1 \cap \mathfrak{h}_2$; alors il existe $(U_1,a,U_2) \in (\mathfrak{h}_1 \cap \mathfrak{g}') \times \mathbb{R} \times \mathfrak{h}_2$, tel que :
$X = U_1 + aY = U_2$; d'où $U_1 = U_2 - aY \in \mathfrak{h}_2 \cap \mathfrak{h}_1$, car $Y \in \mathfrak{h}_2$.
Donc $X \in (\mathfrak{h}_1 \cap \mathfrak{h}_2) \oplus \mathbb{R}Y$.
L'inclusion inverse est immédiate car : $\mathfrak{h}_1 \cap \mathfrak{h}_2 \subset \mathfrak{h}_1 \cap \mathfrak{h}_2 \cap \mathfrak{g}' \subset \mathfrak{h}'_1 \cap \mathfrak{h}'_2$
et $Y \in \mathfrak{h}'_1 \cap \mathfrak{h}'_2$, (lemme 2) .

Soit $(l_i,\ i=1;\ldots;p)$ une B.S.A. à $\mathfrak{h}'_1 \cap \mathfrak{h}_2$ dans $\mathfrak{h}_2$; puisque Y commute à $\mathfrak{h}_2$, $(Y,l_i,\ i=1;\ldots;p)$ est une B.S.A. à $\mathfrak{h}_1 \cap \mathfrak{h}_2$ dans $\mathfrak{h}_2$.
On supposera dans toute la suite que les éléments des B.S.A. choisis sont dans Ker(f) , sinon, on les translate dans la direction de Z ; Ceci amène quelques simplifications d'ordre typographique car χ_f vaut 1.

Si $k \in S(f, \mathfrak{h}_1, G)$,alors :

$$\int_{H_2/H_1\cap H_2} k(gh)\chi_f(h)dm_{H_2/H_1\cap H_2}(h) = \int_{\mathbb{R}^{p+1}} k(ge^{t_p l_p}\cdots e^{t_1 l_1}e^{tY})dt\,dt_p\cdots dt_1$$

$$= \int_{\mathbb{R}^p}\Big[\int_{\mathbb{R}} k(ge^{t_p l_p}\cdots e^{t_1 l_1}e^{tY})dt\Big]dt_p\cdots dt_1$$

$$= \int_{H_2/H_1'\cap H_2}\Big[\int_{H'_1/H_1'\cap H_1} k(ghh')\chi_f(h')dm_{H_1'/H_1'\cap H_1}(h')\Big]\chi_f(h)dm(h)$$

(avec $dm = dm_{H_2/H_1' H_2}$)

c'est à dire que :

$$T_{\mathfrak{h}_2\mathfrak{h}_1} = T_{\mathfrak{h}_2\mathfrak{h}_1'} \circ T_{\mathfrak{h}_1'\mathfrak{h}_1} \quad .$$

<u>Etude du cas (iii) :</u> $\mathfrak{h}_1 \subset \mathfrak{g}'$, $\mathfrak{h}_2 \not\subset \mathfrak{g}'$.

Le lemme 3 permet d'écrire : $\mathfrak{h}_1\cap\mathfrak{h}_2' = (\mathfrak{h}_1\cap\mathfrak{h}_2) \oplus \mathbb{R}Y$.

Soit $X_2 \in \mathfrak{h}_2\cap \mathrm{Ker}(f)$ tel que $\mathfrak{h}_2 = (\mathfrak{h}_2\cap\mathfrak{g}') \oplus \mathbb{R}X_2$. $\mathfrak{g}'$ est un idéal de $\mathfrak{g}$, et si $(l_i,\ i=1;\ldots;p)$ est une B.S.A. à $\mathfrak{h}_1\cap\mathfrak{h}_2$ dans $\mathfrak{h}_2\cap\mathfrak{g}'$, $(l_i, X_2,\ i=1;\ldots;p)$ est une B.S.A. à $\mathfrak{h}_1\cap\mathfrak{h}_2$ dans $\mathfrak{h}_2$. Comme Y commute aux l_i, $i=1;\ldots;p$, la famille $(l_i,\ i=1;\ldots;p)$ est une B.S.A. à $(\mathfrak{h}_1\cap\mathfrak{h}_2)\oplus\mathbb{R}Y = \mathfrak{h}_1\cap\mathfrak{h}_2'$ dans $\mathfrak{h}_2'$.

Si $k \in S(f, \mathfrak{h}_1, G)$, alors :

$$\int_{H_2/H_1\cap H_2} k(gh)\chi_f(h)dm_{H_2/H_1\cap H_2}(h) = \int_{\mathbb{R}^{p+1}} k(ge^{tX_2}e^{t_p l_p}\cdots e^{t_1 l_1})dt_p\cdots dt_1\,dt$$

$$= \int_{\mathbb{R}}\Big[\int_{\mathbb{R}^p} k(ge^{tX_2}e^{t_p l_p}\cdots e^{t_1 l_1})dt_p\cdots dt_1\Big]dt$$

$$= \int_{H_2/H_2\cap H_2'}\Big[\int_{H_2'/H_1\cap H_2'} k(ghh')\chi_f(h')dm_{H_2'/H_1\cap H_2'}(h')\Big]\chi_f(h)dm_{H_2/H_2\cap H_2'}(h)$$

D'où : $\quad T_{\mathfrak{h}_2\mathfrak{h}_1} = T_{\mathfrak{h}_2\mathfrak{h}_2'} \circ T_{\mathfrak{h}_2'\mathfrak{h}_1}$.

On montre ensuite que si $\mathfrak{h}\not\subset\mathfrak{g}'$, $T_{\mathfrak{h}\mathfrak{h}'}\circ T_{\mathfrak{h}'\mathfrak{h}} = b.\mathrm{id}$, $b>0$.
Soit $X\in\mathfrak{h}$, $X\notin\mathfrak{g}'$; alors , $f([X,Y]) \neq 0$. Puisque $[\mathfrak{g},Y]\subset\mathfrak{z}$, on peut supposer que $[X,Y] = Z$. on calcule donc :

$$T_{\mathfrak{h}\mathfrak{h}'}\circ T_{\mathfrak{h}'\mathfrak{h}}\, k\ (0) = \int_{\mathbb{R}} (T_{\mathfrak{h}'\mathfrak{h}}\, k)(e^{uX})\ du = \int_{\mathbb{R}}\Big[\int_{\mathbb{R}} k(e^{uX}e^{tY})\ dt\Big]du$$

Mais $e^{uX}e^{tY} = e^{tY}(e^{-tY}e^{uX}e^{tY}) = e^{tY}e^{uX}e^{utZ}$, et $k\in S(f,\mathfrak{h},G)$, d'où :

$$T_{\mathfrak{h}\mathfrak{h}'}\circ T_{\mathfrak{h}'\mathfrak{h}}\, k(0) = \int_{\mathbb{R}}\Big[\int_{\mathbb{R}} k(e^{tY})\ e^{-iut}\ dt\Big]du = (2\pi)\ .\ k(0) \quad ,$$

ce qui est le résultat cherché .

Compte tenu de l'hypothèse de récurrence et des résultats précédents, on a alors :

$$T_{\mathfrak{h}_2,\mathfrak{h}_1}\circ T_{\mathfrak{h}_1,\mathfrak{h}_2} = T_{\mathfrak{h}_2\mathfrak{h}_2'}\circ T_{\mathfrak{h}_2'\mathfrak{h}_1}\circ T_{\mathfrak{h}_1\mathfrak{h}_2'}\circ T_{\mathfrak{h}_2'\mathfrak{h}_2} \quad ,\ (\text{cas (ii) et (iii)}) ,$$

$$= T_{\mathfrak{h}_2\mathfrak{h}_2'}\circ c.\mathrm{id}\circ T_{\mathfrak{h}_2'\mathfrak{h}_2} \quad ,\ (\text{récurrence}) ,\ c>0 ,$$

$$= c.c'.\mathrm{id} \quad ,\ \text{avec}\ c.c'>0 .$$

On en dèduit également que $T_{\mathfrak{h}_1\mathfrak{h}_2}\circ T_{\mathfrak{h}_2\mathfrak{h}_1} = c.c'.\mathrm{id}$.

Etude du cas (iv) : $\mathfrak{h}_1 \not\subset \mathfrak{g}'$, $\mathfrak{h}_2 \not\subset \mathfrak{g}'$, $\mathfrak{h}_1 \cap \mathfrak{h}_2 \not\subset \mathfrak{g}'$.

Soit X un élément de $[\mathfrak{h}_1 \cap \mathfrak{h}_2 \cap \mathrm{Ker}(f)]$, vérifiant $[X,Y] = Z$; (d'après un raisonnement fait précédemment, un tel X existe) . $\mathfrak{g}'$ étant de codimension 1 , on a : $\mathfrak{h}_i = (\mathfrak{h}_i \cap \mathfrak{g}') \oplus \mathbb{R}X$, $i=1;2$,

$\mathfrak{h}_1 \cap \mathfrak{h}_2 = (\mathfrak{h}_1 \cap \mathfrak{h}_2 \cap \mathfrak{g}') \oplus \mathbb{R}X$, $\mathfrak{h}_1' \cap \mathfrak{h}_2' = (\mathfrak{h}_1 \cap \mathfrak{h}_2 \cap \mathfrak{g}') \oplus \mathbb{R}Y$, $\mathfrak{h}_2 \cap \mathfrak{h}_1' = (\mathfrak{h}_1 \cap \mathfrak{h}_2 \cap \mathfrak{g}')$.

On démontre les deux dernières égalités :

1°) Il est clair que $(\mathfrak{h}_1 \cap \mathfrak{h}_2 \cap \mathfrak{g}') \oplus \mathbb{R}Y \subset \mathfrak{h}_1' \cap \mathfrak{h}_2'$. Maintenant, si $X' \in \mathfrak{h}_1' \cap \mathfrak{h}_2'$, $X' = H' + a'Y = H'' + a''Y$, où $(H',H'',a',a'') \in (\mathfrak{h}_1 \cap \mathfrak{g}') \times (\mathfrak{h}_2 \cap \mathfrak{g}') \times \mathbb{R} \times \mathbb{R}$. Alors, nécessairement, $a' = a''$, car sinon, Y serait dans $\mathfrak{h}_1 + \mathfrak{h}_2$, d'où, d'après le lemme 2 , $\mathfrak{h}_1 \cap \mathfrak{h}_2 \subset \mathfrak{g}'$, ce qui est contraire à l'hypothèse. On en déduit : $H' = H'' \in \mathfrak{h}_1 \cap \mathfrak{h}_2 \cap \mathfrak{g}'$, et $X' \in (\mathfrak{h}_1 \cap \mathfrak{h}_2 \cap \mathfrak{g}') \oplus \mathbb{R}Y$.

2°) L'inclusion $\mathfrak{h}_2 \cap \mathfrak{h}_1 \cap \mathfrak{g}' \subset \mathfrak{h}_2 \cap \mathfrak{h}_1'$ est évidente . Soit $U \in \mathfrak{h}_2 \cap \mathfrak{h}_1'$, on écrit : $U = H'' = H' + aY$, avec $(H'',H',a) \in \mathfrak{h}_2 \times \mathfrak{h}_1 \times \mathbb{R}$.

Mais a est nul, car sinon, Y serait dans $\mathfrak{h}_1 + \mathfrak{h}_2$, contrairement à l'hypothèse. Donc , $U \in \mathfrak{h}_1 \cap \mathfrak{h}_2$; d'autre part, $U \in \mathfrak{g}'$, puisque $U \in \mathfrak{h}_1' \subset \mathfrak{g}'$.

Soit $(l_i,\ i=1;\dots;p)$ une B.S.A. à $\mathfrak{h}_1 \cap \mathfrak{h}_2$ dans $\mathfrak{h}_2$. On peut supposer les l_i dans $\mathfrak{g}'$, puisque $X \notin \mathfrak{g}'$, $X \in \mathfrak{h}_1 \cap \mathfrak{h}_2$; on rappelle que l'on impose aux l_i d'être dans Ker(f) . Alors, $(X, l_i,\ i=1;\dots;p)$ est une B.S.A. à $(\mathfrak{h}_1 \cap \mathfrak{h}_2 \cap \mathfrak{g}') = \mathfrak{h}_2 \cap \mathfrak{h}_1'$ dans $\mathfrak{h}_2$.

Si $k \in S(f,\mathfrak{h}_1,G)$, alors :

$$T_{\mathfrak{h}_2 \mathfrak{h}_1} k(g) = \int_{\mathbb{R}^p} k(ge^{t_p l_p} \dots e^{t_1 l_1})\, dt_p \dots dt_1 \quad .$$

$$T_{\mathfrak{h}_2 \mathfrak{h}_1'} \circ T_{\mathfrak{h}_1' \mathfrak{h}_1} k(g) = \int_{\mathbb{R}^{p+1}} \Big[\int_{\mathbb{R}} k(ge^{t_p l_p} \dots e^{t_1 l_1} e^{tX} e^{uY})\, du \Big] dt_p \dots dt_1 dt$$

$$= \int_{\mathbb{R}^p} \Big\{ \int_{\mathbb{R}} \Big[\int_{\mathbb{R}} k(ge^{t_p l_p} \dots e^{t_1 l_1} e^{tX} e^{uY})\, du \Big] dt \Big\} dt_p \dots dt_1 \text{ , (Fubini) .}$$

On pose $j(e^{tX}e^{uY}) = k(ge^{t_p l_p} \dots e^{t_1 l_1} e^{tX} e^{uY})$, et l'on écrit : $e^{tX}e^{uY} = e^{uY}e^{tX}e^{utZ}$; il vient : $j(e^{tX}e^{uY}) = j(e^{uY}).e^{-iut}$, d'où : $\int_{\mathbb{R}} \Big[\int_{\mathbb{R}} j(e^{tX}e^{uY})\, du \Big] dt = j^{\wedge\wedge}(0) = (2\pi).k(ge^{t_p l_p} \dots e^{t_1 l_1})$. Finalement :

$$T_{\mathfrak{h}_2 \mathfrak{h}_1'} \circ T_{\mathfrak{h}_1' \mathfrak{h}_1} = 2\pi . T_{\mathfrak{h}_2 \mathfrak{h}_1} \quad .$$

En permutant les rôles de $\mathfrak{h}_1$ et $\mathfrak{h}_2$, on obtient :

$$T_{\mathfrak{h}_2 \mathfrak{h}_1} \circ T_{\mathfrak{h}_1 \mathfrak{h}_2} = T_{\mathfrak{h}_2 \mathfrak{h}_2'} \circ T_{\mathfrak{h}_2' \mathfrak{h}_1'} \circ T_{\mathfrak{h}_1' \mathfrak{h}_1} \circ T_{\mathfrak{h}_1 \mathfrak{h}_1'} \circ T_{\mathfrak{h}_1' \mathfrak{h}_2'} \circ T_{\mathfrak{h}_2' \mathfrak{h}_2}$$

$$= c.\mathrm{id} \quad , \quad c > 0 \ .$$

(On a utilisé les résultats obtenus dans les cas étudiés auparavant) .

Etude du cas (v) : $\mathfrak{h}_1 \not\subset \mathfrak{g}'$, $\mathfrak{h}_2 \not\subset \mathfrak{g}'$, $\mathfrak{h}_1 \cap \mathfrak{h}_2 \subset \mathfrak{g}'$, $Y \in (\mathfrak{h}_1 \cap \mathfrak{g}') + (\mathfrak{h}_2 \cap \mathfrak{g}')$.

On écrit $Y = H'' - H'$, avec (H'', H') $(\mathfrak{h}_2 \cap \mathfrak{g}') \times (\mathfrak{h}_1 \cap \mathfrak{g}')$; alors :

$$\mathfrak{h}_1' \cap \mathfrak{h}_2 = (\mathfrak{h}_1 \cap \mathfrak{h}_2) \oplus \mathbb{R}H'' \quad \text{et} \quad \mathfrak{h}_1 \cap \mathfrak{h}_2' = (\mathfrak{h}_1 \cap \mathfrak{h}_2) \oplus \mathbb{R}H' .$$

On démontre la seconde égalité : si $U \in \mathfrak{h}_1 \cap \mathfrak{h}_2'$, U s'écrit :

$U = U' = U'' + aY$ où $U' \in \mathfrak{h}_1 \cap \mathfrak{g}'$, $U'' \in \mathfrak{h}_2 \cap \mathfrak{g}'$, $a \in \mathbb{R}$,

$= U'' + aH'' - aH'$.

On en déduit : $U' + aH' = U'' + aH'' = U + aH' \in \mathfrak{h}_1 \cap \mathfrak{h}_2$,

d'où $U \in (\mathfrak{h}_1 \cap \mathfrak{h}_2) + \mathbb{R}H'$. La somme est bien directe car $[\mathfrak{h}_2, H'] = [\mathfrak{h}_2, H'' - Y]$ et $f([\mathfrak{h}_2, Y]) = f(\mathbb{R}Z) \neq 0$, puisque $\mathfrak{h}_2 \not\subset \mathfrak{g}' \Rightarrow H' \notin \mathfrak{h}_2$.

Donc $\mathfrak{h}_1 \cap \mathfrak{h}_2' \subset (\mathfrak{h}_1 \cap \mathfrak{h}_2) \oplus \mathbb{R}H'$. L'inclusion inverse est immédiate .

En utilisant le lemme 3 , on obtient également :

$$\mathfrak{h}_1' \cap \mathfrak{h}_2' = (\mathfrak{h}_1 \cap \mathfrak{h}_2') \oplus \mathbb{R}Y = (\mathfrak{h}_1 \cap \mathfrak{h}_2') \oplus \mathbb{R}H'' = (\mathfrak{h}_1 \cap \mathfrak{h}_2) \oplus \mathbb{R}H' \oplus \mathbb{R}H'' .$$

$\mathfrak{h}_1 \cap \mathfrak{h}_2' \oplus \mathbb{R}H''$ est une sous algèbre contenant Y ,on en dèduit qu'il existe une B.S.A. $(H'', l_i, i=1;\ldots;p)$ à $\mathfrak{h}_1 \cap \mathfrak{h}_2'$ dans $\mathfrak{h}_2'$ telle que les l_i soient dans $\mathfrak{h}_2$. Si $X \in \mathfrak{h}_2$, $X \notin \mathfrak{g}'$,$(H'', l_i, X, i=1;\ldots;p)$ est une B.S.A. à $\mathfrak{h}_1 \cap \mathfrak{h}_2$ dans $\mathfrak{h}_2$. Pour tout $k \in S(f, \mathfrak{h}_1, G)$, on a :

$$T_{\mathfrak{h}_2 \mathfrak{h}_1} k(g) = \int_{\mathbb{R}^{p+2}} k(g e^{tX} e^{t_p l_p} \ldots e^{t_1 l_1} e^{uH''}) \, dt dt_p \ldots dt_1 du ,$$

$$= \int_{\mathbb{R}} \left[\int_{\mathbb{R}^{p+1}} k(g e^{tX} e^{t_p l_p} \ldots e^{t_1 l_1} e^{uH''}) \, dt_p \ldots dt_1 du \right] dt ,$$

D'où : $T_{\mathfrak{h}_2 \mathfrak{h}_1} = T_{\mathfrak{h}_2 \mathfrak{h}_2'} \circ T_{\mathfrak{h}_2' \mathfrak{h}_1}$.

D'après les résultats déjà obtenus , on a encore :

$T_{\mathfrak{h}_2 \mathfrak{h}_1} = T_{\mathfrak{h}_2 \mathfrak{h}_2'} \circ T_{\mathfrak{h}_2' \mathfrak{h}_1'} \circ T_{\mathfrak{h}_1' \mathfrak{h}_1}$.

On en déduit comme pour les autres cas que $T_{\mathfrak{h}_2 \mathfrak{h}_1} \circ T_{\mathfrak{h}_1 \mathfrak{h}_2} = c.\mathrm{id}$, $c > 0$.

Etude du cas (vi) : $\mathfrak{h}_1 \not\subset \mathfrak{g}'$, $\mathfrak{h}_2 \not\subset \mathfrak{g}'$, $\mathfrak{h}_1 \cap \mathfrak{h}_2 \subset \mathfrak{g}'$, $Y \notin (\mathfrak{h}_1 \cap \mathfrak{g}') + (\mathfrak{h}_2 \cap \mathfrak{g}')$.

On note X' et X'' deux éléments de $\mathfrak{g}$ tels que :

$\mathfrak{h}_1 = (\mathfrak{h}_1 \cap \mathfrak{g}') \oplus \mathbb{R}X'$, $\mathfrak{h}_2 = (\mathfrak{h}_2 \cap \mathfrak{g}') \oplus \mathbb{R}X''$, $f(X') = f(X'') = 0$,

$[X', Y] = [X'', Y] = Z$ et $Y = a(X'' - X')$. De tels éléments de $\mathfrak{g}$ existent :en effet, soient H' ET H'' respectivement dans $\mathfrak{h}_1$ et $\mathfrak{h}_2$, vérifiant $Y = H'' - H'$, et $f(H') = f(H'') = 0$. (Si $f(H') \neq 0$, $H' - f(H')Z$, et $H'' + f(H')Z$ conviendront car leur somme est Y et $f(Y) = 0$) . Il découle des hypothèses que l'un au moins des éléments H' ou H'', donc aucun puisque leur somme l'est , n'est pas contenu dans $\mathfrak{g}'$. Soit a le réel défini par $[H', Y] = a.Z$.

a n'est pas nul puisque $H' \notin \mathfrak{g}'$. De plus , $[H', Y] = [H'', Y] = a.Z$ car $H' = H'' - Y$. Les éléments $X' = a^{-1}H'$ et $X'' = a^{-1}H''$ conviennent .

Lemme 4 : Avec les hypothèses (vi) , les sous espaces $(\mathfrak{h}_1 \cap \mathfrak{g}') \oplus \mathbb{R}X''$ et $(\mathfrak{h}_2 \cap \mathfrak{g}') \oplus \mathbb{R}X'$ sont deux polarisations de $\mathfrak{g}$ en f .

Démonstration : 1°) $(\mathfrak{h}_1 \cap \mathfrak{g}') \oplus \mathbb{R}X''$ est une sous algèbre : en effet ,

$X'' = X' + a^{-1}Y$,d'où : $[\mathfrak{h}_1 \cap \mathfrak{g}', X''] \subset [\mathfrak{h}_1 \cap \mathfrak{g}', X'] + [\mathfrak{h}_1 \cap \mathfrak{g}', Y]$;

Puisque $\mathfrak{g}'$ est un idéal , $[\mathfrak{h}_1\cap\mathfrak{g}',X']\subset\mathfrak{h}_1\cap\mathfrak{g}'$, d'autre part , Y commute à $\mathfrak{h}_1\cap\mathfrak{g}'$.

2°) $(\mathfrak{h}_1\cap\mathfrak{g}')\oplus\mathbb{R}X''$ est isotrope ;en effet, si l'on reprend les calculs précédents ,

$[(\mathfrak{h}_1\cap\mathfrak{g}')\oplus\mathbb{R}X'',(\mathfrak{h}_1\cap\mathfrak{g}')\oplus\mathbb{R}X'']\subset[\mathfrak{h}_1,\mathfrak{h}_1] + [\mathfrak{h}_1\cap\mathfrak{g}',X']$ et f annule ces deux derniers sous espaces . On a donc une sous algèbre isotrope de bonne dimension , c'est à dire une polarisation .

Lemme 4 : Soit $\mathfrak{h}_{12} = (\mathfrak{h}_1\cap\mathfrak{g}') \oplus \mathbb{R}X''$ .Alors , $\mathfrak{h}_{12}\cap\mathfrak{h}_2 = (\mathfrak{h}_1\cap\mathfrak{g}'\cap\mathfrak{h}_2)\oplus\mathbb{R}X''$.

Démonstration :L'inclusion de $(\mathfrak{h}_1\cap\mathfrak{h}_2\cap\mathfrak{g}')\oplus\mathbb{R}X''$ dans $\mathfrak{h}_{12}\cap\mathfrak{h}_2$ est claire; en sens inverse,soit $U\in\mathfrak{h}_{12}\cap\mathfrak{h}_2$;il existe $(a,V)\in\mathbb{R}\times(\mathfrak{h}_2\cap\mathfrak{g}')$ tel que $U = aX'' + V$. Mais $X''\in\mathfrak{h}_{12}\cap\mathfrak{h}_2$, d'où $V = U - aX''\in\mathfrak{h}_{12}\cap\mathfrak{h}_2\cap\mathfrak{g}'$, puis $U\in(\mathfrak{h}_1\cap\mathfrak{g}'\cap\mathfrak{h}_2) \oplus \mathbb{R}X''$.

Puisque $(\mathfrak{h}_1\cap\mathfrak{h}_2)\oplus\mathbb{R}X''$ est une sous algèbre , on peut trouver une B.S.A. $(X'',l_i,\ i=1;\dots;P)$ à $\mathfrak{h}_1\cap\mathfrak{h}_2$ dans $\mathfrak{h}_2$, où les l_i sont dans $\mathfrak{h}_2\cap\mathfrak{g}'$,(sinon,on les translate dans la direction de X''). Alors , $(l_i,\ i=1;\dots;P)$ est une B.S.A. à $\mathfrak{h}_1\cap\mathfrak{h}_2$ dans $\mathfrak{h}_2\cap\mathfrak{g}'$, (on a fait un raisonnement pour une situation analogue pour le cas (iv)) . $(l_i,\ i=1;\dots;p)$ est aussi une B.S.A. à $\mathfrak{h}_{12}\cap\mathfrak{h}_2$ dans $\mathfrak{h}_2$.

Soit $k\in S(f,\mathfrak{h}_1,G)$; alors :

$$T_{\mathfrak{h}_2\mathfrak{h}_1}\,k(g) = \int_{\mathbb{R}^{p+1}} k(g e^{t_p l_p}\dots e^{t_1 l_1} e^{tX''})\,dt\,dt_p\dots dt_1 ,$$
$$= \int_{\mathbb{R}^p}\Big[\int_{\mathbb{R}} k(g e^{t_p l_p}\dots e^{t_1 l_1} e^{tX''})\,dt\Big]dt_p\dots dt_1 ,$$

d'où , $T_{\mathfrak{h}_2\mathfrak{h}_1} = T_{\mathfrak{h}_2\mathfrak{h}_{12}}\circ T_{\mathfrak{h}_{12}\mathfrak{h}_2}$.

$T_{\mathfrak{h}_2\mathfrak{h}_{12}}$ est du type (iv) déjà étudié . On examine $T_{\mathfrak{h}_{12}\mathfrak{h}_1}$ qui est encore du type (vi) . On remarque que $\mathfrak{h}_1 \oplus \mathbb{R}X'' = \mathfrak{h}_1 \oplus \mathbb{R}(a^{-1}Y + X')$ est une sous algèbre ; soit K le sous groupe de G associé . Si l'on se restreint au calcul de $(T_{\mathfrak{h}_{12}\mathfrak{h}_1'}\circ T_{\mathfrak{h}_1'\mathfrak{h}_1}k)$ sur K, on constate que les relations de commutation entre X' , X'' , Y , sont identiques à celles que l'on a rencontré dans l'exemple sur le groupe de Heisenberg entre P , Q , et Q-P . D'où :

$$T_{\mathfrak{h}_{12}\mathfrak{h}_1'}\circ T_{\mathfrak{h}_1'\mathfrak{h}_1} = c.e^{i\pi/4}.T_{\mathfrak{h}_{12}\mathfrak{h}_1} ,\quad c>0 .$$

Une vérification directe , tout à fait semblable à celles que l'on a déjà faites , donne : $T_{\mathfrak{h}_{12}\mathfrak{h}_1}\circ T_{\mathfrak{h}_1\mathfrak{h}_{12}} = c'.id$, avec $c'>0$.

On en déduit que : $T_{\mathfrak{h}_2\mathfrak{h}_1}\circ T_{\mathfrak{h}_1\mathfrak{h}_2} = c''.id$, avec $c''>0$.

On est maintenant en mesure d'établir la formule de composition annoncée. Dans tout ce qui suit, les opérateurs $T_{h_i h_j}$ seront supposés unitaires, ce qui veut dire qu'on les aura divisés par leur norme .

Suivant Kashiwara, (8) , si h_1 , h_2 , h_3 sont trois polarisations de $\mathfrak{g}$ en f , on définit la forme de Maslov Q sur $h_1 \times h_2 \times h_3$ par la formule : $Q(X,X',X'') = f([X,X']) + f([X',X'']) + f([X'',X])$. On note $s(h_1,h_2,h_3)$ ou s_{123} la signature de Q , (nombre de signes + moins nombre de signes -) , et l'on pose $a_{123} = \exp(\frac{i\pi}{4} s_{123})$.

Théorème 2 : Soient h_1 , h_2, h_3 trois polarisations de $\mathfrak{g}$ en f , alors :

$$T_{h_3 h_2} \circ T_{h_2 h_1} \circ T_{h_1 h_3} = a_{321} . \mathrm{Id} .$$

Remarque : Si deux polarisations sont identiques , on obtient la relation : $T_{h_2 h_1} \circ T_{h_1 h_2} = \mathrm{Id}$.

Démonstration : On utilisera les propriétés suivantes, valables pour des polarisations quelconques, établies dans (8); Demazure a également démontré des relations analogues .

(a) $s_{123} = -s_{213} = -s_{132}$.

(b) $s_{234} - s_{134} + s_{124} - s_{123} = 0$.

(c) Si V est un sous espace isotrope de $\mathfrak{g}$ contenant le noyau $\mathfrak{g}_f$ de B , ($B(U,W) = f([U,W])$ pour $(U,W) \in \mathfrak{g} \times \mathfrak{g}$) , et si h est une polarisation , alors $h^V = (h \cap V') + V$, où V' désigne l'orthogonal de V pour B , est isotrope maximal; de plus si $V \subset (h_1 \cap h_2) + (h_2 \cap h_3) + (h_3 \cap h_1)$, $s(h_1,h_2,h_3) = s(h_1^V, h_2^V, h_3^V)$.

Dans ce qui suit, on note $c(h_i, h_j, h_k)$ ou c_{ijk} le scalaire défini par $T_{h_i h_j} \circ T_{h_j h_k} = c_{ijk} . T_{h_i h_k}$. Y étant fixé comme dans l'étude des cas (i) à (vi), on a : $h' = (h \cap \mathfrak{g}') + \mathbb{R}Y = h^V$ avec $V = \mathbb{R}Y + \mathfrak{g}_f$
On note alors $c_{ij'k}$ au lieu de $c(h_i, h_j', h_k)$.
Par récurrence sur la dimension de $\mathfrak{g}$, on montre que $c_{ijk} = a_{ijk}$, ce qui est vrai en dimension 1 et 2 . Des égalités :
$T_{h_3 h_2} \circ T_{h_2 h_1} = c_{321} . T_{h_3 h_1}$, $(c_{33'2})^{-1} T_{h_3 h_3'} \circ T_{h_3' h_2} \circ T_{h_2 h_1} = c_{321} T_{h_3 h_1}$
et $(c_{33'2})^{-1} c_{3'21} T_{h_3' h_1} = c_{321} c_{3'21} T_{h_3' h_1}$, on déduit la relation:

$$(R) \quad c_{321} = (c_{33'2})^{-1} c_{3'21} (c_{3'31})^{-1}$$

Il résulte de (b) que les coefficients a_{ijk} vérifient bien (R) .

Les trois égalités qui suivent sont équivalentes et montrent que l'ordre dans lequel sont classées les polarisations h_1, h_2, h_3 n'est pas trop particulier :

$T_{h_3h_2} \circ T_{h_2h_1} = c_{321} T_{h_3h_1}$, $T_{h_3h_2} = c_{321} T_{h_3h_1} \circ T_{h_1h_2}$, $T_{h_1h_2} \circ T_{h_2h_3} = (c_{321})^{-1} T_{h_1h_3}$

-A- Si les trois polarisations sont contenues dans $\mathfrak{g}'$, l'hypothèse de récurrence s'applique.

-B- Soient $h_1 \subset \mathfrak{g}'$, $h_2 \subset \mathfrak{g}'$, $h_3 \not\subset \mathfrak{g}'$.

Alors : $c_{3'21} = a_{3'21}$, d'après -A-, et $c_{33'2} = 1$, $c_{3'31} = 1$, d'après l'étude des cas (ii) et (iii). Or, de (c) avec $V = \mathbb{R}Y$, on déduit : $a_{33'2} = a_{3'3'2} = 1$, $a_{3'31} = a_{3'3'1} = 1$.

D'où, d'après (R) : $c_{321} = a_{321}$

-C- Soient $h_2 \subset \mathfrak{g}'$, $h_1 \not\subset \mathfrak{g}'$, $h_3 \not\subset \mathfrak{g}'$.

D'après -B-, $c_{33'2} = a_{33'2}$ et $c_{3'21} = a_{3'21}$; on s'interresse donc à $c_{3'31}$. Si (h_1, h_3) vérifient (iv) : $h_1 \cap h_3 = (h_1 \cap h_3 \cap \mathfrak{g}') \oplus \mathbb{R}X$, on pose $V = \mathbb{R}X + \mathfrak{g}_f$, ($\mathfrak{g}_f$ est l'orthogonal de $\mathfrak{g}$), et $(h_3')^V = h_3$, d'où $a_{3'31} = a_{3'3'1} = 1$. Mais d'après l'étude de (iv), $c_{3'31} = 1$. Donc $C_{321} = a_{321}$.

Si h_1 et h_3 vérifient (v), alors $Y \in (h_3 \cap h_3') + (h_1 \cap h_3')$; donc : $a_{3'31} = a_{3'3'1} = 1$. On a vu précédemment que $c_{3'31} = 1$. Finalement, on obtient le résultat cherché.

On suppose maintenant que h_1 et h_3 vérifient (vi): $Y = t(X'-X)$ $h_1 = (h_1 \cap \mathfrak{g}') \oplus \mathbb{R}X$, $h_3 = (h_3 \cap \mathfrak{g}') \oplus \mathbb{R}X'$; soit $h_4 = (h_1 \cap \mathfrak{g}') \oplus \mathbb{R}X'$.

On a vu que $T_{h_3h_1} = T_{h_3h_4} \circ T_{h_4h_1}$, d'où $c_{341} = 1$.

Si $V = \mathbb{R}X' \oplus \mathfrak{g}_f$, $V \subset h_3 \cap h_4$, et $h_1^V = h_4$, donc $a_{341} = a_{344} = 1 = c_{341}$

On écrit alors que : (avec $T_{ij} = T_{h_ih_j}$),

$T_{31} = (c_{341})^{-1}(c_{41'1})^{-1} T_{34} \circ T_{41'} \circ T_{1'1}$, puis par composition à droite des deux membres par $T_{3'3}$, il vient :

$c_{3'31} = (c_{3'34})^{-1} c_{341} c_{411'} (c_{3'41'})^{-1} (c_{3'1'1})^{-1}$, où à l'exception de $c_{411'}$, les coefficients qui interviennent ont déjà été étudiés.

D'autre part, le calcul de $c_{411'}$ se ramène à un calcul classique sur le groupe de Heisenberg de dimension 3, que l'on a fait dans un cas particulier pour l'exemple 1 : si $Y = t(X' - X)$, $t \neq 0$, $c_{411'} = \exp(-\mathrm{sgn}(t) i\pi/4)$.

Soient $A = A' + rX'$, $B = B' + uX$, $C = C' + (v/t)Y$, où $(r,u,v) \in \mathbb{R}^3$ A', B', C' étant dans $h_1 \cap \mathfrak{g}'$. $s(h_4, h_1, h_1')$ est la signature de $Q(A,B,C) = -(1/t)(ru-uv+rv) = -(1/t)[(1/4)(u+r)^2-(1/4)(u+2v-r)^2+v^2]$

D'où $c_{411'} = a_{411'}$, puis $a_{321} = c_{321}$.

-D- La relation (R) ramène immédiatement à ce qui précède le cas où aucune des polarisations n'est contenue dans $\mathfrak{g}'$.

BIBLIOGRAPHIE :

1- BERNAT , CONZE , DUFLO . LEVY-NAHAS , RAIS , RENOUARD , VERGNE : Représentation des groupes de Lie résolubles . Dunod - 1972 .

2. BLATTNER , KOSTANT , STERNBERG : Livre à paraitre , Differential operators and symplectic geometry , Guillemin - Sternberg .

3- GODFREY : Table of coadjoint orbits for nilpotent Lie algebras . Math 2 , Univ. of Massachusetts at Boston . 1975 .

4- KIRILLOV : Représentations unitaires des groupes de Lie nilpotents . Usp. Mat. Nauk. - 17- 1962 .

5- PUKANSZKY : Leçons sur les représentations de groupes . Dunod - 1967 .

6- QUINT : Representation of solvable Lie groups . Lecture Notes , Dep.t of Math. , Univ. of California , Berkeley - 1972 .

7- SOURIAU : Construction explicite de l'indice de Maslov. Applications. 1975 - Univ. de Provence et Centre de Physique Théorique , C.N.R.S.

8- KASHIWARA : Microlocal calculus of simple holonomic systems and application . (A paraitre) .

9- CARTIER : Vecteurs différentiables . Exposé au séminaire Bourbaki , 1974 - 1975 , N° 454 ,.

10- LION : Thèse de 3eme cycle , Mai 1976 , Univ. de Paris VII .

Université de Paris X Nanterre
U.E.R. de Sciences Economiques
2 , rue de Rouen ,
92001 Nanterre CEDEX .

DECOMPOSITION SPECTRALE DES REPRÉSENTATIONS LISSES

François RODIER

I. INTRODUCTION

Les représentations lisses des groupes localement compacts totalement discontinus ont été introduites par H. Jacquet et R.P. Langlands dans leur travail sur GL(2) [8]. Ils ont remarqué qu'avec de telles représentations on pouvait travailler de manière complètement algébrique, sans référence à aucune topologie sur l'espace de la représentation. Elles ont depuis joué un grand rôle dans l'étude de ces groupes.

On se propose ici de donner une décomposition spectrale des représentations lisses de certains groupes localement compacts totalement discontinus abéliens. En théorie unitaire, cela revient à définir un isomorphisme d'une représentation sur une somme continue d'espaces de Hilbert sur chacun desquels le groupe opère scalairement. Ici, une représentation lisse est rendue isomorphe à l'espace des sections à support compact d'un faisceau sur les fibres duquel le groupe opère scalairement. De manière générale, c'est une opération naturelle d'associer un faisceau à un module sur une algèbre . Une telle construction est utilisée aussi bien en Analyse harmonique (théorie des algèbres harmoniques, cf [10]) qu'en Géométrie algèbrique (faisceaux quasi-cohérents) où elle est fondamentale.

Cette théorie spectrale permet d'obtenir un analogue du théorème des petits sous-groupes de Mackey sous une forme assez générale. Un tel analogue avait déjà été obtenu par P. Kutzko, avec cependant certaines restrictions [7]. A son tour le théorème de Mackey permet d'obtenir la classification des représentations irréductibles lisses d'un groupe unipotent p-adique.

Les représentations lisses, à l'inverse des représentations unitaires, ne sont pas semi-simples : il peut y avoir des extensions qui ne sont pas des sommes directes. On donne cependant des critères pour que des suites exactes, où interviennent certaines représentations, soient scindées.

II. MODULES LISSES SUR UNE ALGÈBRE DE FONCTIONS LOCALEMENT CONSTANTES.

Soit X un espace topologique localement compact totalement discontinu. Soit $A = C_c^\infty(X)$ l'algèbre des fonctions sur X à valeurs dans $\mathbb{C}$ localement constantes et à support compact. Un A-module M est dit <u>lisse</u> si A.M = M. En particulier, si X est compact, l'algèbre A admet une unité et tout A-module est lisse. L'objet de ce paragraphe est l'étude de tels modules.

Si $x \in X$, l'ensemble $\mathfrak{M}_x$ des éléments f de A tels que $f(x) = 0$ est un idéal premier de A et on obtient ainsi tous les idéaux premiers de A. On peut donc identifier X au spectre premier de A, et si on munit ce dernier de la topologie de Zariski, c'est une identification d'espaces topologiques. On peut (de manière analogue à [5], exemple 2.1.3) construire sur X le faisceau $\mathcal{A}$ des anneaux locaux de A. La fibre $\mathcal{A}(x)$ de $\mathcal{A}$ en un point x de X est le localisé de $\mathcal{A}$ par rapport à l'idéal premier $\mathfrak{M}_x$ associé à x. Elle est canoniquement isomorphe, comme algèbre, à $\mathbb{C}$ et le faisceau $\mathcal{A}$ lui-même est isomorphe au faisceau simple sur X de fibre $\mathbb{C}$. On identifiera par la suite $\mathcal{A}(x)$ à $\mathbb{C}$. L'homomorphisme canonique $A \to \mathcal{A}(x)$ est alors donné par

$$f \longmapsto f(x) .$$

Le faisceau $\mathcal{A}$ est ainsi muni d'une structure de module sur le faisceau simple [A] de fibre A.

Si M est un A-module, on note [M] le faisceau simple sur X de fibre M. Le faisceau [M] est une module sur [A]. On peut donc former le produit tensoriel

$$\tilde{M} = \mathcal{A} \underset{[A]}{\otimes} [M]$$

qui est un faisceau d'espaces vectoriels sur X. La fibre $\tilde{M}(x)$ de ce faisceau en x est égale à

$$\tilde{M}(x) = \mathcal{A}(x) \underset{A}{\otimes} M = M/\mathfrak{M}_x M.$$

Si $f : M \to N$ est un homomorphisme de A-modules, on lui associe un homomorphisme $\tilde{f} : \tilde{M} \to \tilde{N}$ de faisceaux donné par

$$\tilde{f} = 1 \otimes [f]$$

où [f] est l'homomorphisme canonique de [A]-modules de [M] dans [N] associé à f.

Théorème 1.

Le foncteur $M \to \tilde{M}$ *est une équivalence de la catégorie des* A-*modules lisses dans la catégorie des faisceaux d'espaces vectoriels sur* X.

Démonstration.

Supposons d'abord que X soit compact, c'est-à-dire que l'anneau A admette un élément unité. Le faisceau $\tilde{M}$ est, par définition, engendré par le préfaisceau $U \longmapsto \mathcal{A}(U) \underset{A}{\otimes} M$. C'est donc le même que le faisceau défini dans [6] (chap. I, § 1.3, cf théorème 1.3.7). D'après le corollaire 1.3.8 de loc. cit., le foncteur $M \to \tilde{M}$ est pleinement fidèle.

Montrons que ce foncteur est essentiellement surjectif. Soit $\mathcal{F}$ un faisceau d'espaces vectoriels sur X. L'anneau A opère par multiplication fibre par fibre dans l'espace $\Gamma(\mathcal{F})$ des sections de $\mathcal{F}$. Du A-module $\Gamma(\mathcal{F})$ on déduit donc un faisceau $\widetilde{\Gamma(\mathcal{F})} = \mathcal{A} \underset{[A]}{\otimes} [\Gamma(\mathcal{F})]$. La fibre de ce faisceau en un point x de X est égale à

$$\widetilde{\Gamma(\mathcal{F})}(x) = \mathcal{A}(x) \underset{A}{\otimes} \Gamma(\mathcal{F}) = \Gamma(\mathcal{F})/\mathcal{M}_x \Gamma(\mathcal{F}) .$$

Remarquons que $\mathcal{M}_x \Gamma(\mathcal{F})$ est formé des sections de $\mathcal{F}$ qui sont nulles en x. C'est donc le noyau de l'application de $\Gamma(\mathcal{F})$ dans $\mathcal{F}(x)$ qui à une section de $\mathcal{F}$ associe sa valeur en x. Comme toute section de $\mathcal{F}$ au-dessus d'un voisinage ouvert fermé de x se prolonge (par exemple par 0) à X tout entier, on en déduit que cette application est surjective, donc que $\Gamma(\mathcal{F})/\mathcal{M}_x \Gamma(\mathcal{F})$ est isomorphe à $\mathcal{F}(x)$. On a ainsi défini pour tout $x \in X$ une bijection de $\widetilde{\Gamma(\mathcal{F})}(x)$ sur $\mathcal{F}(x)$. Cette bijection provient d'un homomorphisme de faisceaux de $\widetilde{\Gamma(\mathcal{F})} = \mathcal{A} \underset{[A]}{\otimes} [\Gamma(\mathcal{F})]$ dans $\mathcal{F}$. En effet, il existe un unique homomorphisme de faisceaux

$$\mathcal{A} \times [\Gamma(\mathcal{F})] \to \mathcal{F}$$

défini sur la fibre de x $(x \in X)$ par

$$(t,s) \longmapsto ts(x) \qquad (t \in \mathcal{A}(x) \ , \ s \in \Gamma(\mathcal{F})) .$$

Cet homomorphisme est [A]-bilinéaire. Il donne donc lieu à un homomorphisme de $\mathcal{A} \underset{[A]}{\otimes} [\Gamma(\mathcal{F})]$ dans $\mathcal{F}$ qui induit sur les fibres la bijection précédente et qui est donc un isomorphisme de faisceaux.

Montrons maintenant le théorème dans le cas où X n'est pas compact. Soit $\overline{X}$ le compactifié d'Alexandroff de X et ω le point à l'infini : $\overline{X} - X = \{\omega\}$. L'algèbre $\overline{A} = C_c^\infty(\overline{X})$ est l'algèbre obtenue à partir de A par adjonction d'une unité. Le foncteur $M \to \widetilde{M}$ est le composé de trois foncteurs qui sont chacun, comme nous allons le montrer, des équivalences de catégories.

Le foncteur $M \longmapsto M$ de la catégorie des A-modules lisses dans le catégorie des $\overline{A}$-modules est clairement pleinement fidèle.
Soit $\overline{\mathcal{A}}$ le faisceau des anneaux locaux de $\overline{A}$. De la suite exacte $0 \to A \to \overline{A} \to \overline{\mathcal{A}}(\omega) \to 0$ on déduit une autre suite exacte

$$A \underset{\overline{A}}{\otimes} M \longrightarrow M \longrightarrow \overline{\mathcal{A}}(\omega) \underset{\overline{A}}{\otimes} M \longrightarrow 0$$

d'où l'on déduit que le module M est lisse si et seulement si $\overline{\mathcal{A}}(\omega) \underset{\overline{A}}{\otimes} M = 0$.

Le foncteur $M \longmapsto \widetilde{M}$ de la catégorie des $\overline{A}$-modules vérifiant $\overline{\mathcal{A}}(\omega) \underset{\overline{A}}{\otimes} M = 0$ dans la catégorie des faisceaux d'espaces vectoriels sur $\overline{X}$ est pleinement fidèle (par restriction à une sous-catégorie pleine). Son image est formée des faisceaux $\mathcal{F}$ sur $\overline{X}$ tels que $\mathcal{F}(\omega) = 0$.

Enfin le foncteur qui à un faisceau $\mathcal{F}$ vérifiant $\mathcal{F}(\omega) = 0$ associe sa restriction à X est, d'après [5] (Théorème 2.9.2) et le lemme 2 ci-dessous, une équivalence de catégories.

Remarque 1.

Le foncteur opposé est le foncteur qui à un faisceau $\mathcal{F}$ associe l'espace $\Gamma_c(\mathcal{F})$ des sections de $\mathcal{F}$ à support compact. Cela résulte de la démonstration si X est compact, et de la composition des 3 foncteurs opposés aux foncteurs décrits si X n'est pas compact. On note $\tilde{m}$ l'image d'un élément m de M par l'isomorphisme $M \to \Gamma_c(\tilde{M})$ ainsi construit.

Remarque 2.

Soit M un A-module lisse. Si $x \in X$ on note $\chi_x : f \mapsto f(x)$ le caractère de A associé à x. L'opération de A sur M induit une opération de A sur la fibre $\tilde{M}(x)$ donnée par le caractère χ_x : si $m \in M$ et $f \in A$ on a

$$(f.m)^{\sim}(x) = \chi_x(f)\,\tilde{m}(x) .$$

On peut ainsi considérer que le théorème donne une décomposition spectrale du module M. La synthèse spectrale est obtenue en recollant les différentes fibres $\tilde{M}(x)$. C'est précisément ce que l'on fait si l'on considère le faisceau $\tilde{M}$ comme espace étalé au-dessus de X puisque pour construire cet espace étalé on prend la réunion disjointe des fibres $\tilde{M}(x)$ et on munit cet espace d'une topologie adéquate.

Remarque 3.

Il ressort de la démonstration du théorème que si U est un ouvert compact de X, l'espace $\Gamma(\tilde{M},U)$ des sections de $\tilde{M}$ au-dessus de U est égal à $\mathcal{A}(U) \otimes_A M$, c'est-à-dire à $M/\mathfrak{M}_U M$ où $\mathfrak{M}_U$ est l'idéal de A formé des éléments nuls sur U.

Remarque 4.

Le théorème 1 est un cas particulier du corollaire à la proposition 13.2 de [10] où l'on développe, pour des algèbres plus générales, une théorie de représentation des algèbres et des modules par des faisceaux.

Lemme 1.

Soit $\mathcal{F}$ un faisceau de groupes abéliens sur un espace X et Y une partie de X telle que $\mathcal{F}$ soit concentré sur Y. Alors une section du faisceau induit $\mathcal{F}|_Y$ se prolonge à X si et seulement si son support est fermé dans X. On a donc une application de restriction

$$\Gamma_c(\mathcal{F}) \longrightarrow \Gamma_c(\mathcal{F}|_A)$$

qui est bijective.

Démonstration.

Cela résulte du lemme 4.9.2 de [5] en prenant pour familles de supports successivement

- la famille des parties de Y fermées dans X
- la famille des parties compactes de Y.

Si $\mathcal{F}$ et $\mathcal{G}$ sont deux faisceaux d'espaces vectoriels sur X, on note Hom $(\mathcal{F},\mathcal{G})$ l'espace des homomorphismes de faisceaux d'espaces vectoriels de $\mathcal{F}$ dans $\mathcal{G}$.

Lemme 2.

Soient $\mathcal{F}$ *et* $\mathcal{G}$ *deux faisceaux d'espaces vectoriels sur un espace* X *et soit* Y *une partie de* X *telle que* $\mathcal{F}$ *et* $\mathcal{G}$ *soient nuls en dehors de* Y. *Alors l'application de restriction*

$$\mathrm{Hom}\,(\mathcal{F},\mathcal{G}) \longrightarrow \mathrm{Hom}\,(\mathcal{F}|_Y \,,\, \mathcal{G}|_Y)$$

est bijective.

Démonstration.

On a $\mathcal{F}|_{X-Y} = 0$. Donc un homomorphisme de $\mathcal{F}$ dans $\mathcal{G}$ qui est nul sur Y est aussi nul sur X-Y donc sur X, d'où l'injectivité.

Soit U un ouvert de X. Pour la même raison l'opération de restriction définit une injection

$$\Gamma(\mathcal{F},U) \longrightarrow \Gamma(\mathcal{F}|_Y \,,\, U \cap Y)\ .$$

D'après le lemme 1, l'image est formée des sections de $\mathcal{F}|_Y$ dont le support est fermé dans U (et pas seulement dans $U \cap Y$). Soit $f \in \mathrm{Hom}(\mathcal{F}|_Y \,,\, \mathcal{G}|_Y)$ et soit $s \in \Gamma(\mathcal{F},U)$. Alors $f(s|_Y)$ est une section de $\mathcal{G}|_Y$ au-dessus de $U \cap Y$ qui vérifie la même condition de support, donc qui, pour les mêmes raisons que plus haut, provient d'une unique section $f^{\times}(s)$ de $\mathcal{G}$ au-dessus de U. On a ainsi construit un élément $f^{\times}$ de $\mathrm{Hom}(\mathcal{F},\mathcal{G})$ qui prolonge f.

III. REPRÉSENTATIONS LISSES DES GROUPES LOCALEMENT COMPACTS TOTALEMENT DISCONTINUS.

Soit G un groupe localement compact totalement discontinu (l.c.t.d.). Pour un tel groupe on peut définir diverses séries de représentations. On peut bien sûr considérer les représentations unitaires de G dans les espaces de Hilbert. On peut aussi considérer les représentations lisses (= de classe C^{∞} = continues = smooth). Une *représentation lisse* de G dans un espace vectoriel complexe E est un homomorphisme de G dans le groupe des automorphismes de E tel que tout élément de E soit invariant par un sous-groupe ouvert de G. Elle est dite <u>admissible</u> si, de plus, l'ensemble des éléments de E invariants par un sous-groupe ouvert de G est de dimension finie. Elle est irréductible si E n'admet pas de sous-espace invariant non trivial. On notera $\hat{G}$ (resp. $\tilde{G}$) l'ensemble des classes de représentations unitaires (resp. lisses) <u>irréductibles</u> de G. Si π est une représentation unitaire de G dans un espace de Hilbert E, on note E^o le sous-espace vectoriel de E formé des vecteurs invariants par un sous-groupe ouvert de G. Le sous-espace vectoriel E^o est invariant par G. On obtient ainsi une représentation lisse de G notée π^o. Si π_1 et π_2 sont deux représentations de G, on note $\mathrm{Hom}_G(\pi_1,\pi_2)$ l'espace des opérateurs d'entrelacement de π_1 dans π_2.

On va commencer par étudier les représentations lisses des groupes abéliens.

Soit G un groupe abélien l.c.t.d. . Dans ce paragraphe on suppose que G est la réunion de ses sous-groupes compacts. Cela est équivalent au fait que le dual de Pontryagin $\hat{G}$ de G est totalement discontinu. On notera dg une mesure de Haar sur G.

Une représentation lisse π de G dans un espace E définit une structure de $C_c^\infty(G)$-module sur E. Si $\varphi \in C_c^\infty(G)$ et $x \in E$, on pose

$$\pi(\varphi)\, x = \int_G \varphi(g)\, \pi(g)\, x\, dg \,.$$

Le module E est même lisse car, si G_1 est un sous-groupe ouvert de G laissant x invariant et si 1_{G_1} est la fonction caractéristique de G_1 on a

$$\left(\int_G 1_{G_1}(g)\, dg\right)^{-1} \pi(1_{G_1})\, x = x \,.$$

Inversement on a le résultat suivant.

<u>Proposition 1</u>.

<u>Tout</u> $C_c^\infty(G)$-<u>module lisse</u> E <u>provient, par les formules précédentes, d'une représentation lisse</u> π <u>de</u> G <u>unique à isomorphisme près</u>.

<u>Démonstration</u>.

Comme E est lisse, il est l'image de $C_c^\infty(G) \otimes_{\mathbb{C}} E$ par l'application qui, à $f \otimes x$, associe f.x. On définit une représentation de G dans cet espace en faisant opérer G à gauche sur $C_c^\infty(G)$. Il suffit, pour démontrer l'existence de π, de prouver que le noyau de cette application est invariant par G, c'est-à-dire que si on a $\Sigma\, f_i\, x_i = 0$ ($f_i \in C_c^\infty(G)$, $x_i \in E$ en nombre fini) et si $g \in G$, on a aussi $\Sigma(g.f_i)\, x_i = 0$ où les $g.f_i$ sont les fonctions sur G telles que

$$(g.f_i)(g') = f_i(g^{-1}g') \qquad (g' \in G).$$

En effet, soit f un élément de $C_c^\infty(G)$ tel que, pour tout f_i, on ait $f_i = f{*}f_i$. On a alors $g.f_i = g.(f{*}f_i) = (g.f){*}f_i$. D'où

$$\Sigma\,(g.f_i)\,x_i = (g.f).(\Sigma\, f_i x_i) = 0 \,.$$

L'unicité de π est claire.

La transformation de Fourier définit un isomorphisme de l'algèbre $C_c^\infty(G)$ munie de la convolution sur l'algèbre $C_c^\infty(\hat{G})$ munie de la multiplication point par point. On peut donc considérer E comme un $C_c^\infty(\hat{G})$-module lisse. Notons $\tilde{E}$ le faisceau sur $\hat{G}$ qui lui est associé d'après le paragraphe précédent. Le théorème 1 devient

Théorème 2.

Le foncteur $\pi \longmapsto \tilde{E}$ est une équivalence de la catégorie des représentations lisses de G dans la catégorie des faisceaux d'espaces vectoriels sur $\hat{G}$.

Le foncteur opposé est le foncteur $\mathcal{F} \longmapsto \Gamma_c(\mathcal{F})$. La représentation $\rho(\mathcal{F})$ de G dans $\Gamma_c(\mathcal{F})$ est définie par

$$(\rho(\mathcal{F})(g)s)(\chi) = \chi(g)\; s(\chi) \qquad (\chi \in \hat{G}\;,\; s \in \Gamma_c(\mathcal{F})\;,\; g \in G)\;.$$

Remarque. La représentation π de G dans E induit sur chaque fibre $\tilde{E}(\chi)$ $(\chi \in \hat{G})$ une représentation de G qui n'est autre que la multiplication par le scalaire $\chi(g)$:

$$(\pi(g)x)^\sim\,(\chi) = \chi(g)\;\tilde{x}(\chi) \qquad (g \in G\;,\; x \in E)\;.$$

Cela montre bien que ce théorème donne une décomposition spectrale de la représentation π.

Proposition 2.

Soit $\chi \in \hat{G}$. L'application $x \longmapsto \tilde{x}(\chi)$ de E dans $\tilde{E}(\chi)$ est surjective. Son noyau est formé des éléments x de E tels qu'il existe un sous-groupe compact ouvert G' de G tel que

$$\int_{G'} \overline{\chi(g)}\;\pi(g)\;x\;dg = 0 \;.$$

Il est engendré par les éléments de E de la forme $\pi(g)\,x - \chi(g)\,x$ $(g \in G\;,\; x \in E)$.

Démonstration.

L'espace E s'identifie à l'espace $\Gamma_c(\tilde{E})$ des sections à support compact du faisceau $\tilde{E}$. On a vu plus haut (démonstration du théorème 1) que l'application $\Gamma_c(\tilde{E}) \to \tilde{E}(\chi)$ est surjective, et que son noyau est égal à $\mathfrak{m}_\chi\, \Gamma_c(\tilde{E})$, c'est-à-dire à l'espace des sections de $\tilde{E}$ à support compact nulles en χ c'est-à-dire nulles au voisinage de χ. Si $\tilde{x}$ est la section de $\tilde{E}$ correspondant à un élément x de E, pour que x appartienne à ce noyau, il faut et il suffit donc qu'il existe un sous-groupe ouvert compact V dans $\hat{G}$ tel que $\tilde{x}(\chi.V) = 0$. Si $1_{\chi.V}$ est la fonction caractéristique de $\chi.V$, cela revient à dire que $1_{\chi.V} = 0$, et par transformation de Fourier que

$$\pi(\chi.1_{V^\perp})\, x = 0$$

d'où la première caractérisation du noyau. Les éléments f de $\mathfrak{m}_\chi$ peuvent s'écrire, en notant $\hat{f}$ la transformée de Fourier de f,

$$f(\theta) = \int_G \hat{f}(g)\, \theta(g)\, dg \qquad (\theta \in \hat{G}).$$

Comme $f(\chi) = 0$, on peut encore écrire

$$f(\theta) = f(\theta) - f(\chi) = \int_G \hat{f}(g)\, (\theta(g) - \chi(g))\, dg$$

Le noyau $\mathfrak{m}_\chi\, \Gamma_c(\tilde{E})$ est engendré par les éléments $f.\tilde{x}$ ($f \in \mathfrak{m}_\chi$, $x \in E$) qui vérifient les égalités

$$f.\tilde{x}(\theta) = \int_G \hat{f}(g)\, (\theta(g) - \chi(g))\, \tilde{x}(\theta)\, dg$$

$$= \int_G \hat{f}(g)\, (\pi(g)x - \chi(g)x)^{\sim}\, (\theta)\, dg$$

Cette dernière intégrale est en fait une somme finie et cela montre que les $\pi(g)x - \chi(g)x$ engendrent bien le noyau.

Corollaire.

L'application $\pi \mapsto \pi^o$ induit une bijection de $\hat{G}$ sur $\tilde{G}$.

Démonstration.

Si π est une représentation unitaire irréductible de G, elle est de dimension 1. Si G_1 est un sous-groupe ouvert compact de G, l'image $\pi(G_1)$ est un sous-groupe fermé totalement discontinu de $\mathbb{C}^\times$, donc est discret ; le noyau Ker π est donc ouvert, donc π est lisse. Par conséquent, $\pi = \pi^o$.

Inversement, soit ρ une représentation lisse irréductible de G dans un espace E. Soit $\chi \in$ Supp $\tilde{E}$.
Comme π est irréductible, le noyau de l'application $E \to \tilde{E}(\chi)$ est nul, donc on a $\pi(g) = \chi(g)\, Id_E$ si $g \in G$. L'irréductibilité de π implique maintenant que dim E = 1, donc $\pi = \chi$, donc π provient d'une représentation unitaire.

On appellera spectre de π, et on notera $\mathrm{Spec}_G\, \pi$ (ou Spec π s'il n'y a pas d'ambiguïté) le support du faisceau $\tilde{E}$, c'est-à-dire l'ensemble des $\chi \in \hat{G}$ tels que $\tilde{E}(\chi) \neq 0$.

IV. THÉORÈME DE MACKEY POUR LES REPRÉSENTATIONS LISSES.

Soit G un groupe l.c.t.d. dénombrable à l'infini et soit U un sous-groupe abélien distingué fermé dans G qui soit, comme dans le paragraphe précédent, réunion de ses sous-groupes compacts. L'objet de ce paragraphe est d'étudier les représentations lisses de G. Par restriction à U elles définissent des représentations lisses de U et on peut donc appliquer les résultats du paragraphe précédent.

Le groupe G opère par conjugaison sur U. Il opère donc sur $\hat{U}$.

Si χ est un caractère de U, son transformé χ^g par un élément g de G est donné par

$$\chi^g(u) = \chi(gug^{-1}) \qquad \text{si} \qquad u \in U .$$

Si π est une représentation lisse de G dans un espace E il est clair que son spectre relativement à U est une partie de $\hat{U}$ invariante par G. Si χ est un caractère de U, le stabilisateur $Z_G(\chi)$ de χ dans G opère sur la fibre $\tilde{E}(\chi)$. On note $\tilde{\pi}(\chi)$ la représentation ainsi obtenue : c'est l'image par la surjection $E \to \tilde{E}(\chi)$ de la restriction de π à $Z_G(\chi)$. Remarquons que, si $u \in U$, on a

$$\tilde{\pi}(\chi)(u) = \chi(u)\, \mathrm{Id}_{\tilde{E}(\chi)} .$$

Soit maintenant χ^G une orbite de G dans $\hat{U}$ qui soit localement fermée. Alors l'application $j : Z_G(\chi)g \longmapsto \chi^g$ définit un homéomorphisme de $Z_G(\chi)\backslash G$ sur χ^G ([3], chap. VII, appendice I, lemme 2). On veut maintenant décrire le faisceau $j^*\tilde{E}$, image réciproque de $\tilde{E}$ par j. Remarquons d'abord que la fibre de $j^*\tilde{E}$ en un élément ω de $Z_G(\chi)\backslash G$ s'identifie canoniquement à $\tilde{E}(j(\omega))$.

Le groupe $Z_G(\chi)$ opère à gauche sur l'espace $\tilde{E}(\chi) \times G$ par

$$h.(x,g) = (\tilde{\pi}(\chi)(h)x, h.g)$$

$(g \in G,\ x \in \tilde{E}(\chi),\ h \in Z_G(\chi))$. On note $\tilde{E}(\chi) \overset{Z_G(\chi)}{\times} G$ l'espace des orbites de $Z_G(\chi)$ et $[x,g]$ l'orbite de (x,g). De la projection $\tilde{E}(\chi) \times G \longrightarrow G$ on déduit par passage aux quotients une application $\tilde{E}(\chi) \overset{Z_G(\chi)}{\times} G \longrightarrow Z_G(\chi)\backslash G$. La fibration ainsi obtenue est la fibration associée à la fibration principale $G \longrightarrow Z_G(\chi)\backslash G$ et à la représentation $\tilde{\pi}(\chi)$ de $Z_G(\chi)$ ([4] §6, n°5). Si l'on munit $\tilde{E}(\chi)$ de la topologie discrète et $\tilde{E}(\chi) \overset{Z_G(\chi)}{\times} G$ de la topologie quotient de la topologie produit sur $\tilde{E}(\chi) \times G$, l'application $\tilde{E}(\chi) \overset{Z_G(\chi)}{\times} G \longrightarrow Z_G(\chi)\backslash G$ est étale. Soit $\mathcal{F}$ le faisceau des sections continues de cet espace étalé. La fibre de $\mathcal{F}$ en $Z_G(\chi)g$ est égale à $[\tilde{E}(\chi), g]$, qui est isomorphe à $\tilde{E}(\chi)$.

Si $g \in G$, l'application $\pi(g) : E \to E$ définit par passage aux quotients une application

$$p(g) : \tilde{E}(\chi^g) \longrightarrow \tilde{E}(\chi) .$$

Lemme 3.

Il existe un unique homomorphisme p *du faisceau* $j^*\tilde{E}$ *dans le faisceau* $\mathcal{F}$ *qui induise sur la fibre en* $Z_g(\chi)g$ *l'application*

$$x \longmapsto [p(g)x,g] .$$

Cet homomorphisme est un isomorphisme.

Démonstration.

Soit s une section de $j^*\tilde{E}$ au dessus d'un ouvert Ω de $Z_G(\chi)\backslash G$. L'application

$$\varphi : g \longmapsto (p(g)\ s(Z_G(\chi)g),g)$$

définie pour $Z_G(\chi)g \in \Omega$ induit par passage aux quotients une section s_1 du fibré $\tilde{E}(\chi) \times^{Z_G(\chi)} G$. Pour montrer que c'est une section de f il suffit de vérifier que s_1 est continue. Soit ω un élément de Ω. Il existe un élément x de E tel que $s(\omega) = \tilde{x}(j(\omega))$. La section $\tilde{x}\circ j$ de $\tilde{E}$ coïncide avec s au voisinage de ω. Dans ce voisinage on a donc

$$s(Z_G(\chi)g) = \tilde{x}(\chi^g)$$

donc

$$p(g)\ s(Z_G(\chi)g) = p(g)\ \tilde{x}(\chi^g) = (\pi(g)x)^{\sim}\ (\chi) \ .$$

Comme π est lisse, on en déduit que l'application φ est continue sur l'image réciproque de ce voisinage dans G, et donc s_1 est continue en ω.

Enfin, comme chaque p(g) est un isomorphisme, il en va de même de p.

Nous supposons maintenant que G opère transitivement sur $\mathrm{Spec}_U\ \pi$ et que $\mathrm{Spec}_U\ \pi$ est localement fermé dans $\hat{U}$.

Théorème 3.

Le foncteur $\pi \mapsto \tilde{\pi}(\chi)$ *est une équivalence de la catégorie des représentations lisses de* G *dont le spectre (relativement à* U) *est contenu dans* χ^G *dans la catégorie des représentations lisses de* $Z_G(\chi)$ *dont la restriction à* U *est isotypique de type* χ.

Démonstration.

Ce foncteur est pleinement fidèle.

Soient π_i $(i \in \{1,2\})$ deux représentations lisses de G dans des espaces E_i telles que $\mathrm{Spec}_U\ \pi_i = \chi^G$. Il s'agit de montrer que l'homomorphisme canonique

$$\mathrm{Hom}_G(\pi_1,\pi_2) \longrightarrow \mathrm{Hom}_{Z_G(\chi)}\ (\tilde{\pi}_1(\chi)\ ,\ \tilde{\pi}_2(\chi))$$

est un isomorphisme. Pour cela on va construire un homomorphisme réciproque.

Si $\varphi \in \mathrm{Hom}_{Z_G(\chi)}(\tilde{E}_1(\chi), \tilde{E}_2(\chi))$, il existe un unique homomorphisme φ_1 d'espaces fibrés de $\tilde{E}_1(\chi) \times^{Z_G(\chi)} G$ dans $\tilde{E}_2(\chi) \times^{Z_G(\chi)} G$ tel que

$$(1) \qquad \varphi_1([y,g]) = [\varphi(y),g]$$

si $y \in \tilde{E}_1(\chi)$ et $g \in G$. D'après le lemme 3 il lui correspond un homomorphisme de faisceaux de $j^*\tilde{E}_1$ dans $j^*\tilde{E}_2$. Comme $\Gamma_c(j^*\tilde{E}_i) = \Gamma_c(\tilde{E}_i) = E_i$ d'après le lemme 1, on en déduit un homomorphisme Φ de E_1 dans E_2. Il est aisé de vérifier, en utilisant la relation (1), que Φ est G-équivariant et que l'application qui à φ associe Φ est bien l'homomorphisme réciproque cherché.

Ce foncteur est essentiellement surjectif.

Soit ρ une représentation lisse de $Z_G(\chi)$ dans un espace F dont la restriction à U soit isotypique de type χ. Cette donnée permet de construire comme plus haut l'espace fibré $F \times^{Z_G(\chi)} G$ sur $Z_G(\chi)\backslash G$. D'après [5] (Théorème 2.9.2) il existe un unique faisceau $\mathcal{F}$ sur $\hat{U}$ qui induise sur χ^G le faisceau des sections de ce fibré et 0 ailleurs. Le groupe G opère sur l'espace $F \times^{Z_G(\chi)} G$:

$$[x,g_1].g = [x,g_1 g] \text{ si } g,g_1 \in G, \ x \in F .$$

Il opère donc sur les sections du fibré $F \times^{Z_G(\chi)} G \longrightarrow Z_G(\chi)\backslash G$.

D'après le lemme 2 cette opération s'étend en une opération sur les sections de $\mathcal{F}$, qui conserve l'espace $\Gamma_c(\mathcal{F})$ des sections à support compact. Soit π la représentation de G ainsi définie sur $\Gamma_c(\mathcal{F})$. Comme U opère sur les sections de $\mathcal{F}$ par

$$(u.s)(\lambda) = \lambda(u)\, s(\lambda) \qquad (u \in U, \ s \in \Gamma_c(\mathcal{F}), \ \lambda \in \hat{U}),$$

il est clair que le faisceau $\Gamma_c(\mathcal{F})^{\sim}$ associé à π est isomorphe à $\mathcal{F}$. On en déduit que $\mathrm{Spec}_U\, \pi = \mathrm{Supp}\, \mathcal{F} = \chi^G$ et que $\tilde{\pi}(\chi) = \rho$, ce qui termine la démonstration.

Remarque.

Si H est un sous-groupe de G et ρ une représentation lisse de H dans un espace F, on note $C_c^\infty(G,H,\rho)$ l'espace des fonctions f sur G à valeurs dans F qui vérifient

- f est localement constante
- l'image du support de f par la surjection canonique $H\backslash G \longrightarrow G$ est compact
- $f(hg) = \rho(h)\, f(g)$ si $h \in H$, $g \in G$.

Le groupe G opère dans cet espace par translation à droite. On obtient ainsi une représentation lisse de G, dite représentation induite, notée $\mathrm{Ind}_H^G\, \rho$.

Si s est une section de $\tilde{E}$ à support compact, la fonction f_s sur G à valeur dans $\tilde{E}(\chi)$ définie par

$$f_s(g) = p(g)\ s(\chi^g) \quad (g \in G)$$

est, comme on le vérifie facilement, un élément de $C_c^\infty(G,Z_G(\chi),\tilde{\pi}(\chi))$. L'application $s \longmapsto f_s$ est un opérateur d'entrelacement de $\Gamma_c(\tilde{E})$ dans $\mathrm{Ind}_{Z_G(\chi)}^G\ \tilde{\pi}(\chi)$. Par conséquent le foncteur $\rho \longmapsto \mathrm{Ind}_{Z_G(\chi)}^G \rho$ est le foncteur opposé à $\pi \longmapsto \tilde{\pi}(\chi)$.

Supposons maintenant que <u>toutes</u> les orbites de G dans $\hat{U}$ soient localement fermées.

<u>Corollaire 1</u>.

<u>Pour qu'une représentation lisse</u> π <u>non nulle de</u> G <u>soit irréductible, il faut et il suffit que</u>

- $\mathrm{Spec}_U\ \pi$ <u>soit constitué d'une seule orbite, soit</u> χ^G,
- $\tilde{\pi}(\chi)$ <u>soit irréductible</u>.

<u>Démonstration</u>.

On montre d'abord que la premier condition est nécessaire.

Soit $\chi \in \mathrm{Spec}_U\ \pi$. Si $\mathrm{Spec}_U\ \pi$ comporte au moins deux orbites, on a

$$\emptyset \neq \mathrm{Spec}_U\ \pi - \chi^G = (\overline{\chi^G})^c \cup (\overline{\chi^G} - \chi^G)$$

donc un au moins des ensembles $(\overline{\chi^G})^c$ où $\overline{\chi^G} - \chi^G$ est non vide. Ces ensembles sont évidemment distincts de $\mathrm{Spec}_U\ \pi$. De plus $\overline{\chi^G} - \chi^G$ est fermé dans $\mathrm{Spec}_U\ \pi$ car χ^G est localement fermée. On en déduit qu'il existe un fermé Y de $\mathrm{Spec}_U\ \pi$ invariant par G qui est non vide et distinct de $\mathrm{Spec}_U\ \pi$. D'après [5] (Théorème 2.9.3) on a une suite exacte de faisceaux (avec les notations de loc. cit.)

$$0 \longrightarrow \tilde{E}_{X-Y} \longrightarrow \tilde{E} \longrightarrow \tilde{E}_Y \longrightarrow 0 .$$

D'où une suite exacte

$$0 \longrightarrow \Gamma_c(\tilde{E}_{X-Y}) \longrightarrow \Gamma_c(\tilde{E}) \longrightarrow \Gamma_c(\tilde{E}_Y) \longrightarrow 0 .$$

Les faisceaux $\tilde{E}_{X-Y}$ et $\tilde{E}_Y$ ont respectivement comme support $\mathrm{Spec}_U\ \pi - Y$ et Y. Les espaces $\Gamma_c(\tilde{E}_{X-Y})$ et $\Gamma_c(\tilde{E}_Y)$ sont donc non nuls et la représentation π est réductible.

Si maintenant $\mathrm{Spec}_U \pi = \chi^G$, le théorème 3 montre que π est irréductible si et seulement s'il en est de même de $\tilde{\pi}(\chi)$.

On a donc un équivalent de la théorie de Mackey pour les représentations lisses.

Corollaire 2.

Soit G un groupe localement compact totalement discontinu dénombrable à l'infini. Soit U un sous-groupe distingué abélien fermé de G qui soit réunion de ses sous-groupes compacts. Supposons que les orbites de G dans $\hat{U}$ soient localement fermées. Alors toute représentation lisse irréductible de G est équivalente à une représentation

$$\pi(\chi,\rho) = \mathrm{Ind}_{Z_G(\chi)}^{G} \rho$$

où χ est un caractère de U, $Z_G(\chi)$ son stabilisateur dans G et ρ une représentation lisse irréductible de $Z_G(\chi)$ dont la restriction à U soit isotypique de type χ. Les représentations $\pi(\chi,\rho)$ et $\pi(\chi',\rho')$ sont équivalentes si et seulement s'il existe un élément g de G tel que $\chi' = \chi^g$ et que ρ' soit équivalente à $\rho \circ \mathrm{Int}\, g$.

Les théorèmes suivants énoncent un certain nombre de propriétés des représentations qui sont conservées par induction.

Théorème 4.

Soit π une représentation lisse de G dont le spectre relativement à U soit réduit à une seule orbite χ^G fermée dans $\hat{U}$. Alors, si $\tilde{\pi}(\chi)$ est admissible, il en est de même de π.

Démonstration.

Soit $\tilde{E}$ le faisceau sur $\hat{U}$ associé à π.

Soit Ω un sous-groupe ouvert de G. Il suffit de montrer que l'ensemble des sections s de $\tilde{E}$ à support compact invariantes par Ω est de dimension finie. Un élément ω de $\Omega \cap U$ transforme une section s de $\tilde{E}$ en une section $\omega.s$ telle que

$$\omega.s\ (\chi) = \chi(\omega)\ s(\chi) \qquad \text{si } \chi \in \hat{U}.$$

Si s est invariante par Ω et si $s(\chi) \neq 0$ on a donc $\chi(\Omega \cap U) = 1$, c'est-à-dire que le support de s est contenu dans $(\Omega \cap U)^{\perp}$ qui est compact. Comme χ^G est fermé, ce support est contenu dans un compact fixe $(\Omega \cap U)^{\perp} \cap \chi^G$ de χ^G. Si s est invariante par ω la connaissance de $s(\chi)$ détermine la valeur de $s(\chi^{\omega})$. Les orbites de Ω dans $(\Omega \cap U)^{\perp} \cap \chi^G$ sont ouvertes et sont donc en nombre fini, donc s est déterminée par un nombre fini des $s(\chi^g)$. Remarquons enfin que si $\lambda \in \hat{U}$ et si $\omega \in \Omega \cap Z_G(\lambda)$ on a

$$\omega.s(\lambda) = \tilde{\pi}(\lambda)(\omega)\ (s(\lambda))\ .$$

Si s est invariante par Ω, $s(\lambda)$ est donc invariant par le sous-groupe ouvert $\Omega \cap Z_G(\lambda)$ de $Z_G(\lambda)$, donc reste dans un sous-espace vectoriel de dimension finie de $\tilde{E}(\lambda)$ car la représentation $\tilde{\pi}(\lambda)$ (qui est équivalente à $\tilde{\pi}(\chi) \circ \mathrm{Int}\, g^{-1}$ si $\lambda = \chi^g$) est admissible.

Soit maintenant ρ une représentation unitaire irréductible de $Z_G(\chi)$ dans un espace de Hilbert F dont la restriction à U soit isotypique de type χ.

Notons $\mathcal{J}nd_{Z_G(\chi)}^G$ ρ la représentation unitaire induite (au sens de Mackey). D'après la théorie de Mackey, cette représentation est irréductible. D'autre part, il est clair qu'elle contient la représentation lisse $\mathrm{Ind}_{Z_G(\chi)}^G \rho^o$.

Théorème 5.

Supposons que χ^G soit fermé dans $\hat{U}$. Alors

$$\left[\mathcal{J}nd_{Z_G(\chi)}^G \rho\right]^o = \mathrm{Ind}_{Z_G(\chi)}^G \rho^o .$$

Démonstration.

On peut considérer la représentation $\mathcal{J}nd_{Z_G(\chi)}^G$ ρ comme étant réalisée dans l'espace des sections de carré intégrable du fibré de Hilbert $F \times^{Z_G(\chi)} G \longrightarrow Z_G(\chi)\backslash G$.

Pour démontrer le théorème, il suffit de montrer que les sections de ce fibré invariantes par un sous-groupe ouvert de G sont les sections continues à support compact du sous-fibré vectoriel $F^o \times^{Z_G(\chi)} G \longrightarrow Z_G(\chi)\backslash G$. Soit donc s une section du fibré de Hilbert invariante par un sous-groupe ouvert Ω de G. Il est clair que s est continue : ses valeurs en chaque point sont donc bien définies. On voit facilement que $s(\chi^g)$ est invariant par $Z_G(\chi^g) \cap \Omega$; par conséquent $s(\chi^g) \in [F^o, g]$. Cela veut dire que s est une section du sous-fibré $F^o \times^{Z_G(\chi)} G$ et il est clair que s est encore continue pour la topologie qu'on a définie plus haut pour un tel fibré. Enfin, l'invariance de s par $U \cap \Omega$ implique l'égalité

$$s(\lambda) = \lambda(u)\, s(\lambda) \quad \text{si } \lambda \in \hat{U} \quad \text{et } u \in U \cap \Omega.$$

Par conséquent $\lambda(u) = 1$ si $s(\lambda) = 0$, donc le support de s est contenu dans $(U \cap \Omega)^{\perp} \cap \chi^G$ qui est compact.

Les représentations lisses ne sont pas forcément semi-simples. Cependant, comme pour les modules, on a les notions d'injectivité et de projectivité. Une représentation lisse π de G sera dite injective (resp. projective) si c'est un objet injectif (resp. projectif) dans la catégorie des représentations lisses de G, c'est-à-dire si le foncteur $\sigma \longmapsto \mathrm{Hom}_G(\sigma,\pi)$ (resp. $\sigma \longmapsto \mathrm{Hom}_G(\pi,\sigma)$) de la catégorie des représentations lisses de G dans la catégorie des groupes abéliens est exact. Pour qu'une représentation π soit injective (resp. que σ soit projective) il faut et il suffit que toutes les suites exactes de représentations lisses

$$0 \longrightarrow \pi \longrightarrow \rho \longrightarrow \sigma \longrightarrow 0$$

soient scindées.

Théorème 6.

Soit π *une représentation lisse de* G *telle que* $\mathrm{Spec}_U\,\pi$ *soit formé d'une seule orbite* χ^G *de* G.

a) *Si* $\mathrm{Spec}_U\,\pi$ *est fermé dans* $\hat{U}$ *et si* $\tilde{\pi}(\chi)$ *est une représentation injective de* $Z_G(\chi)$, *alors* π *est une représentation injective de* G.

b) *Si* $\mathrm{Spec}_U\,\pi$ *est ouvert dans* $\hat{U}$ *et si* $\tilde{\pi}(\chi)$ *est une représentation projective de* $Z_G(\chi)$, *alors* π *est une représentation projective de* G.

Démonstration.

Si X est une partie localement fermée de $\hat{U}$, et si $\mathcal{F}$ est un faisceau sur $\hat{U}$, il existe un faisceau $\mathcal{F}_X$ unique à isomorphisme près tel que

$$\mathcal{F}_X\Big|_X = \mathcal{F}\Big|_X \quad , \quad \mathcal{F}_X\Big|_{\hat{U}-X} = 0 .$$

Si X est fermé, on a une suite exacte

$$(2) \qquad 0 \longrightarrow \mathcal{F}_{\hat{U}-X} \longrightarrow \mathcal{F} \longrightarrow \mathcal{F}_X \longrightarrow 0$$

(cf. [5], Théorème 2.9.3).

a) Soit $X = \chi^G$ et soit $\mathcal{F}$ le faisceau sur $\hat{U}$ associé à $\sigma|_U$ où σ est une représentation lisse de G. Si $\mathcal{G}$ est le faisceau associé à $\pi|_U$, on a la suite exacte déduite de (2)

$$0 \longrightarrow \mathrm{Hom}(\mathcal{F}_X, \mathcal{G}) \longrightarrow \mathrm{Hom}(\mathcal{F}, \mathcal{G}) \longrightarrow \mathrm{Hom}(\mathcal{F}_{\hat{U}-X}, \mathcal{G})$$

Comme le support de $\mathcal{G}$ est égal à X, le dernier terme de cette suite est nul, d'où l'isomorphisme

$$\mathrm{Hom}(\mathcal{F}_X, \mathcal{G}) \xrightarrow{\sim} \mathrm{Hom}(\mathcal{F}, \mathcal{G}) .$$

Remarquons que G opère sur les sections de $\mathcal{F}_X$ à support compact, d'où une représentation σ_X de G, telle que $\mathrm{Spec}_U\,\sigma_X \subset X$.
L'isomorphisme précédent donne donc un isomorphisme

$$\mathrm{Hom}_G(\sigma_X, \pi) \simeq \mathrm{Hom}_G(\sigma, \pi) .$$

D'après le théorème 3, on a

$$\mathrm{Hom}_G(\sigma_X, \pi) \simeq \mathrm{Hom}_{Z_G(\chi)}(\tilde{\sigma}_X(\chi), \tilde{\pi}(\chi)) .$$

Remarquant que $\tilde{\sigma}_X(\chi) = \tilde{\sigma}(\chi)$, on a finalement

$$\mathrm{Hom}_G(\sigma, \pi) \simeq \mathrm{Hom}_{Z_G(\chi)}(\tilde{\sigma}(\chi), \tilde{\pi}(\chi)) .$$

Le foncteur $\sigma \mapsto \tilde{\sigma}(\chi)$ est exact. Si $\tilde{\pi}(\chi)$ est injective, il en est de même du foncteur $\mathrm{Hom}_{Z_G(\chi)}(\cdot,\tilde{\pi}(\chi))$, d'où le résultat.

b) La démonstration est analogue.

V. QUELQUES EXEMPLES

Soit k un corps localement compact non archimédien. Le groupe additif de k vérifie les conditions du paragraphe 3 : il y a donc identité entre représentations unitaires irréductibles et représentations lisses irréductibles de k.

Les représentations du groupe P_n.

Soit k comme précédemment. Soit P_n le groupe des matrices carrées $(g_{i,j})$ d'ordre n à coefficients dans k telles que

$$g_{n,j} = 0 \quad \text{si} \quad j \leq n-1 ,$$
$$g_{n,n} = 1 .$$

Si m est un entier inférieur ou égal à n-1, on définit deux sous-groupes de P_n. Le sous-groupe G_m est formé des matrices $(g_{i,j})$ telles que

$$g_{i,i} = 1 \quad \text{si} \quad m+1 \leq i \leq n,$$
$$g_{i,j} = 0 \quad \text{si} \quad i \neq j \geq m+1 \quad \text{ou si} \quad j \neq i \geq m+1 .$$

Le sous-groupe U_m^n est formé des matrices $(g_{i,j})$ telles que

$$g_{i,i} = 1 ,$$
$$g_{i,j} = 0 \quad \text{si} \quad i \neq j \leq m,$$
$$g_{i,j} = 0 \quad \text{si} \quad i > j .$$

Soit τ un caractère additif non trivial de k. On note θ_m^n le caractère de U_m^n défini par

$$\theta_m^n(u) = \prod_{1+m\leq i\leq n-1} \tau(g_{i,i+1}) \quad \text{si} \quad u = (g_{i,j}) .$$

Si σ est une représentation lisse de G_m, on note $\pi(m,\sigma)$ la représentation de P_n définie par

$$\pi(m,\sigma) = \mathrm{Ind}_{G_m \times U_m^n}^{P_n} \sigma \otimes \theta_m^n .$$

Théorème 7.

Les représentations lisses irréductibles de P_n sont les représentations $\pi(m,\sigma)$ où $0 \leq m \leq n-1$ et où σ est une représentation lisse irréductible de G_m. Si $\pi(m,\sigma)$ est équivalente à $\pi(m',\sigma')$ alors $m = m'$ et σ est équivalente à σ'.

Démonstration.

Ce théorème se démontre par récurrence sur n. Le groupe P_n est produit semi-direct de G_{n-1} par le sous-groupe abélien distingué fermé U^n_{n-1}. Le sous-groupe U^n_{n-1} est isomorphe au groupe additif k^{n-1} et il est donc réunion de ses sous-groupes compacts. On peut donc appliquer le corollaire 2 du théorème 3. L'opération de P_n dans $\hat{U}^n_{n-1}$ définit deux orbites, celle du caractère trivial $\{1\}$ et son complémentaire qui est l'orbite du caractère φ_n défini par

$$\varphi_n(u) = \tau(g_{n-1,n}) \text{ si } u = (g_{i,j}) .$$

Le stabilisateur de φ_n dans P_n est égal à $P_{n-1} \times U^n_{n-1}$ et les représentations de ce dernier groupe sont connues par l'hypothèse de récurrence.

Remarque.

Le groupe P_n est celui considéré par H. Jacquet dans son exposé dans ce séminaire. Il considère en particulier la représentation

$$\pi(0,1) = \operatorname{Ind}_{U^n_o}^{P_n} \theta^n_o .$$

D'après le théorème 6, cette représentation est projective.

Les représentations des groupes unipotents.

Soit encore k un corps local non archimédien, mais nous supposons maintenant que k est de caractéristique nulle.

Soit $\underline{\underline{G}}$ un groupe algébrique unipotent sur k et soit G le groupe des points de $\underline{\underline{G}}$ rationnels sur k. Il est canoniquement muni d'une structure de groupe de Lie sur k, d'algèbre de Lie $\mathfrak{g}$ (cf. [11], Appendice 3) . On sait que $\underline{\underline{G}}$ est isomorphe à un sous-groupe fermé (pour la topologie de Zariski) d'un groupe de matrices triangulaires supérieures unipotentes (cf. [2], Chap. I, § 4.8). Par conséquent G est un groupe nilpotent et $\mathfrak{g}$ une algèbre de Lie nilpotente. De plus les applications exponentielle et logarithme sont définies partout sur $\mathfrak{g}$ et G respectivement et sont des morphismes birationnels réciproques l'un de l'autre.

Lemme 4.

Il existe deux sous-groupes A et B de G fermés (pour la topologie de Zariski) tels que

- A soit abélien,
- B soit central,
- $B \subset A$,
- Si χ est un caractère de A, $\chi^G = \chi \Rightarrow \chi|_B = 1$,
- $\dim B \geq 1$.

Démonstration.

Soit $\mathfrak{a}$ un idéal non central minimal de $\mathfrak{g}$ (cf. [1], Chap. 6) et soit $\mathfrak{b} = [\mathfrak{g}, \mathfrak{a}]$. On prend pour A et B les images de $\mathfrak{a}$ et $\mathfrak{b}$ par l'exponentielle.

Ce lemme (standard en théorie des groupes de Lie nilpotents) permet de raisonner par récurrence selon le schéma suivant. Si π est une représentation lisse (resp. unitaire) irréductible de G, alors ou bien $\pi|_B = 1$, auquel cas π se réduit à une représentation de G/B, ou bien $\mathrm{Spec}_A\,\pi$ contient un caractère χ de A tel que $Z_G(\chi) \neq G$ et d'après le corollaire 2 du théorème 3 (resp. la théorie de Mackey usuelle), π est équivalente à $\mathrm{Ind}_{Z_G(\chi)}^G\,\rho$ (resp. $\hat{\mathcal{I}}\mathrm{nd}_{Z_G(\chi)}^G\,\rho$) où ρ est une représentation lisse (resp. unitaire) irréductible de $Z_G(\chi)$. Dans les deux cas on est ramené à l'étude d'une représentation d'un groupe de dimension inférieure. On va appliquer ce schéma de raisonnement dans les lemmes 5,6,7 et 8 suivants. Remarquons que $\mathrm{Spec}_A\,\pi$ est l'orbite de χ par G. Elle est donc fermée dans $\hat{A}$. En effet, A est isomorphe au groupe additif d'un espace vectoriel, et $\hat{A}$ s'identifie à son dual A^*. L'action de G sur A^* est algébrique. Comme c'est un groupe unipotent, ses orbites sont donc fermées.

Lemme 5.

Si π est une représentation unitaire irréductible de G, alors π^o est une représentation lisse irréductible de G.

Démonstration.

On applique le lemme 4, le théorème 5 et le corollaire 2 du théorème 3.

Ce lemme permet donc de définir une application $\pi \longmapsto \pi^o$ de $\hat{G}$ dans $\tilde{G}$.

Lemme 6.

Toute représentation lisse irréductible de G est admissible.

Démonstration.

On applique le lemme 4 et le théorème 4.

Rappelons que, si une représentation ρ est admissible irréductible, il existe, à équivalence près, au plus une représentation unitaire π telle que $\pi^o = \rho$ (cf. [8], lemme 2.6). L'application $\pi \longmapsto \pi^o$ de $\hat{G}$ dans $\tilde{G}$ est donc injective. Le lemme suivant montre qu'elle est surjective.

Lemme 7.

Toute représentation lisse irréductible provient d'une représentation unitaire irréductible de G.

Démonstration.

On applique le lemme 4 et le théorème 5.

Lemme 8.

Toute représentation lisse irréductible de G est injective.

Démonstration.

Cela provient immédiatement du lemme 4 et du théorème 6 a).

Résumons les résultats précédents.

Théorème 7.

L'application $\pi \mapsto \pi^{o}$ de $\hat{G}$ dans $\tilde{G}$ est bijective. Tout élément de $\tilde{G}$ est admissible et injectif dans la catégorie des représentations lisses de G.

L'ensemble $\hat{G}$ a été étudié par Calvin Moore. Il a montré que, comme dans le cas réel (théorie de Kirillov) cet ensemble s'identifie canoniquement à l'espace des orbites de G dans $\mathfrak{g}^*$ par la représentation coadjointe ([9], §4).

BIBLIOGRAPHIE.

[1] P. BERNAT et al., Représentations des groupes de Lie résolubles, Dunod, Paris, 1972.

[2] A. BOREL, Linear algebraic groups, Benjamin, New-York, 1969.

[3] N. BOURBAKI, Intégration, Chap. 7 et 8, Actu. Sci. Ind. N°1306, Hermann, Paris, 1963.

[4] N. BOURBAKI, Variétés différentielles et analytiques, Fasc. de résultats, §1 à 7, Actu. Sci. Ind. N°1333, Hermann, Paris, 1967.

[5] R. GODEMENT, Théorie des faisceaux, Actu. Sci. Ind. N°1252, Hermann, Paris, 1964.

[6] A. GROTHENDIECK, Eléments de géométrie algébrique, n°I, Publ. Math. I.H.E.S. n°4, 1960.

[7] P. KUTZKO, Mackey's theorem for non-unitary representations, à paraître.

[8] H. JACQUET et R.P. LANGLANDS, Automorphic forms on GL(2), Lecture Notes in Math. N°114, Springer-Verlag, Berlin et New-York, 1970.

[9] C.C. MOORE, Decomposition of Unitary Representations Defined by Discrete Subgroups of Nilpotent Groups, Annals of Math. 82, 1965, 146-181.

[10] S. TELEMAN, Theory of Harmonic Algebras, in Lectures on the applications of sheaves to ring theory, Lecture Notes in Math. N°248, Springer-Verlag, Berlin et New-York, 1971.

[11] A. WEIL, Foundations of algebraic geometry, Amer. Math. Soc. Colloquium Publ. N°29, 2e éd., 1962.

Université PARIS VII
U.E.R. de Mathématiques
2 Place Jussieu
75221 PARIS CEDEX 05
FRANCE

TWO CHARACTER IDENTITIES FOR SEMISIMPLE LIE GROUPS

Wilfried Schmid*

The proof of Blattner's conjecture in [6] depends crucially on two identities satisfied by the discrete series characters. Especially one of these (Theorem 9.4 of [10]) was first established by a somewhat complicated argument--complicated because it is constructive: the methods of [10] are aimed at showing the existence of the discrete series characters, independently of Harish-Chandra's existence proof. The main content of this note is a more direct, although nonconstructive, derivation of the two identities. As an additional advantage, unlike the original derivation, it works not only in the context of matrix groups. This note also includes a discussion of how the proof of Blattner's conjecture[1], as well as the result of [7, 11], can be extended to the nonlinear case.

Throughout, G will denote a connected semisimple Lie group, with finite center, and K a maximal compact subgroup of G. According to Harish-Chandra's criterion [3], G has a nonempty discrete series precisely when K = G ; I assume that this is the case. Hence one can choose a Cartan subgroup H of G, which is contained in K. The Lie algebras of G, K, H will be referred to as $\mathfrak{g}$, $\mathfrak{k}$, $\mathfrak{h}$, and their complexifications as

* Supported in part by a John Simon Guggenheim Memorial Fellowship and by NSF grant MCS76-08218.

[1] An alternative proof of Blattner's conjecture, by quite different methods, which also works in the nonlinear case, was recently found by Enright.

$\mathfrak{g}^{\mathbb{C}}, \mathfrak{k}^{\mathbb{C}}, \mathfrak{h}^{\mathbb{C}}$. Via exponentiation, the dual group $\hat{H}$ of the torus H becomes isomorphic to a lattice Λ in $i\mathfrak{h}^*$, the space of linear functions on $\mathfrak{h}^{\mathbb{C}}$ which assume purely imaginary values on the real form $\mathfrak{h}$. Let Φ be the root system of $(\mathfrak{g}^{\mathbb{C}}, \mathfrak{h}^{\mathbb{C}})$. A root $\alpha \in \Phi$ is called compact if the root space corresponding to α lies in $\mathfrak{k}^{\mathbb{C}}$, and otherwise noncompact. Thus Φ decomposes into the disjoint union of Φ^c and Φ^n, the sets of, respectively, compact and noncompact roots. The Weyl group W of H in G, viewed as a transformation group acting on $i\mathfrak{h}^*$, can then also be described as the group generated by the reflections about the hyperplanes $\alpha^{\perp}$, with $\alpha \in \Phi^c$.

In order to simplify various statements, I shall henceforth suppose that G is acceptable in the sense of Harish-Chandra; in other words, for every Cartan subgroup $B \subset G$, the half-sum of the positive roots, relative to an arbitrary ordering, is to lift to a character of B. This can always be arranged by going to a finite covering of G, and therefore is no serious restriction.

As was shown by Harish-Chandra [3], for every nonsingular[2] $\lambda \in \Lambda$, there exists a unique tempered[3], invariant eigendistribution Θ_λ on G, such that

$$\Theta_\lambda|_H = (-1)^q \frac{\Sigma_{w \in W}\, \varepsilon(w) e^{w\lambda}}{\Pi_{\alpha \in \Phi, (\alpha, \lambda) > 0} (e^{\alpha/2} - e^{-\alpha/2})} ; \tag{1}$$

here $\varepsilon(w)$, for $w \in W$, denotes the sign of w, and $q = \frac{1}{2} \dim G/K$. Every Θ_λ is the character of a discrete series representation, and conversely [4].

Now let $\Psi \subset \Phi$ be a particular system of positive roots. As long as the parameter λ remains dominant with respect Ψ, the invariant eigendistributions

---

[2] i.e. $(\lambda, \alpha) \neq 0$ for all $\alpha \in \Phi$.

[3] a distribution on G is called tempered if it extends continuously to the Schwertz space of rapidly decreasing functions; cf. [4].

Θ_λ depend coherently on λ, in a sense which will be made precise later; this is implicit in Harish-Chandra's construction of the Θ_λ. Hence, letting λ wander over all of Λ, one obtains a family of invariant eigendistributions $\Theta(\Psi, \lambda)$, corresponding to every choice of positive root system $\Psi \subset \Phi$, and every $\lambda \in \Lambda$, with the following properties:

(2)
a) for fixed Ψ, $\Theta(\Psi,\lambda)$ depends coherently on λ; and
b) $\Theta(\Psi,\lambda) = \Theta_\lambda$, provided λ is nonsingular and dominant with respect to Ψ.

Of course, the $\Theta(\Psi, \lambda)$ are not, in general, tempered.

One of the two character identities involves a family of induced invariant eigendistributions $\Theta_{\Psi, \beta, \lambda}$, parametrized by the datum of a system of positive roots $\Psi \subset \Phi$, of a noncompact root $\beta \in \Phi$, and of an element λ of the lattice Λ. I shall postpone the description of these eigendistributions, which requires some care, until after the following statement of the main result. For any given $\alpha \in \Phi$, let s_α be the reflection about the hyperplane $\alpha^\perp \subset i\mathfrak{h}^*$, viewed as element of the Weyl group of $(\mathfrak{g}^{\mathbb{C}}, \mathfrak{h}^{\mathbb{C}})$. As before, Ψ shall denote an arbitrary positive root system in Φ, and λ a member of Λ.

<u>Theorem.</u> If α is a compact root, simple with respect to Ψ, then

(a) $\Theta(\Psi, \lambda) + \Theta(s_\alpha\Psi, \lambda) = 0$.

For every noncompact root β, which is simple with respect to Ψ,

(b) $\Theta(\Psi,\lambda) + \Theta(s_\beta\Psi,\lambda) = \Theta_{\Psi, \beta, \lambda}$.

The first of these two identities is equivalent to Proposition 3.6 of [6], the second appears as Theorem 9.4 of [10]. The strategy of the proof can be described as follows. A theorem of Harish-Chandra [3] asserts that a tempered invariant eigendistribution with a nonsingular integral infinitesimal character has a nonzero restriction on the compact Cartan subgroup H, unless it vanishes globally. More generally, an invariant eigendistribution, whose infinitesimal character satisfies a suitable nonsingularity condition, and which is not too far from being tempered, must vanish if it restricts to zero on every Cartan subgroup with split part of dimension zero or one. On any such Cartan subgroup, the two identities can be verified by an explicit computation. Moreover, if the parameter λ lies in a certain region, all terms in the two formulas are close to being tempered, which then implies the identities at least for all such values of λ. Finally, by a continuation argument, one obtains the identities in general.

To make the statement of the theorem meaningful, it remains to define $\Theta_{\Psi,\beta,\lambda}$. For this purpose, I keep fixed $\Psi \subset \Phi$, $\lambda \in \Lambda$, and a noncompact root $\beta \in \Phi$. One can choose $Z_\beta \in \mathfrak{h}^{\mathbb{C}}$, as well as generators $Y_{\pm\beta}$ of the $\pm\beta$-root spaces, satisfying the commutation relations.

$$(3)\qquad \begin{aligned} &[Z_\beta, Y_\beta] = 2Y_\beta \ , \quad [Z_\beta, Y_{-\beta}] = -2Y_\beta \ , \\ &[Y_\beta, Y_{-\beta}] = Z_\beta \ , \quad \overline{Y}_\beta = Y_{-\beta} \end{aligned}$$

(barring denotes complex conjugation in $\mathfrak{g}^{\mathbb{C}}$). The Cayley transform corresponding to β is defined as

$$(4)\qquad c_\beta = \mathrm{Ad}\,\exp\frac{\pi}{4}(Y_{-\beta} - Y_\beta) \in \mathrm{Aut}(\mathfrak{g}^{\mathbb{C}}) \ .$$

Set

$$(5a)\qquad \mathfrak{b}_\beta^{\mathbb{C}} = c_\beta \mathfrak{h}^{\mathbb{C}} \ ;$$

then, as can be checked, $\mathfrak{b}_\beta^{\mathbb{C}}$ remains fixed under complex conjugation. Hence $\mathfrak{b}_\beta^{\mathbb{C}}$ arises as the complexification of a Cartan subalgebra $\mathfrak{b}_\beta \subset \mathfrak{g}$, corresponding to the Cartan subgroup

(5b) $$B_\beta = \{g \in G \mid \operatorname{Ad} g|_{\mathcal{L}_\beta} = \text{identity}\}.$$

Like any Cartan subgroup, B_β has a unique direct product decomposition

(6a) $$B_\beta = B_{\beta,+} \cdot B_{\beta,-} ,$$

such that $B_{\beta,+}$ is compact and $B_{\beta,-}$ a vector group. Moreover,

(6b) $$B_{\beta,+} = B_\beta \cap H ,$$
$$B^o_{\beta,+} = \exp\{X \in \mathfrak{h} \mid \langle \beta, X \rangle = 0\}$$

($(\ldots)^o$ = connected component of the identity in ...), and

(6c) $$B_{\beta,-} = \exp \mathbb{R}(Y_\beta + Y_{-\beta}) .$$

The centralizer of $B_{\beta,-}$ in G can be expressed as a direct product

(7) $$Z_G(B_{\beta,-}) = M_\beta \cdot B_{\beta,-} ,$$

with M_β invariant under the Cartan involution which defines K. In this situation,

(8) M^o_β is reductive, and contains $B^o_{\beta,+}$ as a compact Cartan subgroup.

The subgroup

(9) $$M^\dagger_\beta = \{m \in M_\beta \mid \operatorname{Ad} m : M^o_\beta \to M^o_\beta \text{ is inner}\}$$

is normal in M_β, of finite index. Notice that

(10) $$M^\dagger_\beta = M^o_\beta \cdot Z_{M^\dagger_\beta}(M^o_\beta) ,$$

(10 continued) and $Z_{M^{\dagger}_{\beta}}(M^{o}_{\beta}) \subset B_{\beta,+}$.

Let $\mathfrak{n}^{\mathbb{C}}_{\beta}$ be the direct sum of all those root spaces of $(\mathfrak{g}^{\mathbb{C}}, \mathfrak{b}^{\mathbb{C}}_{\beta})$ which correspond to roots assuming strictly positive values on $Y_{\beta} + Y_{-\beta}$. Then $\mathfrak{n}^{\mathbb{C}}_{\beta}$ is the complexification of a nilpotent subalgebra $\mathfrak{n}_{\beta} \subset \mathfrak{g}$, and

(11) $$P_{\beta} = M_{\beta} \cdot B_{\beta,-} \cdot N_{\beta} ,$$

with $N_{\beta} = \exp \mathfrak{n}_{\beta}$, is the Langlands decomposition of a maximal parabolic subgroup $P_{\beta} \subset G$. The preceding facts are fairly standard; they can be found, for example, in §2 of [10] (the paper [10] deals only with linear groups, but the statements above can be reduced to the linear case).

As a consequence of (6b) and of the definition of c_{β}, the root system of $(\mathfrak{m}^{\mathbb{C}}_{\beta}, \mathfrak{b}^{\mathbb{C}}_{\beta,+})$ may be naturally identified with

(12) $$\Phi_{\beta} = \{\alpha \in \Phi \mid \alpha \perp \beta\}$$

($\mathfrak{m}_{\beta}$ and $\mathfrak{b}_{\beta,+}$ are the Lie algebras of , respectively, M_{β} and $B_{\beta,+}$). In particular,

(13) $$\Psi_{\beta} = \Phi_{\beta} \cap \Psi$$

defines a system of positive roots in the root system of $(\mathfrak{m}^{\mathbb{C}}_{\beta}, \mathfrak{b}^{\mathbb{C}}_{\beta,+})$. By restriction , λ determines a linear function

(14) $$\mu = \lambda|_{\mathfrak{b}^{\mathbb{C}}_{\beta,+}}$$

on $\mathfrak{b}^{\mathbb{C}}_{\beta,+}$, which lifts to a character of $B^{o}_{\beta,+}$. Although the invariant eigendistributions $\Theta(\Psi, \lambda)$ were introduced only for semisimple groups, the definition can be readily extended, to cover every connected reductive group, which contains a compact Cartan subgroup. Accordingly, there exists a family of invariant eigendistributions $\Theta_{M^o_\beta}(\ldots,\ldots)$ on M^o_β, which is analogous to the family $\Theta(\ldots,\ldots)$ on G. Set

(15) $$\varphi_o = \Theta_{M^o_\beta}(\Psi_\beta,\mu)\ ;$$

it is an invariant eigendistribution on M^o_β. In view of Harish-Chandra's character formula (1), applied to M^o_β, φ_o satisfies the following transformation rule under the center of M^o_β:

(16) $$\varphi_o(zm) = e^{\mu-\rho_\beta}(z)\varphi_o(m)\ , \quad \text{for all } z \in Z(M^o_\beta),\ m \in M^o_\beta$$

(note: $Z(M^o_\beta) \subset B^o_{\beta,+}$!); here ρ_β stands for the half-sum of the positive roots in Φ_β, relative to an arbitrary ordering.

I now choose an ordering of Φ, such that $\alpha \in \Phi$ becomes positive whenever $(\alpha,\beta) > 0$, and set ρ_o = half-sum of the positive roots. If Φ_β is ordered compatibly with Φ, the restrictions of ρ_o to $\mathscr{L}_{\beta,+}$ coincides with ρ_β. Hence, and because of (16),

(17) the character $e^{\lambda-\rho_o}$ of H, restricted to $Z(M^o_\beta)$, agrees with the central character of φ_o.

It should also be recorded that any two possible choices of ρ_o differ by a sum of roots of $(\mathfrak{m}^{\mathbb{C}}_\beta, \mathscr{L}^{\mathbb{C}}_{\beta,+})$; as a result, the character $e^{\lambda-\rho_o}$ is well-defined on $Z_{M^\dagger_\beta}(M^o_\beta)$, in spite of the ambiguity in the description of ρ_o (recall: $Z_{M^\dagger_\beta}(M^o_\beta) \subset B_{\beta,+} \subset H$!). Because of (10) and (17), it makes sense to define an invariant eigendistribution φ_1 on $M^\dagger_\beta$ by

(18)
$$\varphi_1(mb) = \varphi_o(m)e^{\lambda - \rho_o}(b) ,$$
$$\text{for } m \in M^o_ß \text{ and } b \in Z_{M^\dagger_ß}(M^o_ß) .$$

For any $m \in M_ß$, the composition of φ_1 with Ad m depends only on the conjugacy class of m modulo $M^\dagger_ß$. Hence

(19)
$$\varphi_2 = \begin{cases} \sum_{m \in M_ß / M^\dagger_ß} \varphi_1 \circ \text{Ad } m & \text{on } M^\dagger_ß \\ 0 & \text{on the complement of } M^\dagger_ß \text{ in } M_ß \end{cases}$$

is well-defined on $M_ß$.

The Cayley transform $c_ß$ pushes λ to a linear function on $\mathcal{L}^{\mathbb{C}}_ß$. Its restriction to $\mathcal{L}_{ß,-}$, which I shall denote by ν, lifts to a character e^ν of $B_{ß,-}$. For $p \in P_ß$, $p = mbn$, with $m \in M_ß$, $b \in B_{ß,-}$, $n \in N_ß$, set

(20)
$$\varphi(p) = \varphi_2(m)e^\nu(b) .$$

Because of the way in which φ was manufactured from the invariant eigendistribution φ_o on $M^o_ß$, one can induce φ from $P_ß$ to G, to obtain an invariant eigendistribution on G:

(21)
$$\Theta_{\Psi, ß, \lambda} = \text{ind}^G_{P_ß}(\varphi) .$$

The inducing process in (21) is normalized induction, involving the square-root of the modular function. This finally completes the description of the invariant eigendistributions $\Theta_{\Psi, ß, \lambda}$, which enter the statement of the main theorem.

As a preparation for the proof of the theorem, it is necessary to recall certain facts about invariant eigendistributions. In the discussion which follows, Θ will denote a particular invariant eigendistribution. Thus $\mathfrak{Z}$, the center of the enveloping algebra of $\mathfrak{g}^{\mathbb{C}}$, operates on Θ according to a character, which one calls the infinitesimal character of Θ. Like any character of $\mathfrak{Z}$, it can be expressed as χ_λ, with $\lambda \in \mathfrak{h}^{\mathbb{C}*}$, in Harish-Chandra's notation [1]. Explicitly,

(22) $$Z\Theta = \chi_\lambda(Z)\Theta,$$

for all $Z \in \mathfrak{Z}$.

Now let $B \subset G$ be a Cartan subgroup, with Lie algebra $\mathfrak{b}$. In analogy to (6), there exists a direct product decomposition

(23a) $$B = B_+ \cdot B_-,$$

such that B_+ is compact and B_- isomorphic, via the exponential map, to its Lie algebra. On the Lie algebra level, (23a) corresponds to a splitting

(23b) $$\mathfrak{b} = \mathfrak{b}_+ \oplus \mathfrak{b}_-.$$

Once and for all, I choose a definite inner automorphism c of $\mathfrak{g}^{\mathbb{C}}$, which identifies $\mathfrak{h}^{\mathbb{C}}$ and $\mathfrak{b}^{\mathbb{C}}$:

(24) $$c : \mathfrak{b}^{\mathbb{C}} \to \mathfrak{h}^{\mathbb{C}};$$

then c pulls back the linear functional λ of (22) to a linear function $c^*\lambda$ on $\mathfrak{b}^{\mathbb{C}}$. In Φ_B, the root system of $(\mathfrak{g}^{\mathbb{C}}, \mathfrak{b}^{\mathbb{C}})$, I pick an ordering $>$. Every $\alpha \in \Phi_B$ lifts to a character e^α of B. Since G was assumed to be "acceptable",

(25) $$\Delta_B = \Pi_{\alpha \in \Phi_B, \alpha > 0} (e^{\alpha/2} - e^{-\alpha/2})$$

defines a function on B. For every α in the sub-root system

(26) $$\Phi_{B,\mathbb{R}} = \{\alpha \in \Phi_B \mid \alpha \text{ is real-valued on } \mathfrak{b}\},$$

the character e^α assumes real values[4] on B. Set

(27) $$B' = \{b \in B \mid e^\alpha(b) \neq 1 \text{ for all } \alpha \in \Phi_{B,\mathbb{R}}\};$$

then

(28) $$\Delta_B \cdot \Theta|_B \text{ is real-analytic on } B',$$

as follows from Harish-Chandra's proof of the regularity theorem for invariant eigendistributions [2].

Enumerate the connected components of B' as $B_1, B_2, \ldots, B_N$. For each j,

(29a) $$\Phi_{B,\mathbb{R},j} = \{\alpha \in \Phi_{B,\mathbb{R}} \mid e^\alpha > 0 \text{ on } B_j\}$$

is a sub-root system of $\Phi_{B,\mathbb{R}}$, and

(29b) $$\Phi^+_{B,\mathbb{R},j} = \{\alpha \in \Phi_{B,\mathbb{R},j} \mid e^\alpha > 1 \text{ on } B_j\}$$

a system of positive roots in $\Phi_{B,\mathbb{R},j}$. This system of positive roots corresponds to the Weyl chamber

(30) $$C_j = \{Y \in \mathcal{L}_- \mid \langle \alpha, Y \rangle > 0 \text{ for } \alpha \in \Phi^+_{B,\mathbb{R},j}\}$$

in $\mathcal{L}_-$. Let $b_o \in B_j$ be given. Then there exists a $Y_o \in C_j$, such that $e^\alpha(b_o) = e^\alpha(\exp Y_o)$, for all simple roots α in $\Phi^+_{B,\mathbb{R},j}$, and hence for every $\alpha \in \Phi_{B,\mathbb{R},j}$. Notice that

$$b_o \cdot \exp(C_j - Y_o) \subset B_j;$$

---

[4] this is not totally obvious, because B may have several connected components. If G happens to be linear, one can appeal to properties of algebraic groups, and the general case can be reduced to that of a linear group.

moreover, if $\alpha \in \Phi_{B,\mathbb{R},j}$, $e^{\alpha} \equiv 1$ on

(31) $$B_+^o = \exp \mathcal{L}_+ .$$

Conclusion:

(32) $$B_j = b_j \cdot \exp \mathcal{L}_+ \cdot \exp C_j ,$$

for some suitably chosen b_j in the closure of B_j, e.g. $b_j = b_o \cdot \exp(-Y_o)$.

According to Harish-Chandra [2], to every element w of

(33) $$W_{B,\mathbb{C}} = \text{Weyl group of } (\mathfrak{g}^{\mathbb{C}}, \mathcal{L}^{\mathbb{C}}) ,$$

one can attach a polynomial function p_w on $\mathcal{L}^{\mathbb{C}}$, such that

(34) $$\Delta_B \cdot \Theta|_{B_j}(b_j \cdot \exp(X+Y)) = \Sigma_{w \in W_{B,\mathbb{C}}} p_w(X+Y) e^{wc^*\lambda}(\exp(X+Y)) ,$$
$$\text{for } X \in \mathcal{L}_+, \ Y \in C_j ;$$

here λ, c, b_j have the same meaning as in (22), (24), and (32). The coefficient polynomials p_w are known to be constant if λ is nonsingular. Also, if λ is nonsingular, the linear functions $wc^*\lambda$, with w ranging over $W_{B,\mathbb{C}}$, are distinct, so that the p_w become uniquely determined in this case.

I now consider a family Ξ_λ of invariant eigendistributions, parametrized by the elements λ of Λ -- or, more generally, of a subset of Λ--, such that Ξ_λ has infinitesimal character χ_λ. The restriction of each Ξ_λ to B_j can be represented as in (34):

(35) $$\Delta_B \cdot \Xi_\lambda|_{B_j}(b_j \exp(X+Y)) = \Sigma_{w \in W_{B,\mathbb{C}}} p_{w,\lambda}(X+Y) e^{wc^*\lambda}(\exp(X+Y)) ,$$

for $X \in \mathcal{L}_+$, $Y \in C_j$. I shall say that the family Ξ_λ depends coherently on the parameter $\boldsymbol{\lambda}$, provided the following conditions are satisfied: whenever Ξ_λ and $\Xi_{\boldsymbol{\lambda}+\mu}$ are both defined, $\mu \in \Lambda$ being the weight of a finite-dimensional representation, the coefficient polynomials $p_{w,\boldsymbol{\lambda}}$ and $p_{w,\boldsymbol{\lambda}+\mu}$ in (35) are related by the formula

$$p_{w,\boldsymbol{\lambda}+\mu} = e^{wc^*\mu}(b_j)p_{w,\boldsymbol{\lambda}} \tag{36}$$

(note: because μ is the weight of a finite-dimensional representation, $wc^*\mu$ lifts to a character on B!); (36) is to hold for every Cartan subgroup $B \subset G$ and every connected component B_j of B'.

The preceding definition is motivated by, and essentially equivalent to, the following statement (cf. (2.9) of [6]): let Ξ_λ be a family of invariant eigendistributions, coherently parameterized by $\boldsymbol{\lambda} \in \Lambda$, and φ the character of a finite-dimensional representation σ of G; then

$$\varphi \cdot \Xi_{\boldsymbol{\lambda}} = \Sigma_\nu \Xi_{\boldsymbol{\lambda}+\nu}, \tag{37}$$

with ν ranging over the weights of σ, each counted with the appropriate multiplicity. Indeed, as ν runs over the weights of σ, relative to $\mathfrak{h}^{\mathbb{C}}$, $c^*\nu$ exhausts the set of weights of σ, relative to $\mathcal{L}^{\mathbb{C}}$. Moreover, the weights remain invariant under the action of the Weyl group. Hence, for each fixed $w \in W_{B,\mathbb{C}}$,

$$\varphi(b_j \exp(X+Y)) = \Sigma_\nu e^{wc^*\nu}(b_j \exp(X+Y)),$$

if $X \in \mathcal{L}_+$, $Y \in \mathcal{L}_-$. Combining this with (35-36), one obtains (37).

So far, the invariant eigendistributions $\Theta(\Psi,\boldsymbol{\lambda})$ have not really been defined rigorously, except of course when $\lambda \in \Lambda$ is nonsingular and Ψ-dominant. As is implicit in Harish-Chandra's construction of the discrete series characters

[3], the Θ_λ do depend coherently on λ, as long as λ is restricted to a particular Weyl chamber. Hence there exists at least a family of locally L^1 functions $\Theta(\Psi, \lambda)$, parameterized by the full lattice Λ, subject to the condition (2b), and satisfying (37), with $\Xi_\lambda = \Theta(\Psi, \lambda)$. Just as in the proof of Lemma 5.2 of [6] -- which is quite straightforward--, one shows that each $\Theta(\Psi,\lambda)$ must be a virtual character, corresponding to the infinitesimal character χ_λ, and therefore an invariant eigendistribution. The property (2a) follows directly from the definition.

In [11], various results about the discrete series were proven, under the assumption that G has a faithful finite-dimensional representation. Except for the proof of Theorem 1.4--which is now implied by the solution of Blattner's conjecture, in any event--, the linearity of G enters only as a convenience in the verification of Lemma 4.15 (Zuckerman's Lemma). Using the discussion above, in particular (37), one can carry out the proof of that lemma even if G fails to be a matrix group. Thus:

(38) Observation. Theorem 1.3 of [11], along with its corollaries, holds whether or not G is linear.

Back to the proof of the main theorem! Since G can be realized as a finite covering of a matrix group, the lattice

(39) $\Lambda_m = \{\lambda \in \Lambda \mid \lambda$ is a weight of a finite-dimensional representation$\}$

has finite index in Λ.

(40) Lemma. For each fixed Ψ and β, $\Theta_{\Psi,\beta,\lambda}$ depends coherently on λ.

(41) Corollary. To prove the main theorem, it suffices to verify the two character identities, with the parameter λ ranging only over a complete set of representatives of Λ/Λ_m, provided all of the representatives are nonsingular.

Proof of (40). Recall the definition of φ, which enters the construction of $\Theta_{\Psi, \beta, \lambda}$; φ depends, of course, on the choice of the parameter λ. In view of (2), applied to the group M^{o}_{β}, the restriction of φ to $M_{\beta} \cdot B_{\beta, -}$ depends coherently on λ. Hirai [8] and Wolf [13] have computed the formula for an induced invariant eigendistribution, restricted to any given Cartan subgroup, in terms of the inducing distribution. The general appearance of their formula clearly shows that because φ depends coherently on λ, so must $\Theta_{\Psi, \beta, \lambda}$.

Let σ_o be the finite-dimensional representation of G, which has highest weight ρ (= half sum of the positive roots, relative to an arbitrary ordering). I choose a K-invariant inner product on the representation space of σ_o, and define

(42) $$N(g) = \text{Hilbert-Schmidt norm of } \sigma_o(g) ,$$

for $g \in G$. Then $N \in C^{\infty}(G)$. If B is a Cartan subgroup as in (23-25), and if ρ_B denotes the half-sum of the positive roots in Φ_B, the weights of σ_o with respect to $\mathcal{L}^{\mathbb{C}}$ all lie in the convex body spanned by

(43) $$\{w\rho_B \mid w \in W_{B, \mathbb{C}}\} ,$$

which is precisely the set of extremal weights. The restriction of σ_o to B can be diagonalized; hence

(44) The restriction of N to B is bounded from above and below by positive multiples of the function $b \mapsto \max_{w \in W_{B, \mathbb{C}}} |e^{w\rho_B}(b)|$.

In particular, this implies

(45) $$\inf_{b \in B} N(b) > 0 ,$$

since the set (43) is closed under multiplication by -1.

Following Trombi-Varadarajan [12], I shall say that an invariant eigendistribution Θ is of type η, $\eta \in \mathbb{R}$, provided

(46) $$\sup_{b \in B'} |\Delta_B(b)\Theta(b)N(b)^{-\eta'}| < \infty ,$$

for every Cartan subgroup $B \subset G$, and every $\eta' > \eta$. Notice that if Θ is of type η, it is also of type η', whenever $\eta' > \eta$. In terms of the notion of type, Harish-Chandra's temperedness criterion (Theorem 7 of [4]) can be restated as follows:

(47) $$\Theta \text{ is of type } 0 \Longleftrightarrow \Theta \text{ is tempered.}$$

According to Harish-Chandra [3], a tempered invariant eigendistribution, whose infinitesimal character is of the form χ_λ, with $\lambda \in \Lambda$ nonsingular, has a nonzero restriction to the compact Cartan subgroup H, unless it vanishes identically. The next lemma is of a very similar nature:

(48) Lemma. Let $\eta > 0$ be given. There exists a positive constant $C = C(\eta)$, which makes the following statement true. Let $\beta \in \Phi$ be a root, and λ an element of Λ, such that

$$|(\lambda, \alpha)| > C(\eta) \text{ if } \alpha \in \Phi, \ \alpha \neq \pm \beta,$$

$$\text{and } (\lambda, \beta) \neq 0 ;$$

suppose Θ is an invariant eigendistribution of type η, with infinitesimal character χ_λ, such that Θ restricts to zero on every Cartan subgroup B which has a noncompact part B_- of dimension at most one; then Θ vanishes.

Proof. I assume that an invariant eigendistribution Θ is given, of type η, not identically zero, with infinitesimal character χ_λ, $\lambda \in \Lambda$. Furthermore, Θ is to vanish on any Cartan subgroup having a split part of dimension zero or one. It must be shown that the conditions on λ become impossible, for a suitable choice of $C(\eta)$. One can pick a Cartan subgroup $B \subset G$, such that $\Theta|_B \not\equiv 0$, and such that

(49a) $\dim B_-$ is minimal, among all Cartan subgroups on which Θ does not vanish.

Let B_j be a connected component of B', with

$$\Theta|_{B_j} \not\equiv 0 . \tag{49b}$$

I represent the restriction of Θ to B_j as in (34). Then

$$p_w \text{ is constant, for every } w \in W_{B,\mathbb{C}} , \tag{50}$$

since λ is known to be nonsingular. In particular, the estimate (46) holds even with η in place of η'. The functions $e^{wc^*\lambda}$, $w \in W_{B,\mathbb{C}}$, are linearly independent. Hence, in the expression (34), each of the exponential terms must satisfy the estimate (46) individually, i.e.

$$\begin{aligned} &p_w \neq 0, \quad X \in C_j \Rightarrow \\ &\mathrm{Re}\langle wc^*\lambda, X\rangle \leq \eta \max_{v \in W_{B,\mathbb{C}}} \mathrm{Re}\langle v\rho_B, X\rangle ; \end{aligned} \tag{51}$$

cf. (44).

For any Cartan subgroup B_1, which can be obtained from B by performing a Cayley transform with respect to a single real root[5], the restrictions of Θ to B and B_1 are related by the "matching conditions" of Harish-Chandra [2]. These conditions were put into a particularly convenient form by Hirai [9].

---

[5] This process cuts down the dimension of the noncompact part by one.

Because of (49a), Θ vanishes on any such B_1. In this special situation, because of (50), the matching conditions reduce to: $p_{sw} = p_w$, whenever $s \in W_{B,\mathbb{C}}$ is the reflection about a root which is simple with respect to $\Phi^+_{B,\mathbb{R},j}$; consequently,

(52) $p_{sw} = p_w$, for every s lying in the Weyl group of the root system $\Phi_{B,\mathbb{R},j}$.

The translates of the Weyl chamber C_j under the Weyl group of $\Phi_{B,\mathbb{R},j}$ cover a dense open subset of $\mathcal{L}_-$. Hence (52) implies the inequality (51) for every $X \in \mathcal{L}_-$. Notice also that there exists at least one nonzero coefficient p_w. Conclusion: one can choose a positive constant ξ, depending only on η and B_j, such that

$$X \in \mathcal{L}_- \Rightarrow \operatorname{Re}\langle wc^*\lambda, X\rangle \leq \xi \|X\| , \tag{53}$$

for some fixed $w \in W_{B,\mathbb{C}}$; here $\| \;\|$ denotes the linear norm induced by the Killing form.

All roots of $(\mathfrak{g}^{\mathbb{C}}, \mathcal{L}^{\mathbb{C}})$ take real values on $\mathcal{L}_-$. The automorphism c therefore carries the real subspaces $w^{-1}\mathcal{L}_- \subset \mathcal{L}^{\mathbb{C}}$, with $w \in W_{B,\mathbb{C}}$, into the real form $i\mathfrak{h}$ of $\mathfrak{h}^{\mathbb{C}}$, on which λ is real-valued. Hence (53) translates to:

(54) the linear functional λ, restricted to $cw^{-1}\mathcal{L}_- \subset i\mathfrak{h}$, has norm at most ξ.

For $\alpha \in \Phi$, let H_α be the unique element of $i\mathfrak{h}$, such that

$$\langle \mu, H_\alpha \rangle = 2\,\frac{(\alpha,\mu)}{(\alpha,\alpha)}, \quad \text{for all } \mu \in i\mathfrak{h}^*.$$

Up to conjugation, every Cartan subalgebra of $\mathfrak{g}$ can be derived from $\mathfrak{h}$ by a succession of Cayley transforms, corresponding to a set of pairwise orthogonal roots in Φ; the noncompact part of the resulting Cartan subalgebra then becomes the image, under the composite Cayley transform, of the linear span of the H_α, indexed by the roots α in the orthogonal set. Without loss of generality, I may assume that c^{-1} is such a composite Cayley transform. Consequently, the subspace $c\mathcal{L}_- \subset i\mathfrak{b}$ -- and therefore, more generally, also $cw^{-1}\mathcal{L}_-$, with $w \in W_{B,\mathbb{C}}$ -- has an orthogonal basis consisting of vectors of the form H_α, $\alpha \in \Phi$. Since $\dim \mathcal{L}_- \geq 2$, in view of (54), this implies the existence of at least two linearly independent root $\alpha \in \Phi$, for which $|\langle \lambda, H_\alpha \rangle| \leq \xi \| H_\alpha \|$, or equivalently, $|(\alpha,\lambda)| \leq 2\xi(\alpha,\alpha)^{-\frac{1}{2}}$. But this makes it impossible to choose the constant $C(\eta)$ in the statement of the lemma arbitrarily large. The proof of the lemma is now complete.

(55) Lemma. There exists a constant $\delta > 0$, depending only on G, with the following property: the invariant eigendistribution $\Theta(\Psi, \lambda)$ is of type η, $\eta > 0$, provided $2\frac{(\lambda,\alpha)}{(\alpha,\alpha)} \geq -\delta\eta$, for every root α which is simple with respect to Ψ.

Proof. I consider a particular Cartan subgroup B, and a particular connected component B_j of B'. on B_j, one can represent $\Theta(\Psi,\lambda)$ as in (35). Since $\Theta(\Psi, \lambda)$ depends coherently on the parameter λ, the coefficients $p_{w,\lambda}$ satisfy the relationship (36), for every $\mu \in \Lambda_m$; cf. (39). Also, (50) applies in the present situation. Let $\alpha_1, \ldots, \alpha_r$ denote the simple roots, relative to the system of positive roots Ψ, and $\lambda_1, \ldots, \lambda_r$ the corresponding fundamental highest weights. Every $\lambda \in \Lambda$ can then be expressed as

(56)
$$\lambda = \Sigma_i \, 2 \frac{(\lambda, \alpha_i)}{(\alpha_i, \alpha_i)} \lambda_i \, .$$

Recall that $\Theta(\Psi,\lambda)$ is tempered, i.e. of type 0, whenever $(\lambda, \alpha_i) > 0$, $1 \leq i \leq r$. Keeping in mind (36), one may conclude:

(57)
$$p_{w,\lambda} \neq 0 \Rightarrow wc^*\lambda_i \text{ assumes nonpositive values on } C_j,$$

for $1 \leq i \leq r$.

The real parts of the linear functionals in the set (43), restricted to $\mathcal{L}_-$, span the dual space $\mathcal{L}_-^*$. Moreover, the set (43) is closed under multiplication by -1. Hence

$$X \mapsto \max_{v \in W_{B,\mathbb{C}}} \operatorname{Re}\langle v\rho_B, X\rangle \tag{58}$$
defines a linear norm on $\mathcal{L}_-$.

Combining (56-58), one finds that there exists a constant $T > 0$, independent of λ, such that

$$p_{w,\lambda} \neq 0, \quad X \in C_j \Rightarrow$$
$$\operatorname{Re}\langle wc^*\lambda, X\rangle \leq T \max\left\{-2\frac{(\lambda, \alpha_i)}{(\alpha_i, \alpha_i)}, 0\right\} \max_{v \in W_{B,\mathbb{C}}} \operatorname{Re}\langle v\rho_B, X\rangle . \tag{59}$$

If $2\frac{(\lambda, \alpha_i)}{(\alpha_i, \alpha_i)} \geq -T^{-1}\eta$, $1 \leq i \leq r$, this implies the estimate (46) for $\Theta(\Psi,\lambda)$, at least on B_j, whenever $\eta' \geq \eta$. Since G contains only finitely many conjugacy classes of Cartan subgroups, the constant T of (59) can be chosen simultaneously, for every possible B and B_j. The lemma follows, with $\delta = T^{-1}$.

For the statement of the next lemma, I keep fixed a system of positive roots Ψ in Φ, and a noncompact root $\beta \in \Phi$.

(60) <u>Lemma</u>. There exists a constant $\delta > 0$, such that $\Theta_{\Psi,\beta,\lambda}$ is of type η, $\eta > 0$, whenever $(\lambda, \alpha) > 0$ for all $\alpha \in \Psi$, $\alpha \perp \beta$, and $\left|2\frac{(\lambda, \beta)}{(\beta, \beta)}\right| \leq \delta\eta$.

<u>Proof</u>. According to the formula of Hirai and Wolf [8, 13], $\Theta_{\Psi\beta,\lambda}$ vanishes on every Cartan subgroup which does not have a conjugate inside $M_\beta \cdot B_{\beta,-}$. Now suppose that B is a Cartan subgroup of G, as in (23), with $B \subset M_\beta \cdot B_{\beta,-}$, or equivalently

(61) $$\mathcal{L}_{ß,-} \subset \mathcal{L}_{-}$$

(recall (7)!). The function Δ_B of (25) can be factored as $\Delta_B = \Delta'_B \cdot \Delta''_B$, where

(62)
$$\Delta'_B = \Pi_{\alpha \in \Phi_B, <\alpha, \mathcal{L}_{ß,-}> = 0, \alpha > 0} (e^{\alpha/2} - e^{-\alpha/2}),$$
$$\Delta''_B = \Pi_{\alpha \in \Phi_B, <\alpha, \mathcal{L}_{ß,-}> \neq 0, \alpha > 0} (e^{\alpha/2} - e^{-\alpha/2}).$$

Then Δ'_B plays the role of Δ_B, with respect to the group $M_ß$ and its Cartan subgroup $B \cap M_ß$. Because of the hypotheses on λ, the invariant eigendistribution φ_o on $M^o_ß$, which enters the construction of $\Theta_{\Psi, ß, \lambda}$, is a discrete series character of $M^o_ß$. Consequently, $\Delta'_B \cdot \varphi_o$ remains bounded on $M^o_ß \cap B$. By trivial extension on $M_ß$, the character e^ν of $B_{ß,-}$, which appears in (20), may be viewed as a character of $M_ß \cdot B_{ß,-}$. Taking into account the definition of φ, one now finds that, on B, $\Delta'_B \cdot \varphi$ is bounded by a constant multiple of e^ν. Thanks to the explicit formula[6] of Wolf and Hirai, this implies: for $b \in B$,

(63) $$|\Delta_B(b)\Theta_{\Psi, ß, \lambda}(b)| \leq A \max_{u \in W(G, B)} e^\nu(ub);$$

here A is a suitably chosen positive constant, and $W(G, B)$ = Weyl group of B in G. Since ν depends linearly on $(\lambda, ß)$, and because of (58), the right hand side of (63) can be bounded by a multiple of $N(b)^\eta$, with η proportional to

[6] Both statement and proof of Theorem 4.3.8 of [13] overlook the possibility that several nonconjugate Cartan subgroups of $M_ß \cdot B_{ß,-}$ may be G-conjugate to B. To rectify matters, the contributions from the various $M_ß \cdot B_{ß,-}$ - conjugacy classes, as given in the formula, must be carried over to B by an inner automorphism of G and added up.

$|2\frac{(\lambda, \beta)}{(\beta, \beta)}|$. This proves the lemma.

(64) Lemma. The two character identities of the main theorem hold on the compact Cartan subgroup H.

Proof. Harish-Chandra's character formula (1) is equivalent to

$$\Theta(\Psi, \lambda)|_H = (-1)^q \frac{\Sigma_{w\in W}\, \varepsilon(w) e^{w\lambda}}{\Pi_{\alpha\in\Psi}(e^{\alpha/2} - e^{-\alpha/2})} \,. \tag{65}$$

Since $M_\beta \cdot B_{\beta,-}$ contains no conjugate of H, the induced invariant eigen-distribution $\Theta_{\Psi,\beta,\lambda}$ vanishes on H. Thus (65) implies the lemma.

The principal remaining problem is to verify the two identities on every Cartan subgroup with one-dimensional split part. For this purpose, it is necessary to recall certain facts about such Cartan subgroups. Details can be found, for example, in § 2 of [10].

To begin with, every Cartan subgroup with one-dimensional noncompact part is conjugate to one of the form B_γ, $\gamma \in \Phi^n$, as in (5). Also, for γ, $\delta \in \Phi^n$,

(66) B_γ and B_δ are conjugate if and only if $\gamma = \pm w\delta$, for some $w \in W$.

For the subsequent discussion, I keep fixed a noncompact root $\gamma \in \Phi$. Under the Cayley transform c_γ, it corresponds to a root $\tilde{\gamma}$ of $(\mathfrak{g}^{\mathbb{C}}, \mathfrak{b}_\gamma^{\mathbb{C}})$, which assumes purely real values on $\mathfrak{b}_\gamma$. Suppose temporarily that G is a matrix group. Then, if $X_o \in i\mathfrak{b}_{\gamma,-}$ is chosen such that $\langle \tilde{\gamma}, X_o \rangle = 2\pi i$, exp X_o and $B^o_{\gamma,+}$ together generate $B_{\gamma,+}$. Of course, any X_o in $i\mathfrak{b}_{\gamma,\mathbb{R}}$, with

$$\mathfrak{b}_{\gamma,\mathbb{R}} = i\mathfrak{b}_{\gamma,+} \oplus \mathfrak{b}_{\gamma,-}\,, \tag{67}$$

subject to the same condition, would have done just as well. Since all roots assume real values on $\mathcal{L}_{\gamma,\mathbb{R}}$, one can pick such an X_o which satisfies in addition $\langle \alpha, X_o \rangle \in 2\pi i\mathbb{Z}$, for all roots α of $(\mathfrak{g}^{\mathbb{C}}, \mathcal{L}_{\gamma}^{\mathbb{C}})$. But then $\exp X_o \in Z_G$ = center of G. Conclusion:

(68) $$B_{\gamma} = Z_G \cdot B_{\gamma}^{o}.$$

This statement, once it has been verified for every linear group G, must also hold in the nonlinear case.

Harish-Chandra's character formula (1) allows one to read off the central character of the discrete series representation corresponding to Θ_{λ}; it is

(69) $$z \mapsto e^{\lambda-\rho}(z), \quad z \in Z_G$$

(note: $Z_G \subset H$!). Because of (2a), the same formula describes the central character of $\Theta(\Psi, \lambda)$. Using this description within the group M_{β}^{o}, one finds that also φ, and hence $\Theta_{\Psi,\beta,\lambda}$, transform under Z_G according to the character (69). In view of (68), this implies

(70) to verify the two identities on B_{γ}, it suffices to check them on the identity component B_{γ}^{o}.

Recall the definition of B'_{γ} in (27). Set

(71) $$B_{\gamma}^{-} = B_{\gamma,+}^{o} \cdot \exp\{X \in \mathcal{L}_{\gamma,-} \mid \langle \bar{\gamma}, X \rangle < 0\}.$$

Then B_{γ}^{-} and its translate under the action of the Weyl group of B_{γ} in G cover $B'_{\gamma} \cap B_{\gamma}^{o}$. The dual of the linear transformation c_{γ}^{-1} identifies the dual space of $\mathfrak{h}^{\mathbb{C}}$ with that of $\mathcal{L}_{\gamma}^{\mathbb{C}}$. For ease of notation, I shall refer to it simply as c_{γ}, rather than c_γ^{*-1}. Then, according to Harish-Chandra [5],

$$\Theta(\Psi,\lambda)|_{B_\gamma^-} = (-1)^q \{\Pi_{\alpha\in\Psi}(e^{c_\gamma \alpha/2} - e^{-c_\gamma \alpha/2})\}^{-1} \times \tag{72}$$

$$\{\Sigma_{w\in W,\, w^{-1}\gamma\in\Psi} \varepsilon(w) e^{c_\gamma w\lambda} - \Sigma_{w\in W,\, w^{-1}\gamma\notin\Psi} \varepsilon(w) e^{c_\gamma s_\gamma w\lambda}\} ;$$

here s_γ denotes the reflection about γ. Indeed, (72) follows from the formula (1), Harish-Chandra's "matching conditions" between H and B_γ, and the temperedness of the Θ_λ. Implicitly, (72) describes $\Theta(\Psi,\lambda)$ on B_γ^o, and hence on all of B_γ.

Let α, β, Ψ have the same meaning as in the statement of the main theorem. Since α is compact, it cannot be W-conjugate to $\pm\gamma$. Hence, for $w \in W$, $w^{-1}\gamma$ lies in Ψ if and only if it lies in $s_\alpha\Psi$. The formula (72) now leads to the identity (a) on B_γ. Any Cartan subgroup of $M_\beta \cdot B_{\beta,-}$ intersects M_β^o in a Cartan subgroup of M_β^o. On the other hand, M_β^o has only one conjugacy class of compact Cartan subgroups. Accordingly, if B_γ fails to be conjugate to B_β, it cannot be conjugated into $M_\beta \cdot B_{\beta,-}$. In this situation, $\Theta_{\Psi,\beta,\lambda}$ must vanish on B_γ; moreover, because of (66), $w^{-1}\gamma \neq \pm\beta$, for all $w \in W$. Arguing as above, one deduces the identity (b), restricted to B_γ. This proves:

(73) Lemma. The identity (a) holds on every Cartan subgroup with one-dimensional split part. Similarly, the identity (b) is valid on any such Cartan subgroup, at least if it is not conjugate to B_β.

As in the statement of the main theorem, β shall denote a noncompact root, which is simple with respect to Ψ. Except for the argument which preceeds (73), the discussion and notation concerning B_γ then applies, with β taking the place of γ. For any $\alpha \in \Phi$, define $\mathrm{sgn}_\Psi \alpha = +1$ if $\alpha \in \Psi$, and $\mathrm{sign}_\Psi \alpha = -1$ otherwise. The formula (72) now leads to:

$$(74)\qquad \begin{aligned}(\Theta(\Psi,\lambda)+\Theta(s_\beta\Psi,\lambda))\big|_{B_\beta^-} &= (-1)^q\{\Pi_{\alpha\in\Psi}(e^{c_\beta\alpha/2}-e^{-c_\beta\alpha/2})\}^{-1}\times\\ &\Sigma_{w\in W,\, w\beta=\pm\beta}\,\varepsilon(w)\,\mathrm{sgn}_\Psi w\beta\,[e^{c_\beta w\lambda}+e^{c_\beta s_\beta w\lambda}]\ .\end{aligned}$$

Set

$$(75)\qquad \begin{aligned} W_\beta &= \text{Weyl group of } B_\beta \text{ in } G\,,\\ W_\beta^o &= \text{Weyl group of } B_\beta^o \text{ in } M_\beta^o\cdot B_{\beta,-}\ .\end{aligned}$$

The Cayley transform c_β carries W_β and W_β^o onto subgroups of the Weyl group of $(\mathfrak{g}^{\mathbb{C}}, \mathfrak{h}^{\mathbb{C}})$, which also contains W. It can be shown that

$$(76)\qquad c_\beta^{-1}W_\beta c_\beta = \{w\in W\,|\,w\beta=\pm\beta\}\cup\{s_\beta w\,|\,w\in W,\ w\beta=\pm\beta\}\,;$$

see, for example, §2 of [10]. The union in (76) is disjoint, because otherwise s_β would lie in W. But this cannot happen: the hyperplane $\beta^\perp$ in $i\mathfrak{h}^*$ consists of points which are generically nonsingular with respect to Φ^c. If $w\in W$ corresponds to $\tilde{w}\in W_\beta$ under c_β -- which implies $w\beta=\pm\beta$ --, the sign of the inner product $(\tilde{w}\tilde{\beta},\tilde{\beta})$ agrees with $\mathrm{sgn}_\Psi w\beta$. Thus (74) becomes equivalent to

$$(77)\qquad \begin{aligned}(\Theta(\Psi,\lambda)+\Theta(s_\beta\Psi,\lambda))\big|_{B_\beta^-} &= (-1)^q\{\Pi_{\alpha\in\Psi}(e^{c_\beta\alpha/2}-e^{-c_\beta\alpha/2})\}^{-1}\times\\ &\Sigma_{w\in W_\beta}\,\varepsilon(w)\,\mathrm{sgn}(w\tilde{\beta},\tilde{\beta})e^{wc_\beta\lambda}\ .\end{aligned}$$

It must still be shown that the same formula describes also $\Theta_{\Psi,\beta,\lambda}$, restricted to B_β^-.

Since M_β^o has only one conjugacy class of compact Cartan subgroups, any Cartan subgroup of $M_\beta\cdot B_{\beta,-}$ which is G-conjugate to B_β must also be conjugate to B_β under $M_\beta\cdot B_{\beta,-}$. Hence, when one applies Theorem 4.3.8 of

[13] to $\Theta_{\Psi, \beta, \lambda}$ on B^o_β, the footnote to the discussion above (63) becomes immaterial. To simplify the notation, I shall refer to the function Δ_B of (25), with $B = B_\beta$, simply as Δ. Choosing the ordering in the definition of Δ appropriately, one finds

$$\Delta = \Delta'\Delta'', \quad \text{where}$$

(78)
$$\Delta' = \Pi_{\alpha\in\Psi, (\alpha, \beta)=0} (e^{c_\beta \alpha/2} - e^{-c_\beta \alpha/2}),$$

$$\Delta'' = \Pi_{\alpha\in\Psi, (\alpha, \beta)\neq 0} (e^{c_\beta \alpha/2} - e^{-c_\beta \alpha/2}).$$

The orbit of the normalizer of B_β in $M_\beta \cdot B_{\beta,-}$ through any regular point of B^o_β can be put into one-to-one correspondence with the Weyl group of B_β in $M_\beta \cdot B_{\beta,-}$, i.e. with

(79)
$$\{w \in W_\beta \mid w\tilde{\beta} = \tilde{\beta}\}.$$

Let N denote the cardinality of this group. Then, according to Wolf [13] and Hirai [8],

(80)
$$\Theta_{\Psi, \beta, \lambda}(b) = \frac{1}{|\Delta''(b)|} N^{-1} \Sigma_{w\in W_\beta} \varphi(wb),$$

for any $b \in B^o_\beta \cap B'_\beta$.

Recall the definition of φ in terms of φ_o. The identity (80) involves only values of φ on B^o_β, which lies inside M^o_β. Hence the passage from φ_o to φ_1 does not reflect itself in the explicit formula. Modulo M^o_β, every $m \in M_\beta$ can be made to normalize B_β. It then acts on B_β as an element of the group (79). Since the right hand side of (80) is already W_β- invariant, one may replace φ by the function ψ, which is defined by

(81)
$$\psi(mb) = \varphi_o(m)e^\nu(b), \quad \text{if } m \in M^o_\beta,\ b \in B_{\beta,-},$$

provided one multiplies the sum by the order of $M_ß/M_ß^\dagger$. As was just mentioned, every coset in $M_ß/M_ß^o$ contains a member m which represents an element of the group (79). In this situation, m acts on $B_ß$ as an element of $W_ß^o$ precisely when $m \in M_ß^\dagger$, as follows from (10). Conversely, every w in the group (79) can be represented by some $m \in M_ß$. Thus $M_ß/M_ß^\dagger$ becomes isomorphic to the quotient of the group (79) by $W_ß^o$, so that

$$N = \# M_ß/M_ß^\dagger \cdot \# W_ß^o .$$

All this implies

$$\Theta_{\Psi, ß, \lambda}(b) = \frac{1}{|\Delta''(b)|} \sum_{w \in W_ß^o \backslash W_ß} \psi(wb) , \tag{82}$$

for $b \in B_ß^o \cap B_ß'$.

One can use the formula (1) within the group $M_ß^o$ to compute ψ on $B_ß^o$: if q' denotes one-half of the dimension of the symmetric space attached to $M_ß^o$, and if $b \in B_ß^o \cap B_ß'$,

$$\begin{aligned} \psi(b) &= (-1)^{q'} (\Delta'(b))^{-1} \sum_{w \in W_ß^o} \varepsilon(w) e^{wc_ß\lambda}(b) \\ &= (-1)^{q'} \sum_{w \in W_ß^o} (\Delta'(wb))^{-1} e^{wc_ß\lambda}(b) . \end{aligned} \tag{83}$$

In the factorization (78) of Δ'', all roots with the exception of ß occur in pairs: since ß happens to be simple, if $\alpha \in \Psi$ satisfies $(\alpha, ß) \neq 0$, $\alpha \neq ß$, the root $s_ß\alpha$ also lies in Ψ and is distinct from ß. Under the Cayley transform $c_ß$, α and $-s_ß\alpha$ then correspond to complex conjugate roots of $(\mathfrak{g}^{\mathbb{C}}, \mathfrak{b}_ß^{\mathbb{C}})$. Notice that $e^{\tilde{ß}} = e^{c_ßß}$ assumes real values, less than one, on $B_ß^-$. Hence

$$|\Delta''|\Big|_{B_\beta^-} = (-1)^{t+1}\Delta'', \quad \text{where}$$

(84)

$$t = \frac{1}{2}\cdot \# \{\alpha \in \Psi | (\alpha, \beta) \neq 0, \ \alpha \neq \beta\} .$$

The action of W_β preserves Δ'' up to sign, and therefore leaves invariant $|\Delta''|$. Any $w \in W_\beta$ maps B_β^- either to itself, or to the other connected component of $B_\beta^o \cap B_\beta^-$, depending on the sign of $(w\tilde{\beta}, \tilde{\beta})$. On the other connected component, (84) is off by a factor of -1, so that

$$(85) \qquad |\Delta''(b)| = |\Delta''(wb)| = (-1)^{t+1}\operatorname{sgn}(w\tilde{\beta}, \tilde{\beta})\Delta''(wb),$$

whenever $w \in W_\beta$, $b \in B_\beta^-$. Combining (82-83) and (85), one finds

$$(86) \qquad \Theta_{\Psi,\beta,\lambda}\Big|_{B_\beta^-} = (-1)^{q'+t+1}(\Delta'')^{-1}\,\Sigma_{w\in W_\beta}\,\varepsilon(w)\operatorname{sgn}(w\tilde{\beta}, \tilde{\beta})e^{wc_\beta\lambda}$$

The dimension of the symmetric space G/K equals the number of noncompact roots; equivalently,

$$(87) \qquad q = \#\, \Phi^n \cap \Psi.$$

Recall that the root system of $(\mathfrak{m}_\beta^{\mathbb{C}}, \mathfrak{b}_\beta^{\mathbb{C}})$ was identified with Φ_β, as defined in (12). Thus, for each $\alpha \in \Phi_\beta$, one has two notions of compactness and noncompactness, namely with respect to either G or M_β^o. The two coincide if α and β are strongly orthogonal[7], and otherwise disagree; see, for example, §2 of [10]. In analogy to (87), this gives

$$q' = \#\{\alpha \in \Phi_\beta \cap \Psi \cap \Phi^n | \alpha \pm \beta \notin \Phi\}$$

(88)

$$+ \#\{\alpha \in \Phi_\beta \cap \Psi \cap \Phi^c | \alpha \pm \beta \in \Phi\} .$$

By a β-ladder, I shall mean a maximal string of roots of the form $\alpha + \ell\beta$,

---

[7] i.e. if $\alpha \pm \beta \notin \Phi$.

$\ell \in \mathbb{Z}$. The set $\Psi - \{\beta\}$ is then the disjoint union of the β-ladders contained in it. The roots in each β-ladder alternate between being compact and noncompact. Using this fact, one finds that every β-ladder contributes equally, modulo 2, to q and to $q' + t$. On the other hand, β itself contributes once to q, and not at all to $q' + t$. Thus

(89) $$q \equiv q' + t + 1 \quad \text{modulo } 2 .$$

At this point, (77) and (88) prove the identity (b), restricted to B_β^-, and hence on all of B_β:

(90) Lemma. The character identity (b) holds on B_β.

The proof of the main theorem is now an easy matter. According to Wolf and Hisai [8, 13], $\Theta_{\Psi, \beta, \lambda}$ has infinitesimal character χ_λ, which is also the infinitesimal character of $\Theta(\Psi,\lambda)$ and $\Theta(s_\beta\Psi,\lambda)$. Thus

(91) $$\Xi_\lambda = \Theta(\Psi,\lambda) + \Theta(s_\beta\Psi,\lambda) - \Theta_{\Psi, \beta, \lambda}$$

defines an invariant eigendistribution, with infinitesimal character χ_λ. In view of (64), (73), (90), Ξ_λ vanishes on any Cartan subgroup, whose split past has dimension zero or one. Let δ denote the smaller of the constants appearing in (55) and (60), and set $C = C(\eta)$, with $\eta = \delta^{-1}$, as in (48). The three summands in (91) are then of type δ^{-1}, provided

(92) $$0 < 2\frac{(\lambda, \beta)}{(\beta, \beta)} \leq 1, \quad \text{and} \quad 2\frac{(\lambda, \alpha)}{(\alpha, \alpha)} > C$$
$$\text{if } \alpha \in \Psi - \{\beta\} .$$

Hence (48) forces Ξ_λ to vanish globally. Modulo Λ_m, every $\lambda \in \Lambda$ is congruent to one which satisfies (92). Thus one may deduce the identity (b), for all possible values of λ, from (41). The identity (a) can be proven in the same manner.

I shall conclude with a few remarks about the proof of Blattner's conjecture in the case of nonlinear groups. Besides the two character identities, the arguments of [6] depend on a very weak version of the conjecture, for discrete series representations with a highly nonsingular infinitesimal character, which is stated as Lemma 5.1 in [6], and on Lemma 7.9 of [10]; the latter asserts, in effect, the compatibility of Blattner's conjecture with the identity (b). Lemma 5.1 of [6] amounts to a specialization of the results of [11], and does not involve the linearity of G in any way. In fact, when the proofs of [11] are carried out in the case of a very nonsingular infinitesimal character, they simplify greatly: the spectral sequence argument toward Lemma 3.8, which is really at the heart of [11], turns into a straightforward exact sequence argument, and most of §4 becomes irrelevant. As for the proof of Lemma 7.9 of [10]--whose treatment in [10] is self-contained--, only minor modifications are necessary when G fails to be a matrix group: In view of (68), the two-element group F_{β} should be replaced by Z_G. Also, one should keep in mind that the central character

$$z \mapsto e^{\lambda-\rho+A+q\beta}(z), \qquad z \in Z_G \subset H,$$

where A denotes a sum of roots and q a rational number, coincides with the central character of $\Theta_{\Psi,\beta,\lambda}$ if and only if q is an integer.

References

[1] Harish-Chandra: Representations of semisimple Lie groups II. Trans. Amer. Math. Soc. 76(1954), 26-65.

[2] Harish-Chandra: Invariant eigendistributions on a semisimple Lie group. Trans. Amer. Math. Soc. 119(1965), 457-508.

[3] Harish-Chandra: Discrete series for semisimple Lie groups I. Acta Math. 113(1965), 241-318.

[4] Harish-Chandra: Discrete series for semisimple Lie groups II. Acta Math. 116(1966), 1-111.

[5] Harish-Chandra: Two theorems on semisimple Lie groups. Ann. of Math. 83(1966), 74-128.

[6] Hecht, H., Schmid, W.: A proof of Blattner's conjecture, Inventiones Math. 31(1975), 129-154.

[7] Hecht, H., Schmid, W. On integrable representations of a semisimple Lie group. Math. Annalen 220(1976), 147-150.

[8] Hirai, T.: The characters of some induced representations of semisimple Lie groups. J. Math. Kyoto University 8(1968), 313-363.

[9] Hirai, T.: Explicit form of the characters of discrete series representations of semisimple Lie groups. Proceedings of Symposia in Pure Mathematics XXVI, 281-287. Amer. Math. Soc., Providence: 1973.

[10] Schmid, W.: On the characters of the discrete series (the Hermitian symmetric case). Inventiones Math. 30(1975), 47-144.

[11] Schmid, W.: Some properties of square-integrable representations of semisimple Lie groups. Ann. of Math. 102(1975), 535-564.

[13] Wolf, J. A.: Unitary representations on partially holomorphic cohomology spaces. Amer. Math. Soc. Memoir 138(1974).

Institute for Advanced Study,
and Columbia University

SPHERICAL FUNCTIONS IN $Spin_o(1,d)/Spin(d-1)$ FOR d = 2,4 AND 8.

Reiji TAKAHASHI

§0. Introduction. Let $\mathbb{F}$ be one of the (alternative) fields $\mathbb{R}$, $\mathbb{C}$, $\mathbb{H}$ or $\mathbb{O}$ (respectively the real numbers, the complex numbers, the Hamiltonian quaternions or the octonions (Cayley numbers)). Consider the "hyperboloid" $H^{1,1}(\mathbb{F}) = \{ (u,v) \mid u,v \in \mathbb{F},\ |u|^2 - |v|^2 = 1 \}$. In the three classical cases, the groups O(1,1), U(1,1) and Sp(1,1) operate transitively on these hyperboloids respectively and the harmonic analysis on these spaces can be given in terms of the spherical functions of the corresponding group with respect to the isotropy subgroup of, say the point (1,0) (see [3,4]).

In the exceptional case $\mathbb{F} = \mathbb{O}$, there is no directly analogous description of a transitive group on $H^{1,1}(\mathbb{O})$, because $\mathbb{O}$ is not associative. The purpose of this note is to show that, also in this case, there is a transitive group H (isomorphic to $Spin_o(1,8)$) acting on $H^{1,1}(\mathbb{O})$, the isotropy subgroup M_1 of (1,0) being isomorphic Spin(7); Spin(7) is not maximal compact in $Spin_o(1,8)$, but (H, M_1) is a Gelfand pair and the harmonic analysis on $H^{1,1}(\mathbb{O})$ is described in terms of the corresponding spherical functions. Since in the classical cases we have $SO(1,1) \approx Spin_o(1,1)$, $SU(1,1) \approx Spin_o(1,2)$ and $Sp(1,1) \approx Spin_o(1,4)$, we get a perfect analogy.

§1. $H^{1,1}(\mathbb{O})$ as a homogeneous space. Let $\mathbb{O}$ be the alternative field of octonions, with basis $e_0 = 1, e_1, \ldots, e_7$ satisfying $e_i^2 = -1$ for $1 \leq i \leq 7$ and $e_1e_2 = e_3$, $e_1e_4 = e_5$, $e_1e_6 = e_7$, $e_2e_4 = e_7$, $e_3e_4 = e_6$, $e_2e_5 = e_6$ and $e_3e_5 = -e_7$. We put $(u|v) = Re(u\bar{v}) = Re(\bar{u}v)$, where $\bar{u}$ is the usual conjugate (see for the detail, for example [5]). Let $\mathbb{O}\otimes\mathbb{C}$ be the complexification of $\mathbb{O}$ where the conjugation is extended by $\overline{(u\otimes\alpha)} = \bar{u}\otimes\alpha$ for $u \in \mathbb{O}$, $\alpha \in \mathbb{C}$. We identify $u\otimes 1$ with u. Remark that $(u\otimes\alpha | v\otimes\beta) = \alpha\beta(u|v)$.

Let $\underline{J}^{\mathbb{C}}$ be the complex Jordan algebra of 3×3 hermitean matrices

$$\begin{pmatrix} \xi_1 & u_3 & \bar{u}_2 \\ \bar{u}_3 & \xi_2 & u_1 \\ u_2 & \bar{u}_1 & \xi_3 \end{pmatrix}, \quad \xi_1, \xi_2, \xi_3 \in \mathbb{C},\ u_1, u_2, u_3 \in \mathbb{O}\otimes\mathbb{C},$$

the multiplication $X\circ Y$ being defined by $X\circ Y = \frac{1}{2}(XY + YX)$. Denote by $\underline{J}$ the real Jordan subalgebra of $\underline{J}^{\mathbb{C}}$ consisting of those X's with $\xi_i \in \mathbb{R}$ and $u_i \in \mathbb{O}$ for i=1,2,3. Denote furthermore by $\underline{J}_{1,2}$ the real subalgebra of $\underline{J}^{\mathbb{C}}$ with matrices X of the form

$$\begin{pmatrix} \xi_1 & u_3\otimes(-1)^{\frac{1}{2}} & \bar{u}_2\otimes(-1)^{\frac{1}{2}} \\ \bar{u}_3\otimes(-1)^{\frac{1}{2}} & \xi_2 & u_1 \\ u_2\otimes(-1)^{\frac{1}{2}} & \bar{u}_1 & \xi_3 \end{pmatrix},$$

with $\xi_1, \xi_2, \xi_3 \in \mathbb{R}$ and $u_1, u_2, u_3 \in \mathbb{O}$; we denote this matrix by $X(\xi_1, \xi_2, \xi_3;\ u_1, u_2, u_3)$ in the following.

Let

$$E_1 = \begin{pmatrix} 1 & 0 & 0 \\ 0 & 0 & 0 \\ 0 & 0 & 0 \end{pmatrix},\ E_2 = \begin{pmatrix} 0 & 0 & 0 \\ 0 & 1 & 0 \\ 0 & 0 & 0 \end{pmatrix},\ E_3 = \begin{pmatrix} 0 & 0 & 0 \\ 0 & 0 & 0 \\ 0 & 0 & 1 \end{pmatrix},$$

$$F_1^{u} = \begin{pmatrix} 0 & 0 & 0 \\ 0 & 0 & u \\ 0 & \bar{u} & 0 \end{pmatrix},\quad F_2^{u} = \begin{pmatrix} 0 & 0 & \bar{u} \\ 0 & 0 & 0 \\ u & 0 & 0 \end{pmatrix},\quad F_3^{u} = \begin{pmatrix} 0 & u & 0 \\ \bar{u} & 0 & 0 \\ 0 & 0 & 0 \end{pmatrix};$$

thus $X(\xi_1,\xi_2,\xi_3;u_1,u_2,u_3) = \xi_1 E_1 + \xi_2 E_2 + \xi_3 E_3 + F_1^{u_1} + F_2^{u_2\otimes(-1)^{\frac{1}{2}}} + F_3^{u_3\otimes(-1)^{\frac{1}{2}}}$.

Also we have the multiplication table :

$$\begin{aligned} &E_i\circ E_i = E_i\ , \\ &E_i\circ F_i^{u} = 0\ , && \text{(for } 1\leq i\leq 3) \\ &F_i^{u}\circ F_i^{v} = (u|v)(E_{i+1} + E_{i+2}) \\ &E_i\circ E_j = 0,\quad 2E_i\circ F_j^{u} = F_j^{u} && \text{(for } i\neq j), \\ &2F_i^{u}\circ F_{i+1}^{v} = F_{i+2}^{\overline{vu}} && \text{(for } 1\leq i\leq 3), \end{aligned}$$

where i+1, i+2 must be taken mod 3 (for example $E_4 = E_1$, $F_5^{u} = F_2^{u}$).

Let $G^{\mathbb{C}}$ be the group of automorphisms g of $\underline{J}^{\mathbb{C}}$, i.e. bijective ($\mathbb{C}$-) linear mappings of $\underline{J}^{\mathbb{C}}$ onto itself such that $g(X\circ Y) = g(X)\circ g(Y)$ for

X, Y in $\underline{J}^{\mathbb{C}}$. This is a complex simple Lie group of the exceptional type F_4. If $(X|Y) = \mathrm{tr}(X\circ Y)$, $(X|Y|Z) = (X\circ Y|Z)$, then it is known that a bijective endomorphism g of $\underline{J}^{\mathbb{C}}$ is an automorphism if and only if

$$\mathrm{tr}(gX) = \mathrm{tr}X,\ (g(X)|g(Y)) = (X|Y) \text{ and } (g(X)|g(Y)|g(Z)) = (X|Y|Z)$$

for every $X, Y, Z \in \underline{J}^{\mathbb{C}}$.

Let G_u (resp. G'_o) be the subgroup of $G^{\mathbb{C}}$ consisting of those automorphisms g such that $g(\underline{J}) = \underline{J}$ (resp. $g(\underline{J}_{1,2}) = \underline{J}_{1,2}$). Then G_u (resp. the connected component G_o of the identity in G'_o) is a compact (resp. non compact) real form of $G^{\mathbb{C}}$ and is of the exceptional type $F_{4(-52)}$ (resp. $F_{4(-20)}$) in Tits' notation. The intersection $K = G_u \cap G_o$ is maximal compact in G_o and is seen to be equal to the stabilizer of E_1. Furthermore, we have $(gE_1|E_1) \geqslant 1$ for every $g \in G_o$ ([5], §3, Lemma 1).

The Lie algebra $\underline{g}^{\mathbb{C}}$ of $G^{\mathbb{C}}$ is the algebra $\mathrm{Der}(\underline{J}^{\mathbb{C}})$ of the derivations of $\underline{J}^{\mathbb{C}}$ and the Lie algebra $\underline{g}_u$ (resp. $\underline{g}_o$) of G_u (resp. G_o) is the subalgebra of those derivations leaving $\underline{J}$ (resp. $\underline{J}_{1,2}$) invariant (globally). If A is an anti-hermitean matrix of trace 0 in $M_3(\mathbb{O}\otimes\mathbb{C})$, then we get a derivation $\widetilde{A}$ of $\underline{J}^{\mathbb{C}}$ by the formula

$$\widetilde{A}(X) = AX - XA \quad \text{for} \quad X \in \underline{J}^{\mathbb{C}}.$$

In particular, let

$$a_t = \exp \tfrac{1}{2}t\, H_o, \quad t \in \mathbb{R};$$

$$u(y,z) = \exp Y(\tfrac{1}{2}y).\exp Z(z) \quad y,z \in \mathbb{O},\ \bar{y} = -y,$$

with

$$H_o = \begin{pmatrix} 0 & 0 & -1\otimes(-1)^{\frac{1}{2}} \\ 0 & 0 & 0 \\ 1\otimes(-1)^{\frac{1}{2}} & 0 & 0 \end{pmatrix}^{\sim},\quad Z(z) = \begin{pmatrix} 0 & -\bar{z}\otimes(-1)^{\frac{1}{2}} & 0 \\ z\otimes(-1)^{\frac{1}{2}} & 0 & -z \\ 0 & \bar{z} & 0 \end{pmatrix}^{\sim},$$

$$Y(y) = \begin{pmatrix} y & 0 & -\bar{y}\otimes(-1)^{\frac{1}{2}} \\ 0 & 0 & 0 \\ y\otimes(-1)^{\frac{1}{2}} & 0 & -y \end{pmatrix}^{\sim};$$

then

$$u(y,z)\, u(y',z') = u(y+y'+\bar{z}z'-\bar{z}'z,\ z+z'),$$

and $N = \{u(y,z) \mid y,z \in \mathbb{O} \text{ and } \bar{y} = -y\}$ is a nilpotent subgroup of G_o, containing $N_1 = \{u(y,0) \mid y \in \mathbb{O},\ \bar{y} = -y\}$ as its center. Also we have the following formula for a_t ([5], §5, (12)).

$$a_t X(\xi_1, \xi_2, \xi_3;\ u_1,\ u_2,\ u_3) = X(\eta_1, \eta_2, \eta_3;\ v_1,\ v_2,\ v_3)$$

with

$$\begin{cases} \eta_1 = \operatorname{ch} t\, \dfrac{\xi_1 - \xi_3}{2} + \operatorname{sh} t\, \dfrac{u_2 + \bar{u}_2}{2} + \dfrac{\xi_1 + \xi_3}{2}, \\ \eta_2 = \xi_2, \\ \eta_3 = -\operatorname{ch} t\, \dfrac{\xi_1 - \xi_3}{2} - \operatorname{sh} t\, \dfrac{u_2 + \bar{u}_2}{2} + \dfrac{\xi_1 + \xi_3}{2}, \\ v_1 = \operatorname{ch}\tfrac{1}{2}t\, u_1 - \operatorname{sh}\tfrac{1}{2}t\, \bar{u}_3, \\ v_2 = \operatorname{sh} t\, \dfrac{\xi_1 - \xi_3}{2} + \operatorname{ch} t\, \dfrac{u_2 + \bar{u}_2}{2} + \dfrac{u_2 - \bar{u}_2}{2}, \\ v_3 = -\operatorname{sh}\tfrac{1}{2}t\, \bar{u}_1 + \operatorname{ch}\tfrac{1}{2}t\, u_3. \end{cases}$$

LEMMA 1 ([5], §5). (i) <u>Let</u> $B = \{X \in \underline{J}_{1,2} \mid X \circ X = X,\ \operatorname{tr} X = 1,\ (E_1 \mid X) \geq 1\}$. <u>For</u> $u, v \in \mathbb{O}$ <u>with</u> $|u|^2 + |v|^2 < 1$, <u>put</u>

$$X(u,v) = X\left(\frac{1}{R},\ -\frac{|v|^2}{R},\ -\frac{|u|^2}{R};\ -\frac{v\bar{u}}{R},\ \frac{u}{R},\ \frac{\bar{v}}{R}\right)$$

<u>with</u>

$$R = 1 - |u|^2 - |v|^2 > 0.$$

<u>Then for every</u> $(u,v) \in \mathbb{O}^2$ <u>with</u> $|u|^2 + |v|^2 < 1$, $X(u,v) \in B$ <u>and conversely every</u> X <u>in</u> B <u>is of this form with uniquely determined</u> (u,v).

(ii) <u>For every</u> $X(u,v) \in B$, <u>there exists uniquely</u> $t \in \mathbb{R}$ <u>and</u> $u(y,z) \in N$ <u>such that</u> $X(u,v) = (a_t u(y,z))X(0,0)$; <u>more precisely</u>,

$$e^t = \frac{1 - |u|^2 - |v|^2}{|1 - u|^2},\quad y = \frac{u - \bar{u}}{1 - |u|^2 - |v|^2}\ \ \text{and}\ \ z = \frac{v(1 - \bar{u})}{|1-u|(1 - |u|^2 - |v|^2)^{\frac{1}{2}}}.$$

Since $gB \subset B$ for every $g \in G_o$, we get the following corollaries:

COROLLARY 1 (<u>Iwasawa decomposition for</u> G_o). <u>We have</u> $G_o = KAN$, <u>i.e. every</u> $g \in G_o$ <u>can be uniquely written in the form</u> $g = k a_t u(y,z)$.

COROLLARY 2. G_o <u>acts transitively on</u> B, <u>which is essentially the unit ball in</u> $\mathbb{O}^2$.

By the mapping $(\alpha_0, \alpha_1, \ldots, \alpha_7) \mapsto \alpha_0 + \alpha_1 e_1 + \ldots + \alpha_7 e_7$, we identify $\mathbb{R}^8$ with $\mathbb{O}$ and the orthogonal group O(8) with the orthogonal group of $\mathbb{O}$

with respect to the inner product $(u|v)$. If $O(7)$ is embedded in $O(8)$ as the subgroup fixing the first coordinate, then $O(7)$ is identified with the subgroup of $O(\mathbb{O})$ which leave 1 invariant. We denote by κ the automorphism of $SO(8)$ defined by $\alpha \mapsto \beta$ with $\beta(u) = \overline{\alpha(\bar{u})}$ for $u \in \mathbb{O}$.

Let $D_4 = \{(\alpha_1, \alpha_2, \alpha_3) \mid \alpha_1, \alpha_2, \alpha_3 \in SO(8), \alpha_1(u)\alpha_2(v) = \overline{\alpha_3(\overline{uv})}$ for $u, v \in \mathbb{O}\}$. Then D_4 is a compact group isomorphic to Spin(8) (the triality principle, see [5], §2 for example). Let

$$L = \{g \in G_o \mid gE_1 = E_1 \ , \ gE_2 = E_2\} ;$$

then $\ell E_3 = E_3$ for $\ell \in L$, since $E = E_1 + E_2 + E_3$ is the identity matrix and $gE = E$ for every $g \in G^{\mathbb{C}}$. Thus, if $\ell \in L$, then

$$\ell X(\xi_1, \xi_2, \xi_3; u_1, u_2, u_3) = X(\xi_1, \xi_2, \xi_3; v_1, v_2, v_3);$$

the mappings $u_i \mapsto v_i$ $(i=1,2,3)$ are seen to belong to $SO(8)$ and to satisfy the relation $\alpha_1(u)\alpha_2(v) = \overline{\alpha_3(\overline{uv})}$ for every $u, v \in \mathbb{O}$, where $\alpha_i(u_i) = v_i$. The mapping $\ell \mapsto (\alpha_1, \alpha_2, \alpha_3)$ defines an isomorphism of L onto D_4 and we identify these two groups in the following ([5], §3, Lemma 2).

Let $M_1 = \{\ell \in L \mid \ell F_1{}^1 = F_1{}^1\}$.

Under the above identification, M_1 corresponds to the subgroup of L formed by those triplets $(\alpha_1, \alpha_2, \alpha_3)$ with $\alpha_1(1)=1$, i.e. $\alpha_1 \in SO(7)$; then we have $\alpha_2(v) = \overline{\alpha_3(\bar{v})}$, i.e. $\alpha_2 = \kappa\alpha_3$ or $\alpha_3 = \kappa\alpha_2$; thus $M_1 = \{(\alpha, \tilde{\alpha}, \kappa\tilde{\alpha}) \mid \alpha \in SO(7), \tilde{\alpha} \in SO(8), \ \alpha(u)\tilde{\alpha}(v) = \tilde{\alpha}(uv)$ for $u, v \in \mathbb{O}\}$. It is easy to see that $(\alpha, \tilde{\alpha}, \kappa\tilde{\alpha}) \mapsto \alpha$ is a homomorphism of M_1 onto $SO(7)$ whose kernel is $(1,1,1)$, $(1,-1,-1)$; <u>thus</u> $M_1 \approx$ Spin(7).

The homogeneous space L/M_1 can be identified to the unit sphere S^7 in $\mathbb{O}$ by the mapping $\ell M_1 \mapsto \alpha_1(1)$ (for $\ell = (\alpha_1, \alpha_2, \alpha_3)$). Since the action of L on $L/M_1 = S^7$ is just as that of $SO(8)$, we get the orthogonal decomposition

$$L^2(L/M_1) = \bigoplus_{p \geq 0} \mathcal{L}_p \text{ (spherical harmonics !).}$$

In each $\mathcal{L}_p$ there is one and only one function ω_p which is M_1-invariant and $\omega_p(1) = 1$ (we identify functions on L which are right invariant by M_1

with the corresponding functions on L/M_1), the zonal spherical function of degree p, and $\varphi \mapsto \varphi * (d_p \omega_p)$ is the orthogonal projection of $L^2(L/M_1)$ onto $\mathcal{L}_p$, where $d_p = \dim(\mathcal{L}_p)$. Also ω_p satisfies the functional equation :

$$\int_{M_1} \omega_p(\ell m \ell')\, dm = \omega_p(\ell)\, \omega_p(\ell') \quad \text{for } \ell, \ell' \in L.$$

LEMMA 2 ([5], §4). M_1 <u>acts transitively on</u> S^7 <u>by</u> $m(u) = \tilde{\alpha}(u)$ <u>if</u> $m = (\alpha, \tilde{\alpha}, \kappa\tilde{\alpha}) \in M_1$. <u>The isotropy subgroup of</u> 1 <u>is</u> $\{(\alpha, \alpha, \alpha) \mid \alpha \in SO(7), \alpha(u)\alpha(v) = \alpha(uv)$ <u>for</u> $u, v \in \mathbb{O}\} = \mathrm{Aut}(\mathbb{O})$ <u>and is isomorphic to</u> $G_{2(-14)}$.

Now let H be the stabilizer of E_2 in G_o. By definition of L, $H \cap K = L$. Since $a_t(E_2) = E_2$ and $Y(y)E_2 = 0$, H contains the subgroups A and N_1, hence $H \supset LAN_1$; in fact, we shall soon establish the equality.

Let
$$B_o = \{X \in \underline{J}_{1,2} \mid X \circ X = X,\ \mathrm{tr}X = 1,\ (X|E_1) \geq 1,\ (X|E_2) = 0\}$$
$$= \{X \in B \mid (X|E_2) = 0\} ;$$

by lemma 1, $B_o = \{X(u,0) \mid u \in \mathbb{O},\ |u| < 1\}$ (the unit ball in $\mathbb{O}$).
Since $(hX|E_2) = (X|h^{-1}E_2) = (X|E_2) = 0$ for $h \in H$, H <u>acts on</u> B_o. Moreover, the formula in Lemma 1, (ii), shows that, for every $u \in \mathbb{O}$, $|u| < 1$, there exists uniquely $t \in \mathbb{R}$ and $y \in \mathbb{O}$, $\bar{y} = -y$ such that $X(u,0) = (a_t u(y,0))X(0,0)$. It follows that (i) H <u>acts transitively on</u> B_o, and (ii) <u>every</u> $h \in H$ <u>can be written in the form</u> $h = \ell a_t u(y,0)$, $\ell \in L$, $t \in \mathbb{R}$, $y \in \mathbb{O}$, $\bar{y} = -y$ (thus $H = LAN_1$, giving an Iwasawa decomposition for H).

Let

$$\underline{C} = \{X \in \underline{J}_{1,2} \mid E_2 \circ X = 0,\ \mathrm{tr}X = 0\},$$
$$\underline{H} = \{X \in \underline{J}_{1,2} \mid E_2 \circ X = 0,\ \mathrm{tr}X = 0,\ (X|X) = 2\}.$$

The multiplication table shows that $X \in \underline{C}$ if and only if X is of the following form :

$$X = \xi(E_1 - E_3) + F_2^{u \otimes (-1)^{\frac{1}{2}}}, \quad \xi \in \mathbb{R},\ u \in \mathbb{O},$$

and $X \in \underline{H}$ if and only if furthermore $\xi^2 - |u|^2 = 1$. If

$$\underline{H}^+ = \{X \in \underline{H} \mid (X|E_1) \geqslant 0\},$$

then

$$X \in \underline{H}^+ \iff X = \xi(E_1 - E_3) + F_2^{u\otimes(-1)^{\frac{1}{2}}}, \quad \xi^2 - |u|^2 = 1, \ \xi \geqslant 1.$$

The group H acts on $\underline{C}$, $\underline{H}$, and $\underline{H}^+$ because the definig conditions are invariant under H. Now for every $X \in \underline{H}^+$, there exists $\ell \in L$ and $t \geqslant 0$ such that

$$X = \ell a_t(E_1 - E_3);$$

in fact, let $X = \xi(E_1 - E_3) + F_2^{u\otimes(-1)^{\frac{1}{2}}}$; if $u = 0$, then take $t=0$, since $\xi = 1$; if $u \neq 0$, take $t > 0$ such that $\xi = \mathrm{ch}\frac{1}{2}t$ (thus $|u| = \mathrm{sh}\frac{1}{2}t$) and then take $\ell = (\alpha_1, \alpha_2, \alpha_3)$ in L such that $\alpha_1(1) = u/|u|$ (this is possible, since L acts transitively on S^7). It follows from this that (i) H acts transitively on $\underline{H}^+$ and (ii) every $h \in H$ can be written in the form $h = \ell a_t \ell'$, since the isotropy subgroup of $E_1 - E_3$ is L ; thus $H/L \approx \underline{H}^+$ as homogeneous spaces; in particular, it follows that H is connected.

Let p(h) be the linear transformation in $\mathbb{R} \times \mathbb{O}$ defined by

$$p(h)\binom{\xi}{u} = \binom{\xi'}{u'} \quad \text{if} \quad h(\xi(E_1 - E_3) + F_2^{u\otimes(-1)^{\frac{1}{2}}}) = \xi'(E_1 - E_3) + F_2^{u'\otimes(-1}$$

Since $\xi'^2 - |u'|^2 = \xi^2 - |u|^2$, we see that $p(h) \in O(1,8)$; since H is connected, $p(h) \in SO_0(1,8)$; from H = LAL and p(L) = SO(8), it follows that $p(H) = SO_0(1,8)$; the kernel is easily seen to be $\{(1,1,1),(-1,1,-1)\}$; it follows finally that $H \approx \mathrm{Spin}_0(1,8)$.

Let

$$\underline{S} = \{X \in \underline{J}_{1,2} \mid 2E_2 \circ X = X, \ (X|X) = 2\}.$$

From the multiplication table, it follows that

$$X \in \underline{S} \iff X = F_1^u + F_3^{v\otimes(-1)^{\frac{1}{2}}} \quad \text{with} \quad |u|^2 - |v|^2 = 1;$$

hence $\underline{S}$ can be identified to the hyperboloid $H^{1,1}(\mathbb{O})$.

If $h \in H$ and $X \in \underline{S}$, then $X' = hX$ is also in $\underline{S}$; in fact, $2E_2 \circ X' = 2E_2 \circ hX = h(2E_2 \circ X) = hX = X'$ and $(X'|X') = (hX|hX) = (X|X) = 2$.

Put

$$Z(u,v) = F_1^u + F_3^{v\otimes(-1)^{\frac{1}{2}}} \quad \text{for } u,v \in \mathbb{O}.$$

The formula for a_t shows that

$$a_t Z(u,v) = Z(\mathrm{ch}\tfrac{1}{2}t\ u - \mathrm{sh}\tfrac{1}{2}t\ \bar{v},\ -\mathrm{sh}\tfrac{1}{2}t\ \bar{u} + \mathrm{ch}\tfrac{1}{2}t\ v).$$

Now for $u,v \in \mathbb{O}$ such that $|u|^2 - |v|^2 = 1$, one can find $t \geqslant 0$, $m_1 = (\alpha, \tilde{\alpha}, \kappa\tilde{\alpha})$ in M_1 and $\ell = (\alpha_1, \alpha_2, \alpha_3)$ in L such that

$$u = \mathrm{ch}\tfrac{1}{2}t\ \ \alpha(\alpha_1(1)) \text{ and } v = -\mathrm{sh}\tfrac{1}{2}t\,\overline{\tilde{\alpha}(\alpha_1(1))}.$$

For this, suppose first $v = 0$; then $|u| = 1$ and then it suffices to take $m_1 = (1,1,1)$, $t = 0$ and ℓ such that $\alpha_1(1) = u$ (L being transitive on S^7). Suppose now $v \neq 0$ and let $t > 0$ be such that

$$\mathrm{ch}\tfrac{1}{2}t = |u| \text{ and } \mathrm{sh}\tfrac{1}{2}t = |v| ,$$

and put $u' = u/|u|$ and $v' = -v/|v|$. Since M_1 is transitive on S^7 (lemma 2), we can find an $m_1 = (\alpha, \tilde{\alpha}, \kappa\tilde{\alpha})$ in M_1 such that $\tilde{\alpha}(1) = -\bar{u}'\bar{v}'$; then $\alpha(\alpha^{-1}(u'))\tilde{\alpha}(1) = \tilde{\alpha}(\alpha^{-1}(u'))$, hence $\tilde{\alpha}(\alpha^{-1}(u')) = -u'(\bar{u}'\bar{v}') = -(u'\bar{u}')\bar{v}') = -\bar{v}'$ (in $\mathbb{O}$, $a(\bar{a}b) = (a\bar{a})b$ holds in general !); thus

$$-\tilde{\alpha}^{-1}(\bar{v}') = \alpha^{-1}(u').$$

If $\ell = (\alpha_1, \alpha_2, \alpha_3)$ is such that $\alpha^{-1}(u') = \alpha_1(1)$, then we see that

$$u' = \alpha(\alpha_1(1)) \text{ and } \bar{v}' = -\tilde{\alpha}(\alpha_1(1)), \qquad \text{Q.E.D.}$$

It follows that H <u>acts transitively on</u> <u>S</u> ; the isotropy subgroup of $Z(1,0) = F_1^1$ is M_1. In fact, if $hF_1^{\ 1} = F_1^{\ 1}$, then the relation $F_1^{\ 1} \circ F_1^{\ 1} = E_2 + E_3$ implies that $h(E_2 + E_3) = E_2 + E_3$, hence $hE_1 = E_1$ and $h \in M_1$. Thus <u>the homogeneous space</u> H/M_1 <u>is isomorphic to</u> <u>S</u>, <u>i.e. to</u> $H^{1,1}(\mathbb{O})$.

Furthermore, it follows that <u>every</u> $h \in H$ <u>can be written in the form</u>

$$h = m_1 a_t \ell \quad \text{with } m_1 \in M_1 ,\ t \geqslant 0 \text{ and } \ell \in L,$$

by considering $Z(u,v) = h(Z(1,0)) = hF_1^{\ 1}$.

PROPOSITION 1. <u>Let</u> $hF_1^{\ 1} = Z(u,v)$ <u>and</u> $h'F_1^{\ 1} = Z(u',v')$ <u>for</u> $h,h' \in H$. <u>Then</u>

$$M_1 h M_1 = M_1 h' M_1 \iff |u| = |u'| \text{ and } \mathrm{Re}(u) = \mathrm{Re}(u').$$

Proof. If $h' = m_1 h m_1'$ with $m_1, m_1' \in M_1$, then $h'F_1^{\ 1} = m_1 hF_1^{\ 1} = m_1 Z(u,v) = Z(\alpha(u), \kappa\tilde{\alpha}(v))$ if $m_1 = (\alpha, \tilde{\alpha}, \kappa\tilde{\alpha})$; thus $|u'| = |\alpha(u)| = |u|$ and $\mathrm{Re}(u') = \mathrm{Re}(\alpha(u)) = \mathrm{Re}(u)$, since $\alpha(1) = 1$ and the condition is necessary.

Conversely suppose that $|u'| = |u|$ and $\mathrm{Re}(u') = \mathrm{Re}(u)$. If $h = m_1 a_t \ell$, $h' = m_1' a_{t'} \ell'$ with $t, t' \geqslant 0$, $m_1, m_1' \in M_1$, $\ell, \ell' \in L$, then

$$u = \mathrm{ch}\tfrac{1}{2}t.\,\alpha(\alpha_1(1)), \quad u' = \mathrm{ch}\tfrac{1}{2}t'.\,\alpha'(\alpha_1'(1));$$

where $m_1 = (\alpha, \tilde{\alpha}, \kappa\tilde{\alpha})$, $m_1' = (\alpha', \tilde{\alpha}', \kappa\tilde{\alpha}')$, $\ell = (\alpha_1, \alpha_2, \alpha_3)$, $\ell' = (\alpha_1', \alpha_2', \alpha_3')$.

Thus we have $\qquad t = t' \quad$ and $\quad \mathrm{Re}(\alpha_1(1)) = \mathrm{Re}(\alpha_1'(1))$,

since $\alpha, \alpha' \in SO(7)$ and $\mathrm{Re}(\alpha(u)) = \mathrm{Re}(u)$, $\mathrm{Re}(\alpha'(u)) = \mathrm{Re}(u)$ for $u \in \mathbb{O}$. But $G_{2(-14)} = \mathrm{Aut}(\mathbb{O})$ acts transitively on S^6 ([5], §1, Lemma 2); therefore there exists a $\gamma = (\gamma, \gamma, \gamma)$ in $G_{2(-14)}$ such that $\gamma(\alpha_1(1)) = \alpha_1'(1)$; this implies then (since $a_t \gamma = \gamma a_t$)

$$\begin{aligned} h'F_1^{\,1} &= m_1' a_t\, Z(\alpha_1'(1), 0) = m_1' a_t \gamma\, Z(\alpha_1(1), 0) = m_1' \gamma\, a_t Z(\alpha_1(1), 0) \\ &= m_1' \gamma\, m_1^{-1}(m_1 a_t \ell) F_1^{\,1} = m_1' \gamma\, m_1^{-1} h F_1^{\,1}, \end{aligned}$$

hence $M_1 h' M_1 = M_1 h M_1$, because $\gamma \in G_{2(-14)} \subset M_1$.

COROLLARY 1. (H, M_1) <u>is a Gelfand pair</u>, <u>i.e. the convolution algebra</u> $\mathcal{K}(M_1 \backslash H / M_1)$ <u>of</u> M <u>-biinvariant functions is commutative</u>.

For this, it suffices to show that $M_1 h M_1 = M_1 h^{-1} M_1$ for every $h \in H$. But if $h = \ell a_t \ell'$, $t \geqslant 0$, $\ell = (\alpha_1, \alpha_2, \alpha_3)$, $\ell' = (\alpha_1', \alpha_2', \alpha_3')$, then

$$hF_1^{\,1} = Z(u, v) \quad \text{with} \quad u = \mathrm{ch}\tfrac{1}{2}t.\,\alpha_1(\alpha_1'(1));$$

and $$h^{-1}F_1^{\,1} = Z(u', v') \text{ with } u' = \mathrm{ch}\tfrac{1}{2}t.\,\alpha_1'^{-1}(\alpha_1^{-1}(1));$$

it follows that $|u'| = |u|$ and $\mathrm{Re}(u') = (u'|1) = (\alpha_1'^{-1}(\alpha_1^{-1}(1))|1) = (1|\alpha_1(\alpha_1'(1))) = (1|u) = \mathrm{Re}(u)$.

COROLLARY 2. <u>If</u> f <u>is continuous on</u> H <u>and</u> M_1-<u>biinvariant</u>, <u>then</u>

$$f(\ell a_t \ell') = f(\ell\ell' a_t) = f(a_t \ell\ell') \quad \underline{\text{for}}\ \ell, \ell' \in L\ \underline{\text{and}}\ t \in \mathbb{R}.$$

PROPOSITION 2. <u>If</u> f <u>is continuous on</u> H <u>and if</u>

$$(d_p \omega_p) * f * (d_p \omega_p) = f,$$

<u>then</u> (i) f <u>is</u> M_1-<u>biinvariant</u>,

(ii) $f(\ell a_t \ell') = \omega_p(\ell\ell') f(a_t)$ <u>for</u> $\ell, \ell' \in L$, $t \in \mathbb{R}$.

The proof is just the same as the corresponding one for (K,M) in [5], §6, Lemma 2.

Finally, we have the integration formulae associated to the decompositions $H = LAN_1 = L\bar{A}_+L$: one can normalize the Haar measure of H in such a way that

$$\int_H f(h)dh = \int_L \int_{\mathbb{R}} \int_{\mathbb{R}^7} f(\ell a_t u(y,0))\, e^{7t}\, d\ell\, dt\, dy$$

$$(dy = dy_1 \dots dy_7 \quad \text{if} \quad y = y_1e_1 + \dots + y_7e_7)$$

$$= \frac{\pi^4}{3} \int_L \int_0^{+\infty} \int_L f(\ell a_t \ell')\, \mathrm{sh}^7 t\, d\ell\, dt\, d\ell'.$$

§2. Spherical functions on $H/M_1 = H^{1,1}(\mathbb{O})$. We recall first briefly the main results about spherical functions of a Gelfand pair (for the proof, cf. Dieudonné [1]). A unitary representation π of H on a Hilbert space E is said to be M_1-spherical (or of class 1 with respect to M_1) if there exists an element ξ in E of norm 1 such that (i) $\pi(m)\xi = \xi$ for every $m \in M_1$, (ii) ξ is a cyclic vector for π (i.e. the finite linear combinations of the elements $\pi(h)\xi$, $h \in H$, are dense in E).

PROPOSITION 1. If (π, E, ξ) is an M_1-spherical unitary representation of H, then the coefficient $\zeta(h) = (\pi(h)\xi \mid \xi)$ is positive definite and M_1-biinvariant. Conversely, for every M_1-biinvariant positive definite function ζ on H, there exists an M_1-spherical unitary representation (π, E, ξ) (unique up to unitary equivalence) such that $\zeta(h) = (\pi(h)\xi \mid \xi)$ for $h \in H$.

PROPOSITION 2. For an M_1-spherical unitary representation (π, E, ξ), the following conditions are mutually equivalent:

(i) π is irreducible;

(ii) $\dim E^{M_1} = 1$, where $E^{M_1} = \{\eta \in E \mid \pi(m)\eta = \eta$ for all $m \in M_1\}$;

(iii) $\int_{M_1} \zeta(hm h')\, dm = \zeta(h)\, \zeta(h')$ for $h, h' \in H$.

Now we exploit the situation particular to our case H/M_1, namely the existence of L such that $H \supset L \supset M_1$, with $L/M_1 \approx S^7$.

LEMME 1. If (π, E, ξ) is an M_1-spherical unitary irreducible representation of H, then there exists a unique positive integer p such that

$$(1) \qquad (d_p\, \omega_p)\xi = \xi .$$

Proof. This results from the orthogonal decomposition of the projection $\int_{M_1} \pi(m)dm = \bigoplus_{p\geq 0} \pi(d_p\omega_p)$; we have $\xi = \sum_{p\geq 0} \pi(d_p\omega_p)$ and, since the vectors $\pi(d_p\omega_p)\xi$ are mutually orthogonal and all belong to E^{M_1}, only one of them is not 0.

COROLLARY. ξ is L-finite and ζ is real-analytic.

If (1) holds, we shall say that (π, E, ξ) is of type ω_p. It follows then that the associated spherical function ζ satisfies the relation :

(2) $\quad (d_p\overline{\omega_p}) * \zeta * (d_p\overline{\omega_p}) = \zeta,$

and the mapping : $f \mapsto \zeta(f) = \int_H f(h)\zeta(h)dh$ defines a homomorphism of the commutative subalgebra $\mathcal{K}_p(M_1\backslash H/M_1)$ of continuous functions f on H with compact support and verifying $(d_p\omega_p) * f * (d_p\omega_p) = f$. Hence ζ is an M_1-spherical function of type ω_p in the sense of the following definition.

DEFINITION 1. A C^∞ function ζ on H is an M_1-spherical function of type ω_p, if $(d_p\overline{\omega_p}) * \zeta * (d_p\overline{\omega_p}) = \zeta$ and $f \mapsto \zeta(f)$ is a homomorphism of $\mathcal{K}_p(M_1\backslash H/M_1)$ onto $\mathbb{C}$.

PROPOSITION 3. A C^∞ function ζ on H is an M_1-spherical function of type ω_p if and only if it satisfies one of the following conditions:

(3) $\quad d_p \int_L \zeta(h\ell h')\,\omega_p(\ell)\,d\ell = \zeta(h)\,\zeta(h')$ for every $h, h' \in H$;

(4) $\quad \zeta(1) = 1$ and, for every $f \in \mathcal{K}_p(M_1\backslash H/M_1)$, there exists a constant c such that

$$\zeta * \check{f} = c\,\zeta.$$

(N.B. It follows then that $c = \zeta(f)$.)

Standard proof using the projection $f \mapsto (d_p\omega_p) * f * (d_p\omega_p)$ of $\mathcal{K}(H)$ onto $\mathcal{K}_p(M_1\backslash H/M_1)$.

Differential equation for the spherical functions. Let $C^{1,1}(\mathbb{O})$ be the cone $\{(u,v) \mid u, v \in \mathbb{O},\ |u|^2 - |v|^2 > 0\}$ and consider the differential operator

$$\Box = \frac{\partial^2}{\partial u_0^2} + \dots + \frac{\partial^2}{\partial u_7^2} - \frac{\partial^2}{\partial v_0^2} - \dots - \frac{\partial^2}{\partial v_7^2},$$

where $u = u_0 + u_1 e_1 + \dots + u_7 e_7$, $v = v_0 + v_1 e_1 + \dots + v_7 e_7$.
Introducing the "bipolar coordinates" (r,t,u',v') in $C^{1,1}(\mathbb{O})$ by the formula :

$$u = r.\mathrm{ch}\tfrac{1}{2}t.u', \quad v = r.\mathrm{sh}\tfrac{1}{2}t.v', \quad r>0,\ t \geqslant 0,\ |u'| = |v'| = 1,$$

we get

$$\Box = \frac{\partial^2}{\partial r^2} + \frac{15}{r}\frac{\partial}{\partial r} + \frac{1}{r^2}\Box_1,$$

where $\Box_1$ is the trace of $\Box$ on $H^{1,1}(\mathbb{O})$ (corresponding to r=1) :

$$(5) \qquad \Box_1 = -4\left[\frac{\partial^2}{\partial t^2} + 28 \coth t \frac{\partial}{\partial t} - \frac{1}{\mathrm{ch}^2\frac{1}{2}t}\Omega_1 + \frac{1}{\mathrm{sh}^2\frac{1}{2}t}\Omega_2\right],$$

Ω_1 (resp. Ω_2) being the Laplacian on the unit sphere S^7 with respect to the variable u' (resp. v').

The differential operator $\Box_1$ on $H^{1,1}(\mathbb{O})$ commutes with the H-action, since H = LAL and it is easy to check the invariance by L and A. Now if ζ is M_1-spherical of type ω_p, then

$$(6) \qquad \Box_1 \zeta = \lambda \zeta \quad \text{for some constant } \lambda .$$

To see this, it suffices to remark that $\Box_1(\zeta * \check{f}) = \zeta * (\Box_1 \check{f})$ for $f \in \mathcal{K}_p(M_1\backslash H/M_1)$ and, if f is such that $\zeta(f) \neq 0$, then $\zeta = \zeta * \check{f}/\zeta(f)$ implies $\Box_1\zeta = \frac{1}{\zeta(f)}\zeta * (\Box_1\check{f}) = \frac{\zeta((\Box_1\check{f})^\vee)}{\zeta(f)}\zeta$.

If $hF_1^1 = Z(u,v)$ (i.e. hM_1 corresponds to the point (u,v) on $H^{1,1}(\mathbb{O})$), then, for a function $f \in \mathcal{K}_p(M_1\backslash H/M_1)$, f(h) depends only on $|u| = \mathrm{ch}\frac{1}{2}t$ (hence t) and Re(u) (hence Re(u'), $u' = u/|u|$); thus $\Omega_1 f = p(p+6)f$ and $\Omega_2 f = 0$.

In particular, if ζ is M_1-spherical of type ω_p, then the differential equation (6) can be written in the form (putting $\lambda = 4s^2 - 49$):

$$(7) \qquad \left(\frac{d^2}{dt^2} + 28 \coth t \frac{d}{dt} + \frac{p(p+6)}{\mathrm{ch}^2\frac{1}{2}t} + s^2 - (\tfrac{7}{2})^2\right)\zeta(a_t) = 0.$$

It follows that

$$\zeta(a_t) = (1-X)^{s+\frac{7}{2}}\,{}_2F_1(s+\tfrac{7}{2}+\tfrac{p}{2},\ s+\tfrac{1}{2}-\tfrac{p}{2};\ 4;\ X), \quad \text{with } X = \mathrm{th}^2\tfrac{1}{2}t.$$

Thus we have proved the following proposition.

PROPOSITION 4. (i) *If* ζ *is* M_1-*spherical of type* ω_p, *then it satisfies the differential equation* (6); *conversely, if* ζ *is* C^∞ *and* $\zeta(1) = 1$, $(d_p\overline{\omega_p}) * \zeta * (d_p\overline{\omega_p}) = \zeta$ *and* $\square_1\zeta = \lambda\zeta$ *for some constant* λ , *then* ζ *is an* M_1-*spherical function of type* ω_p.

(ii) *For every* M_1-*spherical function* ζ *of type* ω_p, *there exists a complex number* s *such that* $\zeta = \zeta_{p,s}$, *where*

$$(8)\quad \zeta_{p,s}(h) = \frac{C_p^3(\mathrm{Re}(u'))}{C_p^3(1)}(1-X)^{s+\frac{7}{2}}{}_2F_1(s+\tfrac{p+7}{2},s+\tfrac{1-p}{2};4;X),$$

if $hF_1{}^1 = Z(u,v)$, $u = \mathrm{ch}\tfrac{1}{2}t.\ u'$, $|u'| = 1$, $X = \mathrm{th}^2\tfrac{1}{2}t$.

To prove the converse in (i), let $f(h) = d_p\int_L \zeta(h'\ell k)\,\omega_p(\ell)\,d\ell$; then $\square_1 f = \lambda f$ and $(d_p\overline{\omega_p}) * f * (d_p\overline{\omega_p}) = f$. Hence (by the uniqueness of non singular solution of (7)) $f = a.\zeta_{p,s}$ and putting h=1, we see that $\zeta(h')$ = a, hence, putting h'=1, we get $\zeta = \zeta_{p,s}$ and the functional equation (3) is satisfied for ζ.

§3. Plancherel formula for $H^{1,1}(\mathbb{O})$. We define the spherical transform of $f \in \mathcal{K}_p(M_1\backslash H/M_1)$ by

$$\hat{f}(p;s) = \zeta_{p,s}(f) = \int_H f(h)\,\zeta_{p,s}(h)dh;$$

using the integration formula (§1) and $\mathrm{sh}^7t\,dt = 2^7X^3(1-X)^{-8}dX$, for $X = \mathrm{th}^2\tfrac{1}{2}t$, we get

$$\hat{f}(p;s) = \frac{2^7c}{d_p}\int_0^1 f\{X\}\,{}_2F_1(s+\tfrac{7+p}{2},\ s+\tfrac{1-p}{2};\ 4;\ X)\ X^3\,(1-X)^{s-\frac{9}{2}}\,dX,$$

where $f\{X\} = f(a_t)$ and $c = \pi^4/3$.

Let

$$Z(s) = Z(f;p,s) = d_p(s^2-(\tfrac{p+1}{2})^2)(s^2-(\tfrac{p+3}{2})^2)(s^2-(\tfrac{p+5}{2})^2).s.\mathrm{tg}\,\pi(s+\tfrac{p}{2})\hat{f}(p;s).$$

Then this is a meromorphic function on the whole complex plane, with simple poles at $s=q+\tfrac{1}{2}$, $q\equiv p$ mod 2 and, for $a<b$, $\lim Z(f;p,s) = 0$ uniformly in the strip $a \leq \mathrm{Re}(s) \leq b$, for $|\mathrm{Im}(s)|\to+\infty$. Integrating on the contour indicated in the figure 1, we get, after passing to the limit $T\to+\infty$, the relation

$$\int_{-\infty}^{\infty} Z(\tfrac{1}{2}p+i\nu)d\nu = \int_{-\infty}^{\infty} Z(i\nu)\,d\nu + 2\pi\sum \mathrm{Res}(Z,\ \tfrac{1}{2}(q-1)),$$

where the sum is taken over q such that $1 < q \leq p$ and $p \equiv q \bmod 2$. Suppose p even. We have

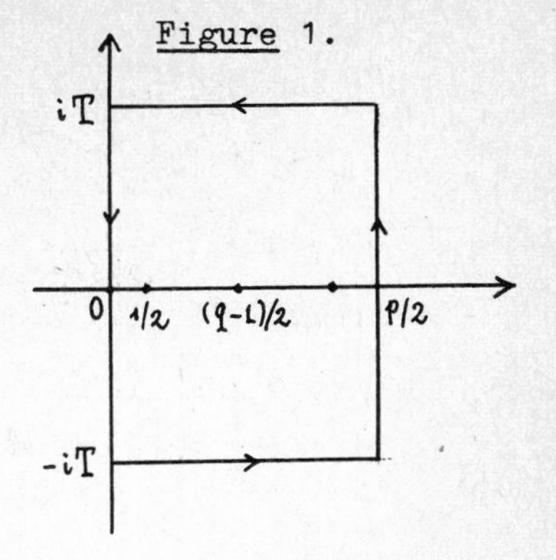

$$Z(i\nu) = d_p(\nu^2+(\tfrac{p+1}{2})^2)(\nu^2+(\tfrac{p+3}{2})^2)\times$$

$$\times(\nu^2+(\tfrac{p+5}{2})^2)\nu\,\mathrm{th}\pi\nu.\hat{f}(p;i\nu);$$

$$\mathrm{Res}(Z,\tfrac{q-1}{2})$$

$$= d_p\frac{q-1}{2\pi}(\tfrac{p+q}{2})_3(\tfrac{p-q}{2}+1)_3\;\hat{f}(p;\tfrac{q-1}{2});$$

and

$$Z(\tfrac{p}{2}+i\nu) = -id_p(\tfrac{p}{2}+i\nu)(p+i\nu+\tfrac{1}{2})_3(\tfrac{1}{2}-i\nu)_3\;\mathrm{th}\pi\nu.\hat{f}(p;\,\tfrac{p}{2}+i\nu);$$

here, for a complex number a, a_n means $a(a+1)\dots(a+n-1)$.

Thus, putting $I = \int_{-\infty}^{\infty} Z(\tfrac{1}{2}p+i\nu)\,d\nu$, we have

$$I = -i\,c'\int_{-\infty}^{\infty}(\tfrac{p}{2}+i\nu)(p+i\nu+\tfrac{1}{2})_3(\tfrac{1}{2}-i\nu)_3\;\mathrm{th}\pi\nu d\nu\times$$

$$\times\int_0^1 f\{X\}\,{}_2F_1(p+i\nu+\tfrac{7}{2},\tfrac{1}{2}+i\nu;4;X)X^3(1-X)^{\frac{p}{2}+i\nu-\frac{9}{2}}dX,$$

with $c' = 2^7c = 2^7\pi^4/3$; since we have ([2], p.16)

$$\frac{d^3}{dX^3}\left[(1-X)^{p+\frac{5}{2}+i\nu}\;{}_2F_1(p+\tfrac{1}{2}+i\nu,\tfrac{1}{2}+i\nu;\;1;\;X)\right]$$

$$= -\frac{1}{3!}(p+\tfrac{1}{2}+i\nu)_3(\tfrac{1}{2}-i\nu)_3(1-X)^{p-\frac{1}{2}+i\nu}\;{}_2F_1(p+\tfrac{7}{2}+i\nu,\;\tfrac{1}{2}+i\nu\;;\;4;\;X),$$

we get by integration by parts

$$I = -i.2^6\pi^4\int_{-\infty}^{\infty}(\tfrac{p}{2}+i\nu)\mathrm{th}\pi\nu\;d\nu\int_0^1\frac{d^3}{dX^3}\left[f\{X\}\;(1-X)^{-4-\frac{p}{2}}X^3\right]\times$$

$$\times(1-X)^{p+\frac{5}{2}+i\nu}{}_2F_1(p+\tfrac{1}{2}+i\nu,\;\tfrac{1}{2}+i\nu\;;\;1;\;X)dX;$$

but

$$\frac{d^3}{dX^3}\left[f\{X\}\;(1-X)^{-4-\frac{1}{2}p}X^3\right] = 6\left[f\{X\}\;(1-X)^{-4-\frac{1}{2}p} + X.g(X)\right],$$

with g of compact support in $[0,1[$; hence we get, by Lemma 8bis in [3],

$$I = 2^7 3\pi^4\left[f\{X\} + X(1-X)^{4+\frac{1}{2}p}g(X)\right]_{X=0} = 2^7 3\pi^4\;f(1).$$

If p is odd, we modify the above contour by avoiding the origin (which is then a pole) by a small half circle; also $\mathrm{th}\pi\nu$ is replaced by $\coth\pi\nu$. Thus we get the following theorem.

THEOREM 1. Let $f \in \mathcal{K}_p(M_1\backslash H/M_1) \cap C^\infty(H)$ and p even. Then

$$2^7 3^4 f(1) = d_p \int_{-\infty}^{\infty} \hat{f}(p;i\nu)(\nu^2+(\tfrac{p+1}{2})^2)(\nu^2+(\tfrac{p+3}{2})^2)(\nu^2+(\tfrac{p+5}{2})^2)\,\nu\,\mathrm{th}\pi\nu\,d\nu$$

$$+ d_p \sum_{\substack{1<q\leq p \\ q\equiv p \bmod 2}} (q-1)(\tfrac{p-q}{2}+1)_3(\tfrac{p+q}{2})_3\,\hat{f}(p;\tfrac{q}{2}+3).$$

If p is odd, then we get $\coth\pi\nu$ instead of $\mathrm{th}\pi\nu$.

Bibliography

[1] Dieudonné, J., Eléments d'Analyse, t.6, Gauthier-Villars, Paris, 1975.

[2] Magnus, W. & Oberhettinger, F., Formeln und Sätze für die speziellen Funktionen der mathematischen Physik, 2. Auflage, Berlin, 1948.

[3] Takahashi, R., Sur les fonctions sphériques et la formule de Plancherel dans le groupe hyperbolique, Jap. J. Math. 31 (1961), 55-90.

[4] ---------, Sur les représentations unitaires des groupes de Lorentz généralisés, Bull. Soc. Math. France, 91(1963), 289-433.

[5] ---------, Quelques résultats sur l'analyse harmonique dans l'espace symétrique non compact de rang 1 du type exceptionnel (preprint).

Université de NANCY I
U. E. R. de Mathématiques
Case Officielle 140
54037 NANCY CEDEX
FRANCE

Vol. 521: G. Cherlin, Model Theoretic Algebra – Selected Topics. IV, 234 pages. 1976.

Vol. 522: C. O. Bloom and N. D. Kazarinoff, Short Wave Radiation Problems in Inhomogeneous Media: Asymptotic Solutions. V. 104 pages. 1976.

Vol. 523: S. A. Albeverio and R. J. Høegh-Krohn, Mathematical Theory of Feynman Path Integrals. IV, 139 pages. 1976.

Vol. 524: Séminaire Pierre Lelong (Analyse) Année 1974/75. Edité par P. Lelong. V, 222 pages. 1976.

Vol. 525: Structural Stability, the Theory of Catastrophes, and Applications in the Sciences. Proceedings 1975. Edited by P. Hilton. VI, 408 pages. 1976.

Vol. 526: Probability in Banach Spaces. Proceedings 1975. Edited by A. Beck. VI, 290 pages. 1976.

Vol. 527: M. Denker, Ch. Grillenberger, and K. Sigmund, Ergodic Theory on Compact Spaces. IV, 360 pages. 1976.

Vol. 528: J. E. Humphreys, Ordinary and Modular Representations of Chevalley Groups. III, 127 pages. 1976.

Vol. 529: J. Grandell, Doubly Stochastic Poisson Processes. X, 234 pages. 1976.

Vol. 530: S. S. Gelbart, Weil's Representation and the Spectrum of the Metaplectic Group. VII, 140 pages. 1976.

Vol. 531: Y.-C. Wong, The Topology of Uniform Convergence on Order-Bounded Sets. VI, 163 pages. 1976.

Vol. 532: Théorie Ergodique. Proceedings 1973/1974. Edité par J.-P. Conze and M. S. Keane. VIII, 227 pages. 1976.

Vol. 533: F. R. Cohen, T. J. Lada, and J. P. May, The Homology of Iterated Loop Spaces. IX, 490 pages. 1976.

Vol. 534: C. Preston, Random Fields. V, 200 pages. 1976.

Vol. 535: Singularités d'Applications Differentiables. Plans-sur-Bex. 1975. Edité par O. Burlet et F. Ronga. V, 253 pages. 1976.

Vol. 536: W. M. Schmidt, Equations over Finite Fields. An Elementary Approach. IX, 267 pages. 1976.

Vol. 537: Set Theory and Hierarchy Theory. Bierutowice, Poland 1975. A Memorial Tribute to Andrzej Mostowski. Edited by W. Marek, M. Srebrny and A. Zarach. XIII, 345 pages. 1976.

Vol. 538: G. Fischer, Complex Analytic Geometry. VII, 201 pages. 1976.

Vol. 539: A. Badrikian, J. F. C. Kingman et J. Kuelbs, Ecole d'Eté de Probabilités de Saint Flour V-1975. Edité par P.-L. Hennequin. IX, 314 pages. 1976.

Vol. 540: Categorical Topology, Proceedings 1975. Edited by E. Binz and H. Herrlich. XV, 719 pages. 1976.

Vol. 541: Measure Theory, Oberwolfach 1975. Proceedings. Edited by A. Bellow and D. Kölzow. XIV, 430 pages. 1976.

Vol. 542: D. A. Edwards and H. M. Hastings, Čech and Steenrod Homotopy Theories with Applications to Geometric Topology. VII, 296 pages. 1976.

Vol. 543: Nonlinear Operators and the Calculus of Variations, Bruxelles 1975. Edited by J. P. Gossez, E. J. Lami Dozo, J. Mawhin, and L. Waelbroeck, VII, 237 pages. 1976.

Vol. 544: Robert P. Langlands, On the Functional Equations Satisfied by Eisenstein Series. VII, 337 pages. 1976.

Vol. 545: Noncommutative Ring Theory. Kent State 1975. Edited by J. H. Cozzens and F. L. Sandomierski. V, 212 pages. 1976.

Vol. 546: K. Mahler, Lectures on Transcendental Numbers. Edited and Completed by B. Diviš and W. J. Le Veque. XXI, 254 pages. 1976.

Vol. 547: A. Mukherjea and N. A. Tserpes, Measures on Topological Semigroups: Convolution Products and Random Walks. V, 197 pages. 1976.

Vol. 548: D. A. Hejhal, The Selberg Trace Formula for PSL $(2,\mathbb{R})$. Volume I. VI, 516 pages. 1976.

Vol. 549: Brauer Groups, Evanston 1975. Proceedings. Edited by D. Zelinsky. V, 187 pages. 1976.

Vol. 550: Proceedings of the Third Japan – USSR Symposium on Probability Theory. Edited by G. Maruyama and J. V. Prokhorov. VI, 722 pages. 1976.

Vol. 551: Algebraic K-Theory, Evanston 1976. Proceedings. Edited by M. R. Stein. XI, 409 pages. 1976.

Vol. 552: C. G. Gibson, K. Wirthmüller, A. A. du Plessis and E. J. N. Looijenga. Topological Stability of Smooth Mappings. V, 155 pages. 1976.

Vol. 553: M. Petrich, Categories of Algebraic Systems. Vector and Projective Spaces, Semigroups, Rings and Lattices. VIII, 217 pages. 1976.

Vol. 554: J. D. H. Smith, Mal'cev Varieties. VIII, 158 pages. 1976.

Vol. 555: M. Ishida, The Genus Fields of Algebraic Number Fields. VII, 116 pages. 1976.

Vol. 556: Approximation Theory. Bonn 1976. Proceedings. Edited by R. Schaback and K. Scherer. VII, 466 pages. 1976.

Vol. 557: W. Iberkleid and T. Petrie, Smooth S^1 Manifolds. III, 163 pages. 1976.

Vol. 558: B. Weisfeiler, On Construction and Identification of Graphs. XIV, 237 pages. 1976.

Vol. 559: J.-P. Caubet, Le Mouvement Brownien Relativiste. IX, 212 pages. 1976.

Vol. 560: Combinatorial Mathematics, IV, Proceedings 1975. Edited by L. R. A. Casse and W. D. Wallis. VII, 249 pages. 1976.

Vol. 561: Function Theoretic Methods for Partial Differential Equations. Darmstadt 1976. Proceedings. Edited by V. E. Meister, N. Weck and W. L. Wendland. XVIII, 520 pages. 1976.

Vol. 562: R. W. Goodman, Nilpotent Lie Groups: Structure and Applications to Analysis. X, 210 pages. 1976.

Vol. 563: Séminaire de Théorie du Potentiel. Paris, No. 2. Proceedings 1975–1976. Edited by F. Hirsch and G. Mokobodzki. VI, 292 pages. 1976.

Vol. 564: Ordinary and Partial Differential Equations, Dundee 1976. Proceedings. Edited by W. N. Everitt and B. D. Sleeman. XVIII, 551 pages. 1976.

Vol. 565: Turbulence and Navier Stokes Equations. Proceedings 1975. Edited by R. Temam. IX, 194 pages. 1976.

Vol. 566: Empirical Distributions and Processes. Oberwolfach 1976. Proceedings. Edited by P. Gaenssler and P. Révész. VII, 146 pages. 1976.

Vol. 567: Séminaire Bourbaki vol. 1975/76. Exposés 471–488. IV, 303 pages. 1977.

Vol. 568: R. E. Gaines and J. L. Mawhin, Coincidence Degree, and Nonlinear Differential Equations. V, 262 pages. 1977.

Vol. 569: Cohomologie Etale SGA $4\frac{1}{2}$. Séminaire de Géométrie Algébrique du Bois-Marie. Edité par P. Deligne. V, 312 pages. 1977.

Vol. 570: Differential Geometrical Methods in Mathematical Physics, Bonn 1975. Proceedings. Edited by K. Bleuler and A. Reetz. VIII, 576 pages. 1977.

Vol. 571: Constructive Theory of Functions of Several Variables, Oberwolfach 1976. Proceedings. Edited by W. Schempp and K. Zeller. VI, 290 pages. 1977

Vol. 572: Sparse Matrix Techniques, Copenhagen 1976. Edited by V. A. Barker. V, 184 pages. 1977.

Vol. 573: Group Theory, Canberra 1975. Proceedings. Edited by R. A. Bryce, J. Cossey and M. F. Newman. VII, 146 pages. 1977.

Vol. 574: J. Moldestad, Computations in Higher Types. IV, 203 pages. 1977.

Vol. 575: K-Theory and Operator Algebras, Athens, Georgia 1975. Edited by B. B. Morrel and I. M. Singer. VI, 191 pages. 1977.

Vol. 576: V. S. Varadarajan, Harmonic Analysis on Real Reductive Groups. VI, 521 pages. 1977.

Vol. 577: J. P. May, E_∞ Ring Spaces and E_∞ Ring Spectra. IV, 268 pages. 1977.

Vol. 579: Combinatoire et Représentation du Groupe Symétrique, Strasbourg 1976. Proceedings 1976. Edité par D. Foata. IV, 339 pages. 1977.

Vol. 580: C. Castaing and M. Valadier, Convex Analysis and Measurable Multifunctions. VIII, 278 pages. 1977.